高等职业院校基于工作过程项目式系列教程

建筑识图与CAD

临沂职业学院
天津滨海迅腾科技集团有限公司 编著
田　飞　朱永君 主编

图书在版编目(CIP)数据

建筑识图与CAD / 临沂职业学院, 天津滨海迅腾科技集团有限公司编著 ; 田飞, 朱永君主编. -- 天津 : 天津大学出版社, 2024.1
高等职业院校基于工作过程项目式系列教程
ISBN 978-7-5618-7628-2

Ⅰ. ①建… Ⅱ. ①临… ②天… ③田… ④朱… Ⅲ. ①建筑制图－识图－高等职业教育－教材②建筑设计－计算机辅助设计－AutoCAD软件－高等职业教育－教材 Ⅳ. ①TU2

中国国家版本馆CIP数据核字(2023)第214829号

JIANZHU SHITU YU CAD

出版发行 天津大学出版社
地　　址 天津市卫津路92号天津大学内（邮编：300072）
电　　话 发行部:022-27403647
网　　址 www.tjupress.com.cn
印　　刷 廊坊市海涛印刷有限公司
经　　销 全国各地新华书店
开　　本 787mm×1092mm 1/16
印　　张 15.75
字　　数 400千
版　　次 2024年1月第1版
印　　次 2024年1月第1次
定　　价 69.00元

凡购本书，如有缺页、倒页、脱页等质量问题，烦请与我社发行部门联系调换

版权所有　　侵权必究

前　言

结合建筑专业的特点，根据建筑专业后续课程的相关要求，临沂职业学院与天津滨海迅腾科技集团有限公司合作开发校企合作教材。本书选取了建筑制图、建筑识图、建筑 CAD 的有关知识，形成以“教、学、练”为一体的完整知识体系。通过对本课程的学习，可以培养学生的看图能力、空间想象能力、空间构思能力和徒手绘图、尺规绘图、计算机绘图的能力，为学生今后持续、创造性学习奠定基础。

本书以职业活动为导向，以项目任务为载体，训练学生的施工图识读能力和绘制能力，主要介绍了建筑制图基本知识与技能、建筑形体的表达方式、建筑施工图的识读、结构施工图的识读和 AutoCAD 绘制房屋施工图。专业知识模块采用“理论 + 案例”教学，融专业制图知识与计算机绘图内容于一体，建立建筑制图知识与计算机绘图内容同步的教学体系。

本书内容丰富，可作为高职高专、成人教育建筑工程技术等土建施工类、建筑装饰工程技术等建筑设计类、工程管理类、城乡规划与管理类专业的教材，也可作为相关企业岗位培训和工程技术人员的参考用书。本书在编写过程中以“学”为中心，优化内容体系，贯彻必需、够用为度的原则，并将基础理论知识与工程实践应用相结合。

编者在编写过程中参考了有关书籍、标准、图片等文献，在此谨向这些文献的作者表示深深的谢意；同时也得到了校企单位领导及同事的指导与大力支持，在此一并致谢。由于时间仓促，加之编者水平有限，书中难免存在疏漏之处，恳请广大读者批评指正。

编者

2023 年 6 月

目　录

绪论　课程学习准备

建筑 CAD
省级在线课

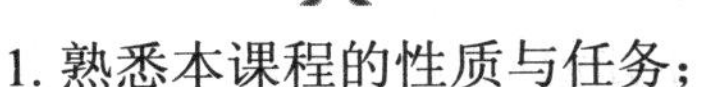

1. 熟悉本课程的性质与任务;
2. 探索本课程的学习方法。

1. 具备初步的空间思维能力、空间想象能力;
2. 对本课程的性质和内容、学习方法能作较为详细的描述。

1. 激发学习热情,树立专业自信;
2. 养成一丝不苟、实事求是、严谨认真的学习态度;
3. 培养主动学习、勤于思考、勇于钻研的自学能力。

任务一　熟悉本课程的性质与任务

工程图样是工程技术人员表达、交流技术思想的重要手段,也是用来指导生产、施工、管理等技术工作的重要技术文件,所有从事工程技术工作的人员,都必须能够熟练绘制和阅读本专业的工程图样。不会读图,就无法理解别人的设计意图;不会画图,就无法表达自己的构思。因此,工程图样被喻为“工程界的语言”。

工程图是一种国际性语言,因为各国的工程图纸都是根据统一的投影理论绘制出来的。掌握了一国的制图技术,就不难看懂他国的图纸。各国的工程界经常以工程图为媒介,进行各种交流活动。总之,凡是从事建筑工程设计、施工、管理的工程技术人员都离不开图纸。

图纸是建筑工程不可缺少的重要技术资料，建筑物的形状、大小、结构、设备、装修等，只用语言或文字进行描述可能不会表达得很清楚，而借助一系列图样和必要的文字说明，可以将建筑物的艺术造型、外表形状、内部布置、结构构造、各种设备、地理环境以及其他施工要求，准确而详尽地表达出来，因此图纸是施工的依据。

建筑识图与 CAD 主要研究建筑工程图样绘制与识读的原理与方法，是高等职业院校土建类各专业培养一线应用型工程技术人员的一门重要技术基础课。通过对该课程的学习，可以培养学生的工程制图能力与识图能力，使学生获得绘图与识图方面的初步训练，为学生学习后续专业课程和日后参加专业实践打下基础。

本课程的主要任务是：

（1）学习投影法（主要是正投影法）的基本理论及其应用；

（2）学习建筑制图标准和有关的专业技术制图标准；

（3）学习计算机软件 AutoCAD 绘制建筑施工图的基本知识；

（4）培养绘制和识读建筑工程图样的基本能力；

（5）培养学生的图解能力及空间想象力；

（6）培养学生严肃认真的工作态度和耐心细致、一丝不苟的工作作风。

由于“建筑识图与 CAD”课程具有较强的实际应用性，因此本课程在对学生职业能力的培养和职业素质的养成方面具有一定的支撑和促进作用。

任务二　探索本课程的学习方法

建筑识图与 CAD 是一门实践性很强的专业技能课程。因此，在了解基本理论的基础上，必须动手实践，要做到多看、多想、多画、多练。教师教学要加强实践环节，学生学习要强调实际操作训练。学生可采用以下学习方法。

（1）在学习投影阶段，要充分发挥空间想象力，搞清楚投影图与实物的对应关系，掌握投影图形的投影规律，能根据投影图想象出空间形体的形状和组合关系。认真听课，学懂教材，坚持课后复习并完成每一模块的实训项目与练习题，注重绘图与识图的基本技能与技巧的训练。

（2）学习制图标准时，有的内容必须记住，如线型的名称、用途，各种图例，剖切符号、详图索引符号怎么看、表示什么等。这是识读工程图必备的知识，否则是看不懂工程图样的。绘图时要严格遵守国家颁布的建筑制图标准、技术标准与法规规定等，培养认真、一丝不苟的学习态度，培养良好的职业素质。

（3）识读建筑工程图样时，要多观察实际房屋的组成和构造，可以在课外时间到工地现场参观正在施工的建筑，以便在读图时加深对房屋建筑工程图图示方法和图示内容的理解和掌握。

（4）结合教材课例与工程实例，并利用课余时间多观察建筑物的造型构造、装饰效果及设备安装方法，尽力做到理论联系实际，以便较好地掌握建筑工程图样的内容与图示方法。本课程只能为学生制图、识图能力的培养奠定初步基础，只有结合专业课的学习和工程实践，才能真正读懂建筑工程图。

项目一　建筑制图基本知识与技能

1. 掌握制图标准中有关图幅、图线、标题栏、会签栏、比例、图名、尺寸标注等的基本规范要求；
2. 了解中心投影和平行投影的形成、三面投影图的形成过程；
3. 掌握三面正投影图的投影特性，点、线、面在空间中的投影关系；
4. 掌握基本平面体、曲面体的投影画法和投影规律。

1. 能够对一般的平面图形进行画法分析和尺寸标注；
2. 能够运用正投影原理，绘制形体的投影图，并能想象形体的空间形状；
3. 能正确掌握三面正投影图的作图方法。

1. 善于沟通、乐于助人，具有良好的心理素质；
2. 提高查找资料、查阅规范的能力；
3. 养成一丝不苟、实事求是、严谨认真的学习态度。

任务一　建筑制图标准

【任务描述及分析】

国家标准（简称“国标”）是衡量建筑制图是否合格的依据，是所有工程技术人员在设计、施工、管理中必须严格执行的。我们学习制图，就应严格执行国标的统一规定，严格遵守国标中的每一项要求。俗话说“国有国标、行有行规”，各行各业都有自己的标准，作为共同遵守的准则和依据。

【任务实施及知识链接】

图纸幅面

一、制图的基本标准

为了使建筑制图规格基本统一，图面清晰简明，以提高制图效率，保证图面质量，符合设计、施工、存档的要求，适应国家工程建设的需要，根据住房和城乡建设部（简称“住建部”）相关要求，由住建部会同有关部门对《房屋建筑制图统一标准》进行修订，批准并颁布了 GB/T 50001—2017《房屋建筑制图统一标准》，自 2018 年 5 月 1 日起实施，原国家标准 GB/T 50001—2010《房屋建筑制图统一标准》同时废止。

（一）图纸幅面规格与图纸编排顺序

1. 图纸幅面及图框尺寸

图纸幅面是指图纸本身的大小规格。国标规定图纸按其大小分为 5 种，分别为 A0、A1、A2、A3、A4、A5，它们之间的关系为 A0=2A1= 4A2=8A3=16A4。

从表 1-1 中可以看出，A1 幅面是 A0 幅面的对裁，A2 幅面是 Al 幅面的对裁，依次类推。同一项工程的图纸，不宜多于两种幅面。

表 1-1　幅面及图框尺寸　（mm）

尺寸代号	幅面代号				
	A0	A1	A2	A3	A4
$b \times l$	841×1 189	594×841	420×594	297×420	210×297
c	10			5	
a	25				

以短边作垂直边的图纸称为横式幅面，以短边作水平边的图纸称为立式幅面，如图 1-1 所示，一般 A0~A3 图纸宜用横式。

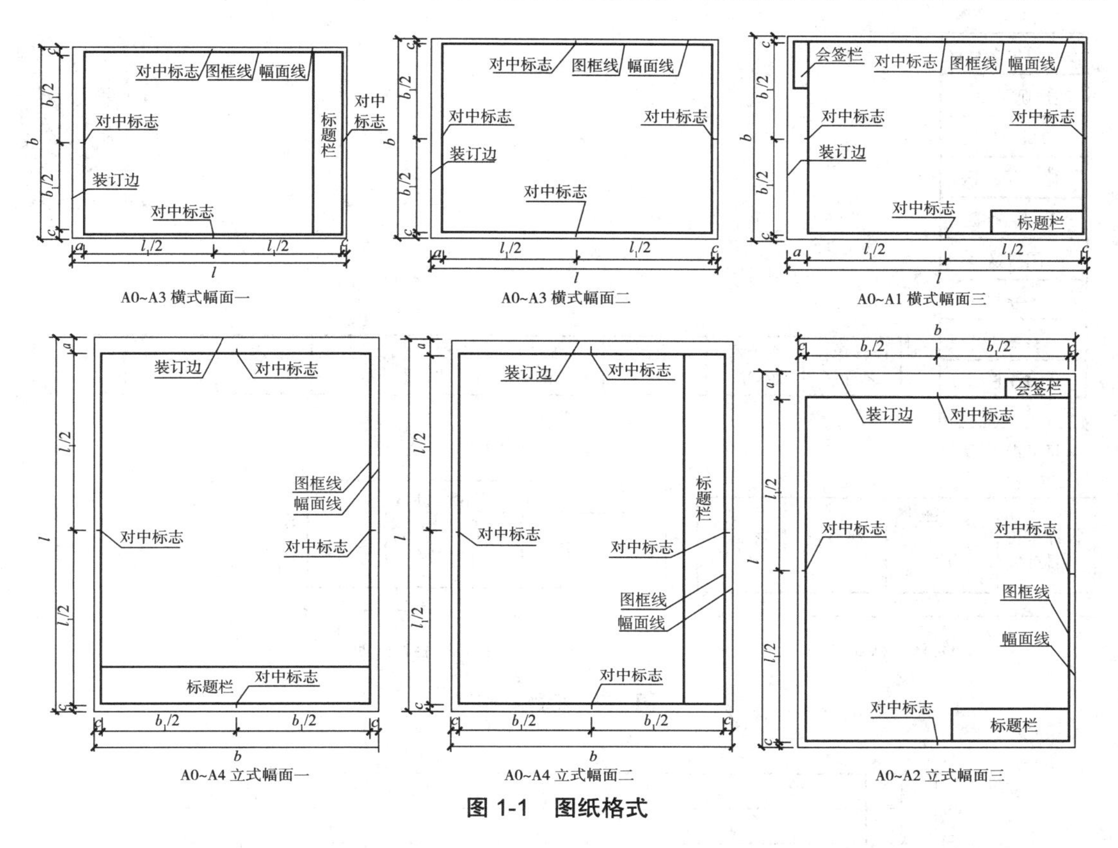

图 1-1　图纸格式

绘制图样时，优先采用表 1-1 规定的幅面尺寸，必要时可以加长，但图纸长边可以加长，短边不得加长，加长的尺寸必须符合国标 GB/T 50001—2017 的规定，如表 1-2 所示。

表 1-2　图纸长边加长尺寸　（mm）

幅面代号	长边尺寸	长边加长后的尺寸
A0	1 189	1 486　1 783　2 080　2 378
A1	841	1 051　1 261　1 471　1 682　1 892　2 102
A2	594	743　891　1 041　1 189　1 338　1 486　1 635　1 783　1 932　2 080
A3	420	630　841　1 051　1 261　1 471　1 682　1 892

注：有特殊需要的图纸，可采用 $b \times l$ 为 841 mm×891 mm 与 1 189 mm×1 261 mm 的幅面。

图纸的短边不应加长，A0~A3 幅面长边尺寸可加长，但应符合表 1-2 的规定。

2. 标题栏

图纸的标题栏（简称“图标”）和会签栏的位置、尺寸及内容如图 1-1 至图 1-3 所示。学校制图作业中的标题栏可以按照图 1-4 的格式绘制。涉外工程的图标应在各项主要内容的中文下方附加译文，设计单位名称前应加“中华人民共和国”字样。会签栏是为各工种负责人签署专业、姓名、日期用的表格。会签栏画在图纸左侧上方的图框线外，不需会签的图纸，可不设会签栏。

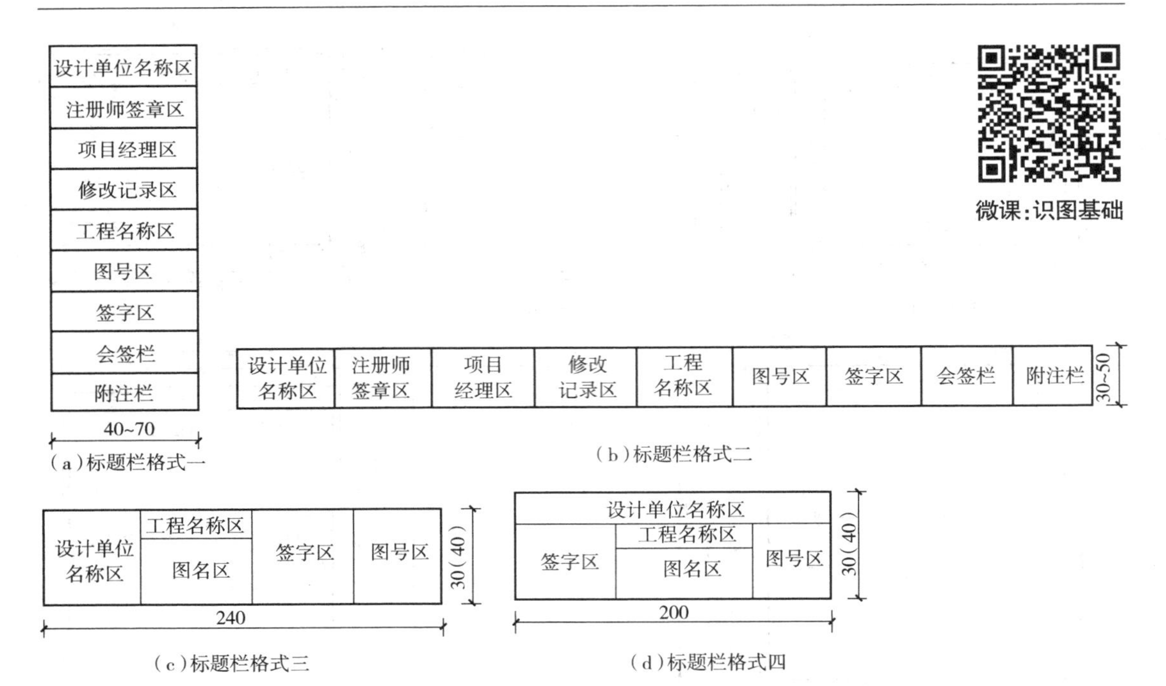

图 1-2　标题栏格式

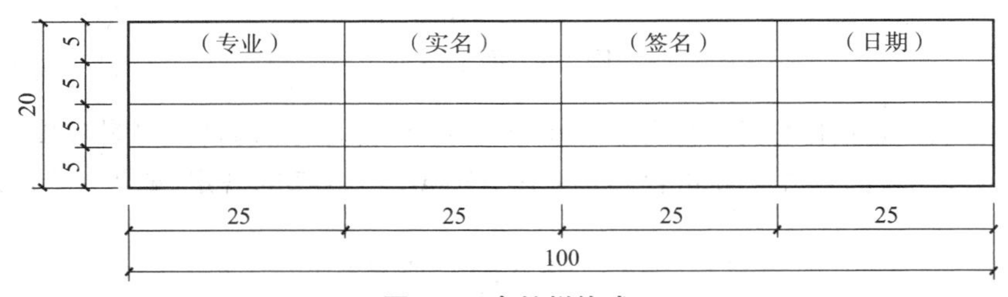

图 1-3　会签栏格式

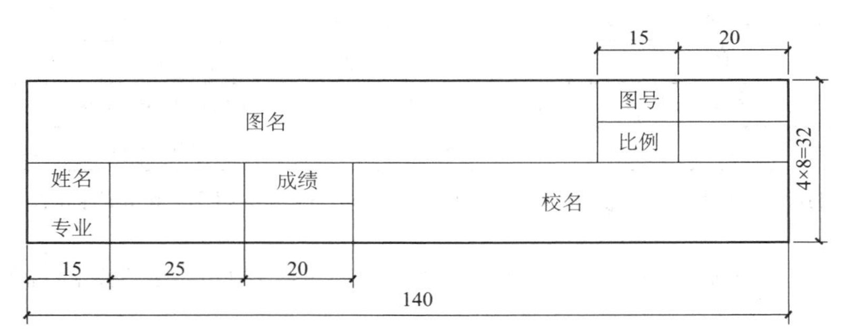

图 1-4　制图作业用标题栏格式

(二)图线

1. 图线

画在图纸上的线条统称图线,图线是图形的重要组成部分。每个图样,应根据复杂程度和比例,先选定基本线宽 b,再选用表 1-3 中相应的线宽组。为了突出图纸中内容的主次,图线有粗、中粗、中、细之分（见表 1-4），表示不同内容，国标规定工程图纸必须使用不同线型和不同粗细的图线来表示设计内容。

表 1-3　线宽组　（mm）

线宽比	线宽组			
b	1.4	1.0	0.7	0.5
$0.7b$	1.0	0.7	0.5	0.35
$0.5b$	0.7	0.5	0.35	0.25
$0.25b$	0.35	0.25	0.18	0.13

注：1. 需要缩微的图纸，不宜采用 0.18 mm 及更细的线宽。
2. 同一张图纸内，各不同线宽中的细线，可统一采用较细的线宽组的细线。

建筑工程图中的线型有实线、虚线、点画线、折断线、波浪线等，其中实线、虚线、点画线还有粗、细之分，应根据不同用途选择合适的线宽和线型。一般情况下，可按表 1-4 选用。

表 1-4　图线

名称		线　型	线宽	用　途
实线	粗		b	主要可见轮廓线
	中粗		$0.7b$	可见轮廓线、变更云线
	中		$0.5b$	可见轮廓线、尺寸线
	细		$0.25b$	图例填充线、家具线
虚线	粗		b	见各有关专业制图标准
	中粗		$0.7b$	不可见轮廓线
	中		$0.5b$	不可见轮廓线、图例线
	细		$0.25b$	图例填充线、家具线
单点长画线	粗		b	见各有关专业制作标准
	中		$0.5b$	见各有关专业制图标准
	细		$0.25b$	中心线、对称线、轴线等
双点长画线	粗		b	见各有关专业制图标准
	中		$0.5b$	见各有关专业制图标准
	细		$0.25b$	假想轮廓线、成型前原始轮廓线
折断线	细		$0.25b$	断开界线
波浪线	细		$0.25b$	断开界线

2. 图线的画法

（1）在同一张图纸内，相同比例的各图样应采用相同的线宽组。

（2）相互平行的图例线，其间隙不宜小于其中的粗线宽度的两倍，且不宜小于 0.7 mm 。

（3）虚线、单点长画线或双点长画线的线段长度和间隔宜各自相等。

（4）在较小图形中绘制单点长画线或双点长画线有困难时，可用细实线代替。

（5）单点长画线或双点长画线的两端不应是点而是线段。点画线与点画线交接或点画线与其他图线交接时，应是线段交接。绘制圆的中心对称线时，圆心应为线段的交点。

（6）虚线与虚线交接或虚线与其他图线交接时，应是线段交接。虚线为实线的延长线时，不得与实线连接，如图 1-5 所示。

（7）图线不得与文字、数字或符号重叠、混淆，不可避免时，应首先保证文字等的清晰。

（8）图纸的图框线和标题栏线可采用表 1-5 所示的线宽。

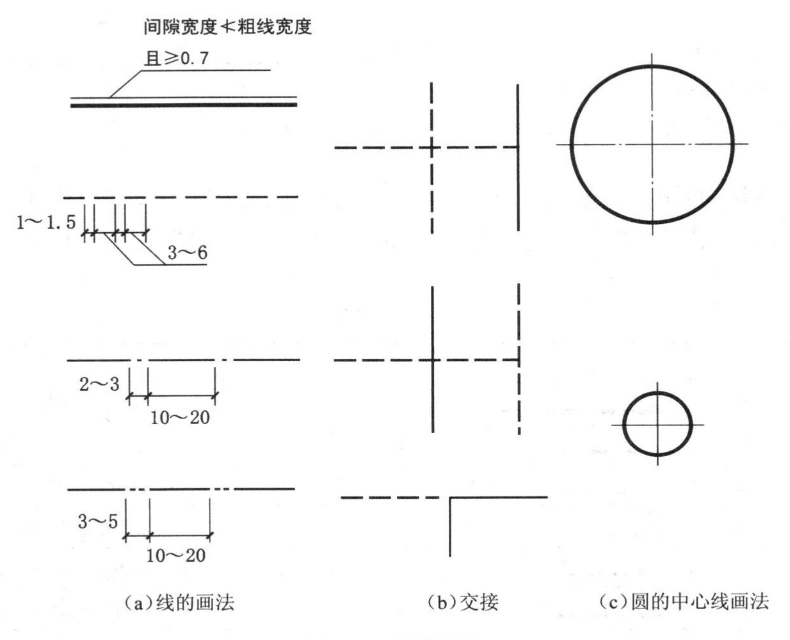

（a）线的画法　（b）交接　（c）圆的中心线画法

图 1-5　图线画法

表 1-5　图框线、标题栏线的线宽　（mm）

幅面代号	图框线	标题栏外框线对中标志	标题栏分格线幅面线
A0、A1	b	$0.5b$	$0.25b$
A2、A3、A4	b	$0.7b$	$0.35b$

（三）字体

国标规定的字体是指图样中汉字、字母、数字等符号的书写样式。国标字体的内容包含字形与字号（字高）。工程图样上的文字、数字或符号等必须用黑墨水笔书写，均应笔画清晰、字体端正、排列整齐，标点符号应清楚正确。汉字、字母、数字等字体的大小以字号来表示，即字体的高度。图样中字高应依据图纸幅面、比例等情况从国标规定的如下序列中选用：3.5 mm、5 mm、7 mm、10 mm、14 mm、20 mm。如需书写更大的字，其高度应按 $\sqrt{2}$ 的倍数递增，并取单位为毫米的整数。

1. 汉字

工程字体

图样及说明中的汉字应采用简化汉字书写，应符合国家有关汉字简化方案规定，宜用宋体字；采用矢量字体时宜用长仿宋体字。长仿宋体字的字高与字宽的比例大约为 1∶0.7，见表 1-6。长仿宋体字的书写要领是：横平竖直，起落分明，填满方格，结构匀称，见表 1-7。

表 1-6　长仿宋体字高宽关系　（mm）

字高	20	14	10	7	5	3.5
字宽	14	10	7	5	3.5	2.5

表 1-7　长仿宋体基本笔画和结构关系

笔画	点	横	竖	撇	捺	挑	折	钩
形状								
运笔								

字体	梁	板	门	窗
结构				
说明	上下等分	左小右大	缩格书写	上小下大

2. 拉丁字母和数字

拉丁字母及数字（包括阿拉伯数字和罗马数字及少数希腊字母）有一般字体和窄字体两种，其中又有直体字和斜体字之分，如图 1-6 所示。拉丁字母、阿拉伯数字和罗马数字的字高应不小于 2.5 mm 。如需写成斜体字，其斜度应从字的底线逆时针向上倾斜 75° 。斜体字的高度与宽度应与相应直体字相等。

（四）比例

图样的比例是指图形与实物相对应的线性尺寸之比。比例的大小是指其比值的大小，如 1∶50 大于 1∶100 。

比例宜注写在图名的右侧，字的基准线应取水平；比例的字高宜比图名的字高小一号或二号，如图 1-7 所示。

绘图所用的比例，应根据图样的用途和被绘对象的复杂程度，优先选用表 1-8 中的常用比例。一般情况下，一个图样应选用一种比例并在标题栏中注明。根据专业制图的需要，同一图样也可选用两种比例，当某个视图需要采用不同比例时，必须另行标注。

（1）拉丁字母

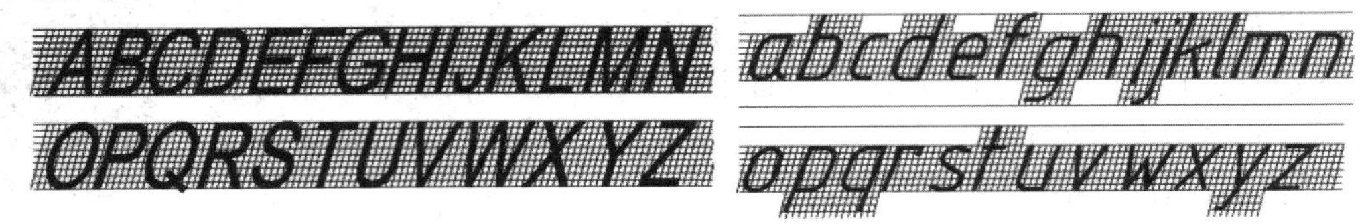

（2）阿拉伯数字

0123456789　0123456789

（3）罗马数字

I II III IV V VI VII VIII IX X

图1-6　拉丁字母与数字

图1-7　图名与比例

比例与图名

表1-8　绘图所用的比例

常用比例	1∶1、1∶2、1∶5、1∶10、1∶20、1∶30、1∶50、1∶100、1∶150、1∶200、1∶500、1∶1 000、1∶2 000
可用比例	1∶3、1∶4、1∶6、1∶15、1∶25、1∶30、1∶40、1∶60、1∶80、1∶250、1∶300、1∶400、1∶600、1∶5 000、1∶10 000、1∶20 000、1∶50 000、1∶100 000、1∶200 000

二、尺寸标注

在建筑工程图样中，其图形只能表达建筑物的形状及材料等内容，而不能反映建筑物的大小。建筑物的大小由尺寸来确定。尺寸标注是一项十分重要的工作，必须认真仔细，准确无误。如果尺寸有遗漏或错误，会给施工带来困难和损失。

（一）尺寸的组成及一般标注方法

图样上的尺寸包括四个要素：尺寸界线、尺寸线、尺寸起止符号和尺寸数字，如图1-8所示。

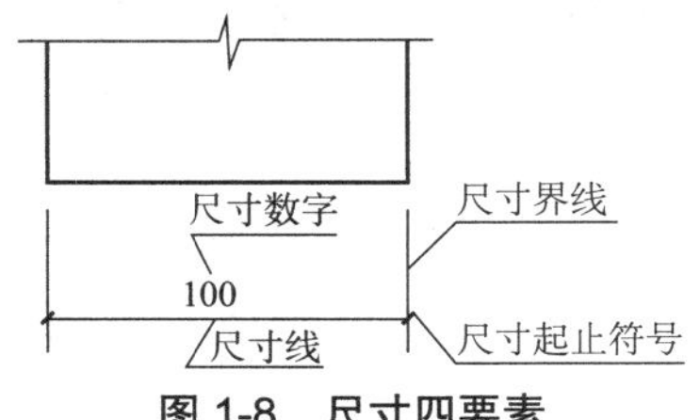

图1-8　尺寸四要素

尺寸标注

1. 尺寸界线

尺寸界线表示标注尺寸的起始范围。其应用细实线绘制，一般应与被注长度垂直，其一端离开图样的轮廓线不小于 2 mm，另一端应超出尺寸线 2~3 mm。必要时图样轮廓线、中心线及轴线可用作尺寸界线。

2. 尺寸线

尺寸线应用细实线绘制。尺寸线不允许用其他图线代替，也不得与其他图线重合，且不应相交。尺寸线应与被注长度平行并与尺寸界线垂直相交，但不宜超出尺寸界线外。互相平行的尺寸线，应从被注的图样轮廓线由近向远整齐排列，小尺寸应离轮廓线较近，大尺寸应离轮廓线较远。图样轮廓线以外的尺寸线，与图样最外轮廓线之间的距离宜小于 10 mm，平行排列的尺寸线的间距为 7~10 mm，并应保持一致。

3. 尺寸起止符号

尺寸起止符号一般有两种形式，即短线与箭头。短线尺寸起止符号一般用中粗斜短线绘制，并画在尺寸线与尺寸界线相交处。其倾斜方向应与尺寸界线呈顺时针 45° 角，长度宜为 2~3 mm。半径、直径、角度与弧长的尺寸起止符号宜用箭头表示。一般情况下，同一图样中只用一种尺寸起止符号。

4. 尺寸数字

图样上的尺寸应以标注的尺寸数字为准，不得从图上直接量取。国标规定，图样上的尺寸单位，除标高及总平面图以米（m）为单位外，其余一律以毫米（mm）为单位，图上尺寸数字都不注写单位。

图样上标注的尺寸一律用阿拉伯数字标注图样的实际尺寸，它与绘图所用比例无关。

尺寸数字一般依据其方向注写在尺寸线的中部。水平方向的尺寸，尺寸数字要写在尺寸线的上方，字头朝上；竖直方向的尺寸，尺寸数字要写在尺寸线的左侧，字头朝左；倾斜方向的尺寸，尺寸数字的方向应按图 1-9（a）的规定注写，若尺寸数字在图中所示 30° 斜线范围内，可按图 1-9（b）的形式注写。

尺寸数字没有足够的注写位置时，两边的尺寸可以注写在尺寸界线的外侧，中间相邻的尺寸数字可以上下错开注写，如图 1-10 所示。尺寸宜标注在图样轮廓之外，不宜与图线、文字及符号等相交，如图 1-11 所示。

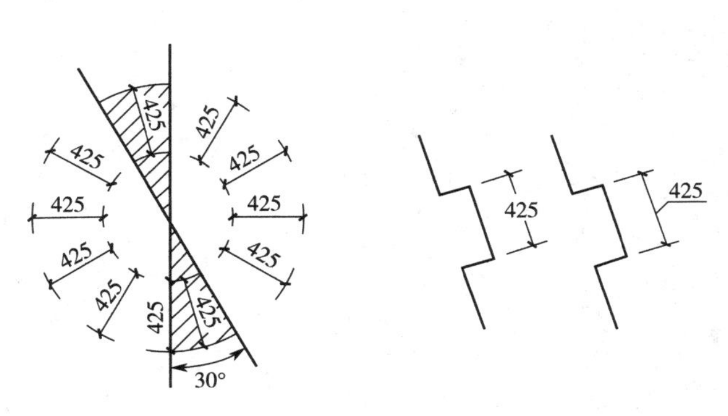

图 1-9　尺寸数字的注写方向

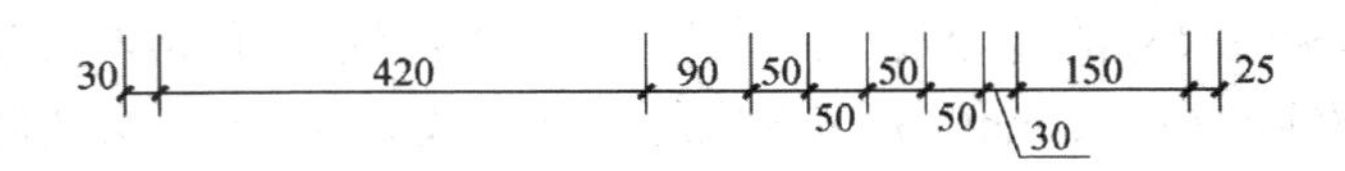

图 1-10　尺寸数字的注写位置

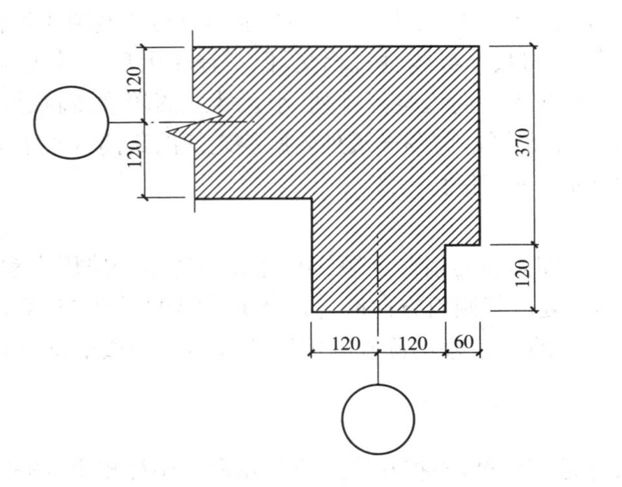

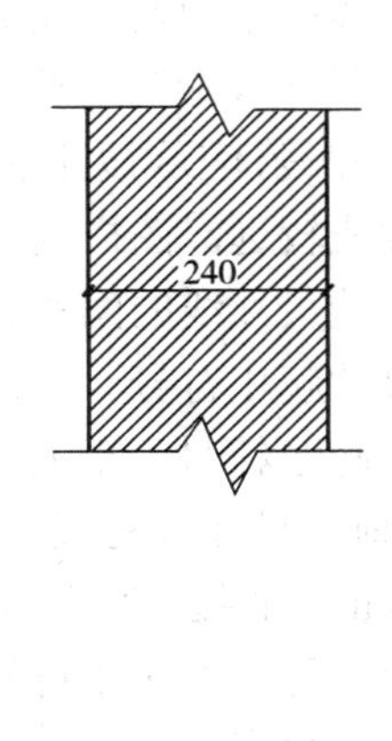

图 1-11　尺寸数字的注写

(二)尺寸注法示例

表 1-9 列出了国标规定的一些尺寸标注方法。

表 1-9　尺寸标注示例

标注内容	示　　例	说　　明
圆及圆弧	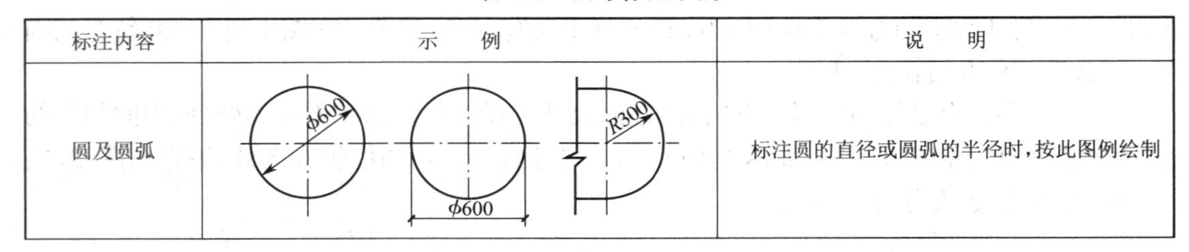	标注圆的直径或圆弧的半径时，按此图例绘制

续表

标注内容	示　例	说　明
大圆弧	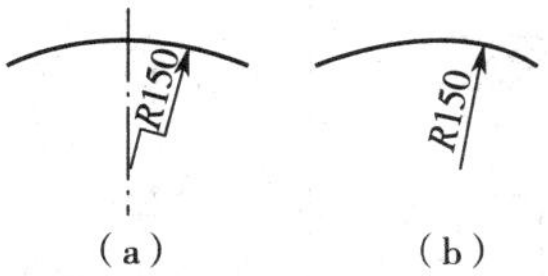 R150 R150 (a) (b)	在图样范围内标注圆心有困难（或无法注出）时，可按图(a)标注
小尺寸圆及圆弧	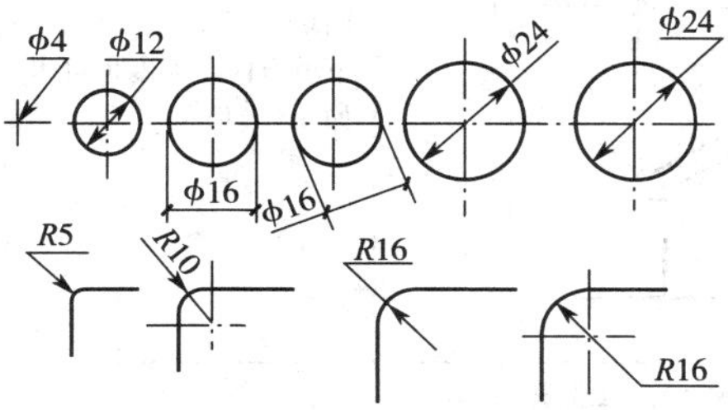 ϕ4 ϕ12 ϕ16 ϕ16 ϕ24 ϕ24 R5 R10 R16 R16	小尺寸的圆及圆弧可按此图例标注
球面	Sϕ180 SR50	在标注球的直径或半径时，应在“ϕ”或“R”前加符号“S”
角度	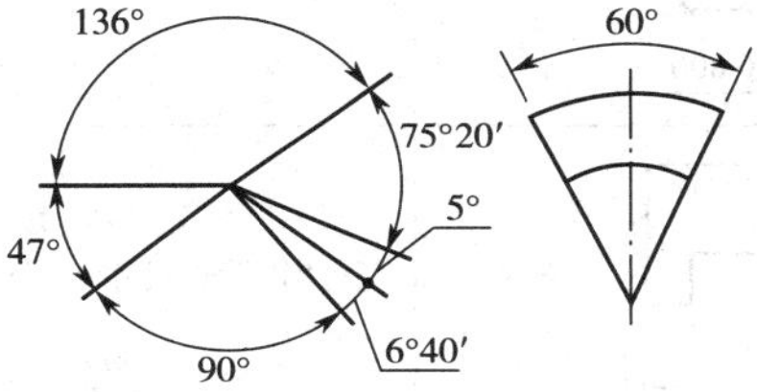 136° 75°20′ 5° 47° 6°40′ 90° 60°	角度的尺寸线是以所注角的顶点为圆心所画的弧；尺寸界线是该角的两个边；角的起止符号应以箭头表示，如没有足够位置画箭头，可用圆点代替；角度数字应一律水平方向注写
弧长和弦长	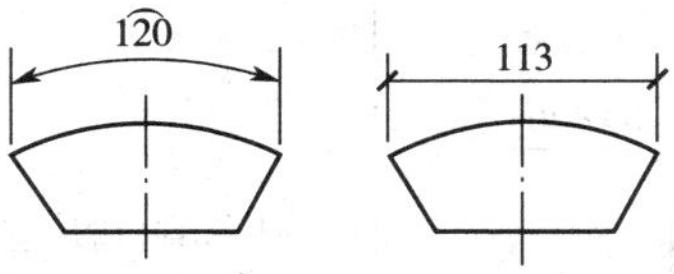 $\frown{120}$ 113	尺寸界线应垂直于该圆弧的弦；如标注的是弧长，尺寸线是与该圆弧同心的圆弧线，起止符号应以箭头表示，弧长数字的上方应加注圆弧符号；如标注的是弦长，尺寸线应是平行于弦的直线，起止符号用中粗斜短线表示
正方形	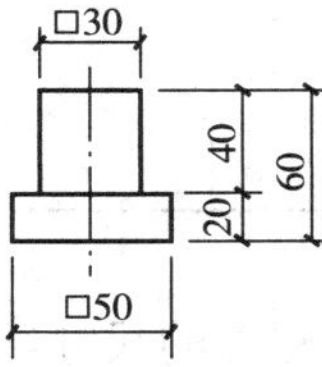 □30 40 60 20 □50	如需在正方形的侧面标注其尺寸，除可用“边长 × 边长”的形式外，也可在边长数字前加正方形符号“□”
薄板厚度	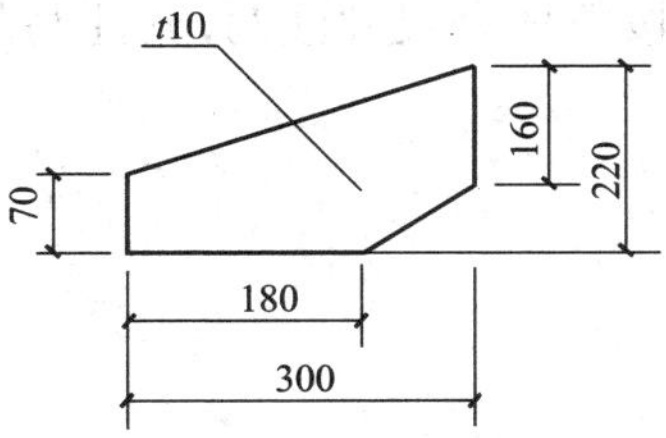 t10 160 220 70 180 300	在薄板板面标注板厚尺寸时，应在厚度数字前面加厚度符号“t”

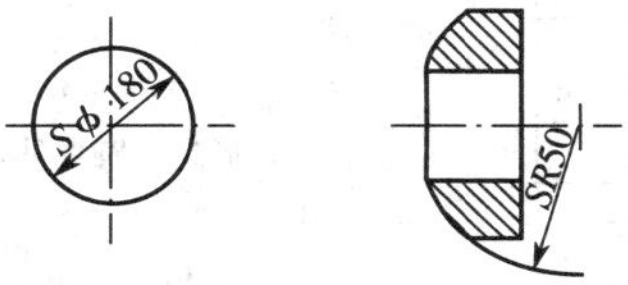

续表

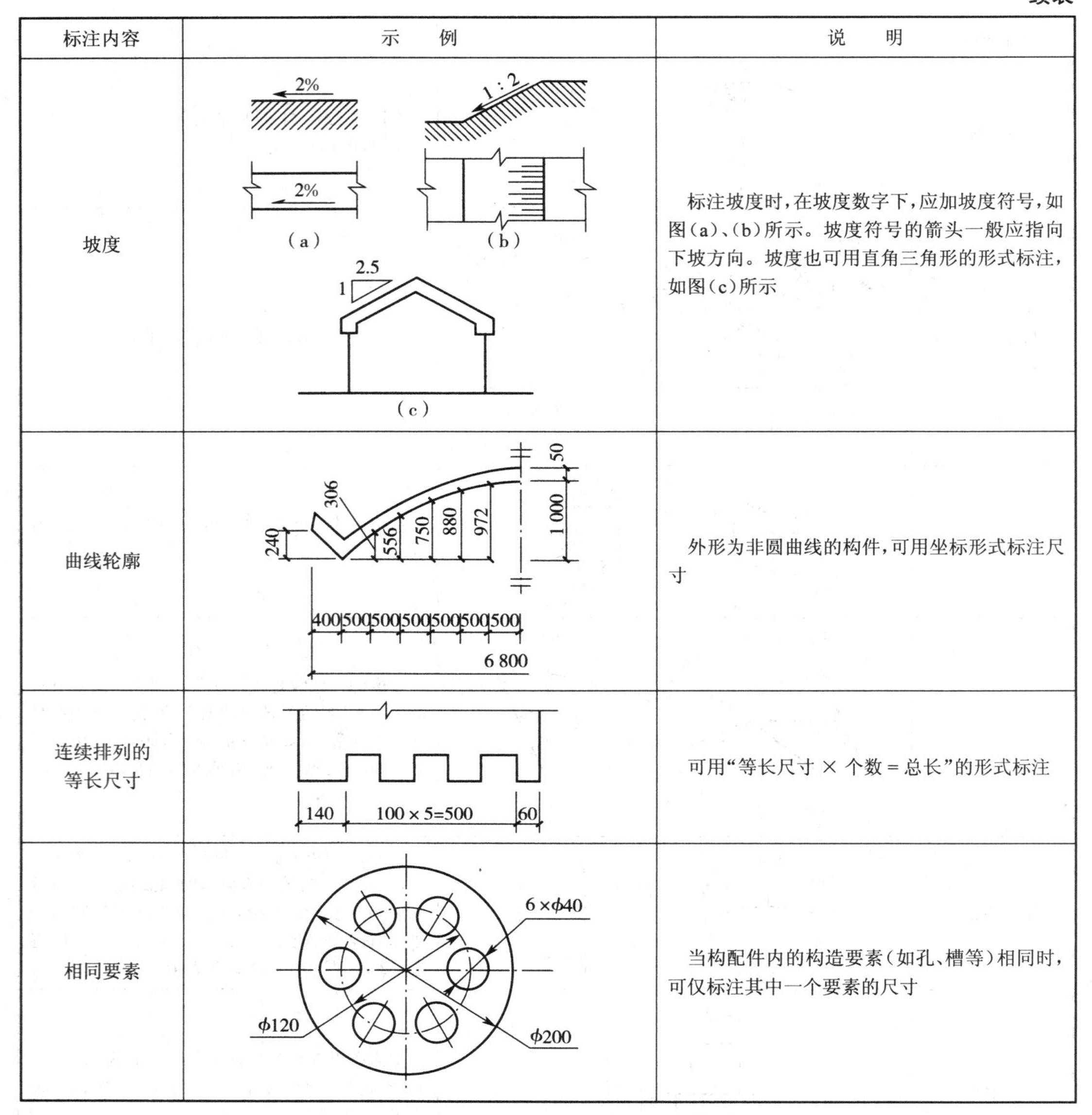

标注内容	示　　例	说　　明
坡度	2%　2%　(a)　1∶2　(b)　2.5　1　(c)	标注坡度时，在坡度数字下，应加坡度符号，如图(a)、(b)所示。坡度符号的箭头一般应指向下坡方向。坡度也可用直角三角形的形式标注，如图(c)所示
曲线轮廓	306　240　556　750　880　972　1 000　50　400　500　500　500　500　500　500　6 800	外形为非圆曲线的构件，可用坐标形式标注尺寸
连续排列的等长尺寸	140　100×5=500　60	可用"等长尺寸 × 个数 = 总长"的形式标注
相同要素	6×ϕ40　ϕ120　ϕ200	当构配件内的构造要素(如孔、槽等)相同时，可仅标注其中一个要素的尺寸

当对称构配件采用对称省略画法时，该对称构配件的尺寸线应略超过对称符号，仅在尺寸线的一端画尺寸起止符号，尺寸数字应按整体全尺寸注写，其注写位置宜与对称符号对齐，如图 1-12 所示。

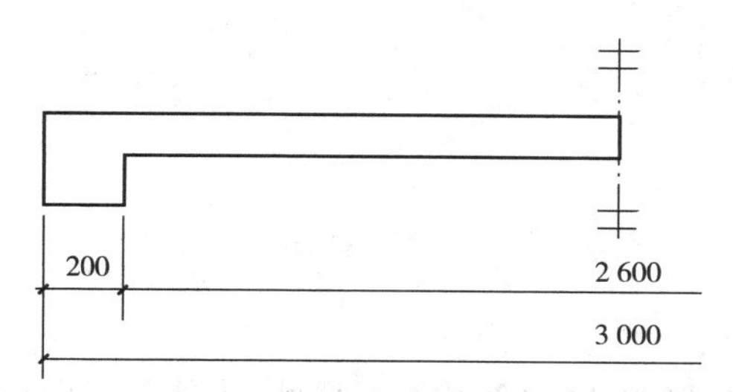

图 1-12　对称构配件尺寸标注方法

【项目实训】

用 1 ∶ 30 比例抄绘图 1-13 所示某建筑房间立面图，并进行尺寸标注。

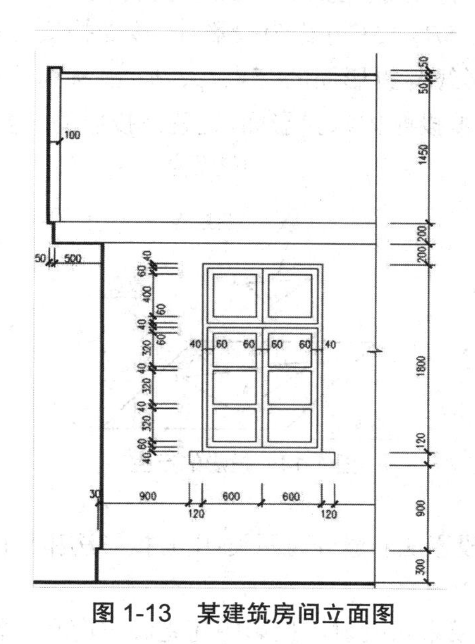

图 1-13　某建筑房间立面图

任务二　投影基础知识

【任务描述及分析】

我们已经学习了制图国家标准的有关规定，那么如何将空间物体用图样表达？早在两千多年前我国就有了使用图样来建造房屋和制作农具的记载，其依据的就是投影理论，从本节开始我们学习投影制图知识。建筑工程图常采用正投影的方法进行投影，并利用“三等”关系获得三面投影图，再利用线及面的投影特性分析判断投影图的正确性，下面我们就相关知识进行具体学习。

【任务实施及知识链接】

一、正投影原理

(一)投影基本知识

1. 投影的概念

制图中,把光源称为投影中心,光线称为投影线,光线的射向称为投影方向,落影的平面(如地面、墙面等)称为投影面,影子的轮廓称为投影。用投影表示物体的形状和大小的方法称为投影法,用投影法画出的物体图形称为投影图。

如图1-14所示,三角形平板在灯光的照射下于桌面上产生影子,人们将这种自然现象加以科学抽象得出投影法。将光源抽象为一点 *S*,称为投影中心,连接投影中心与物体上各点(*A*、*B*、*C*)的直线(*SAa*、*SBb*、*SCc*)称为投影线,接受投影的面(*H*)称为投影面。过物体上各点(*A*、*B*、*C*)的投影线与投影面的交点(*a*、*b*、*c*)称为这些点的投影。要产生投影就必须具备:投影线、形体(被投射体)、投影面,这就是投影的三要素。

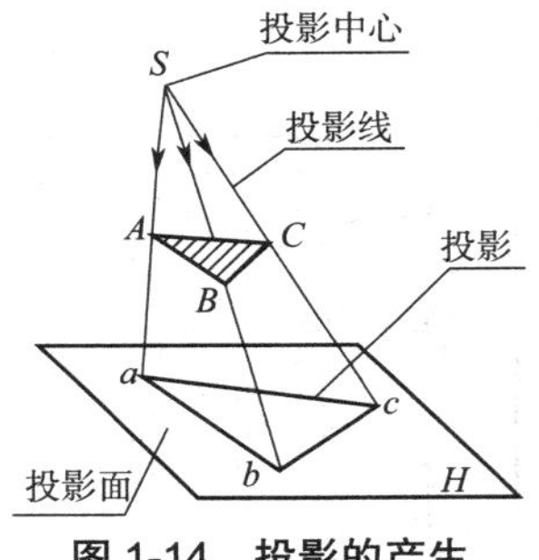

图1-14 投影的产生

投影法

2. 投影(法)的分类

根据投射方式的不同,投影法一般分为两类:中心投影法和平行投影法。

1)中心投影法

投影线由光源点发出,成束状发射。投影图随光源方向和与物体距离的变化而变化,不能反映物的真实大小,如图1-14所示。

2)平行投影法

光源距投影面无限远时,投影线相互平行,所产生的投影称为平行投影。平行投影线垂直于投影面所作的投影称为正投影,如图1-15(a)所示。平行投影线倾斜于投影面所作的投影称为斜投影,如图1-15(b)所示。

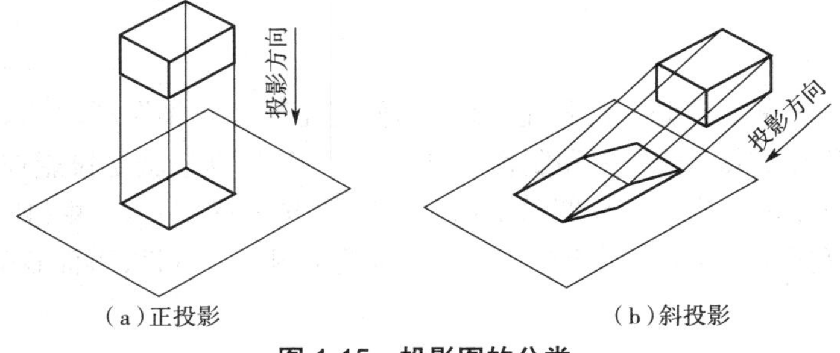

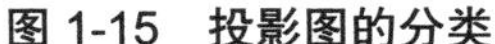

(a)正投影 (b)斜投影

图1-15 投影图的分类

平行投影法

工程图样中采用最多的是正投影。正投影法是本课程的研究重点，若无特殊说明，本课程所涉相关内容均指正投影。

3. 平行投影的基本性质

1）类似性

点的正投影仍然是点，直线的正投影一般仍为直线（特殊情况除外），平面的正投影一般仍为原空间几何形状的平面（特殊情况除外），这种性质称为正投影的类似性，如图 1-16 所示。

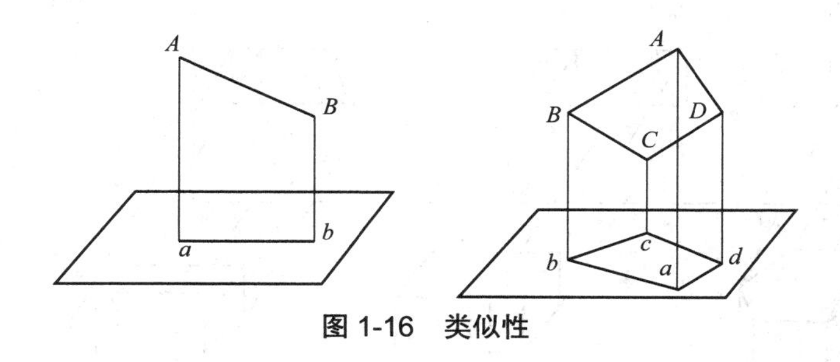

图 1-16　类似性

2）全等性

线段或平面平行于投影面时，线段的投影长度等于线段实长，平面的投影图形与原平面图形全等，这种性质称为正投影的全等性，如图 1-17 所示。

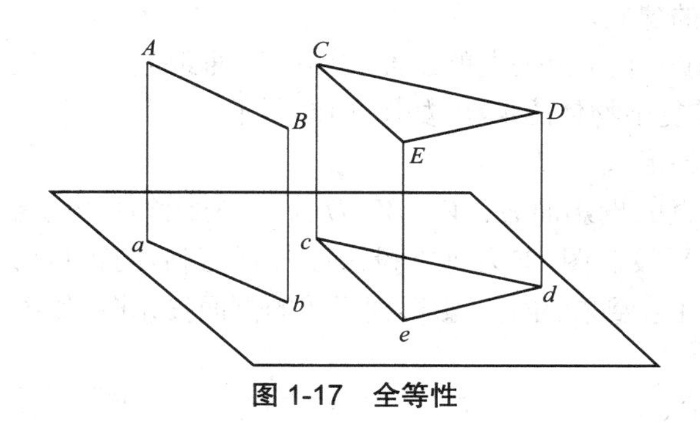

图 1-17　全等性

3）积聚性

当直线或平面垂直于投影面时，直线的正投影积聚为一个点，平面图形的正投影积聚为一条线段，这种性质称为正投影的积聚性，如图 1-18 所示。

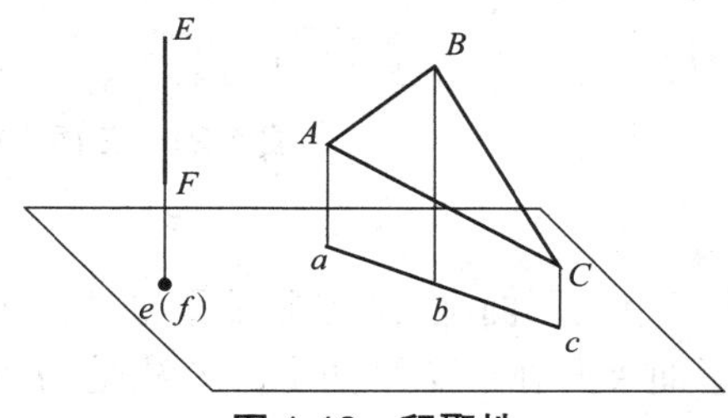

图 1-18　积聚性

4. 三面正投影图

在工程上绘制图样若只用一个正投影图（单面投影）来表达物体，很难确定空间物体的真实面目。如图1-19所示，空间两个不同形状的物体（Ⅰ、Ⅱ、Ⅲ），它们在同一个投影面上的正投影是相同的。因此，为了更好地表现三维空间形体的真实面目及其相应的长度、宽度和高度，就须采用增加投影面的数量从而得到一组投影图的方法来完全确定物体。

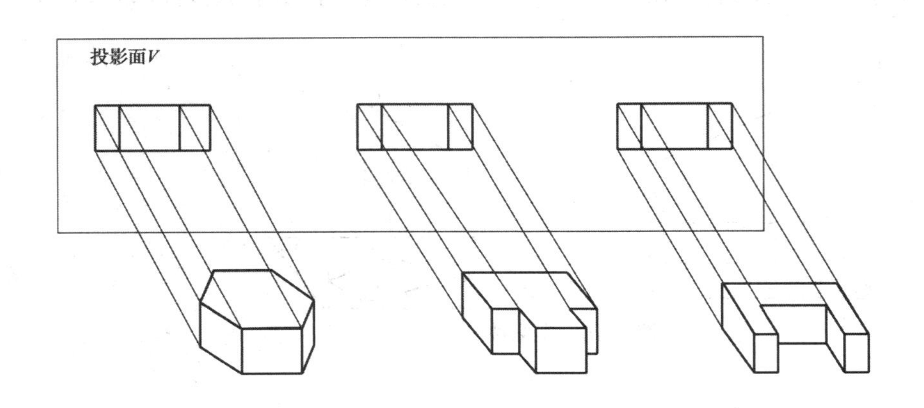

单面投影

图1-19 形体的单面投影

1）三面投影体系的建立

一般情况下，采用三个互相垂直的平面作为投影面组成一个三面投影体系，就能唯一确定较复杂物体的形状，如图1-20所示。

三面投影图

2）三面正投影图的形成

设定三个互相垂直的投影面*H*、*V*、*W*，*H*为水平投影面，由上到下的正投影得到形体的水平投影图；*V*为正立投影面，由前到后的正投影得到形体的正面投影图；*W*为侧立投影面，由左到右的正投影得到形体的侧面投影图，如图1-21所示。

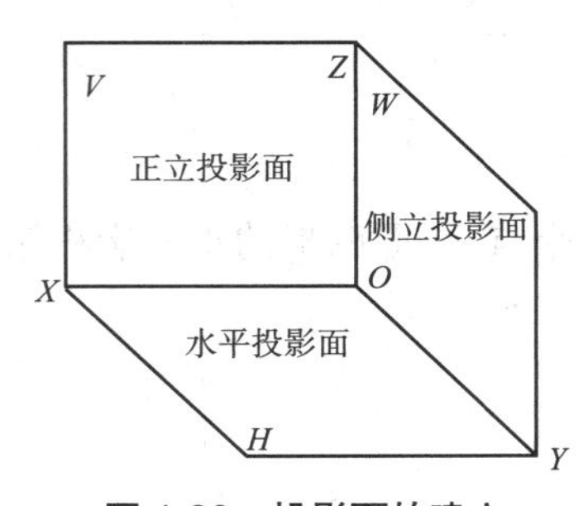

图1-20 投影面的建立

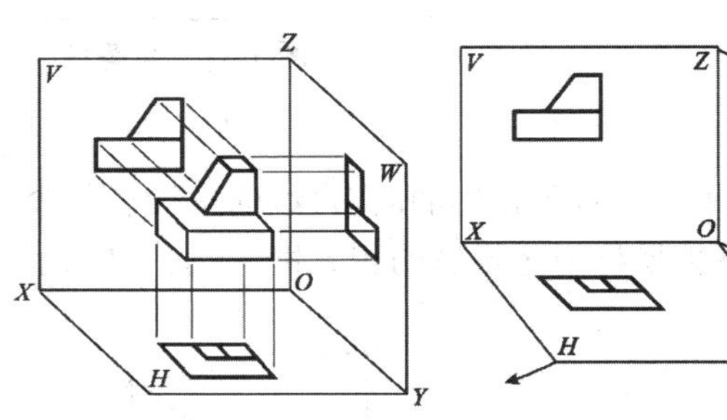

图1-21 三面正投影图的形成

3）三个投影面的展开

三面正投影图分别位于三个投影面上，画图非常不方便。工程绘图是将三个投影图绘在一张图纸上，即将三个投影面展开在一个平面上。方法是：*V*面不动，*H*面和*W*面分别围绕*OX*、*OZ*轴旋转90°，如图1-22所示。

4）三面正投影图的投影规律

由图 1-23 得出，三个投影图在平面展开后的位置关系与尺寸关系如下。

V 图和 *H* 图：左右对正，长度相等——长对正；

V 图和 *W* 图：上下看齐，高度相等——高平齐；

H 图和 *W* 图：前后对应，宽度相等——宽相等。

这就是三面正投影图之间的“长对正、高平齐、宽相等”的“三等”关系。

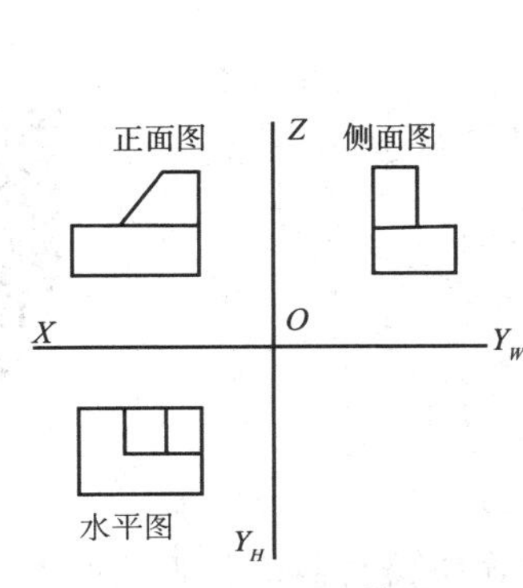

图 1-22　投影面的展开

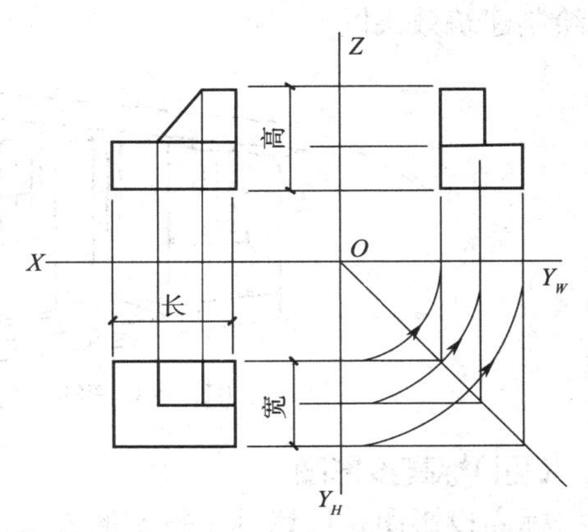

图 1-23　三面正投影图的投影规律

二、常用的工程投影图

在土木和建筑工程中，常用的投影图有四种：多面正投影图、轴测投影图、透视投影图、标高投影图。

（一）多面正投影图

多面正投影图是土建工程中最主要的图样，也是本课程讲述的重点。多面正投影图由物体在互相垂直的两个或两个以上的投影面上的正投影组成，图 1-24 是形体在三个互相垂直的投影面上的正投影组成的多面正投影图。

特点：作图较其他图示法简便，便于度量，工程上应用最广，但缺乏立体感。

（二）轴测投影图

用平行投影的方法把物体连同它的坐标轴一起向某单一投影面投影得到的图形称为轴测投影图，简称轴测图，如图 1-25 所示。轴测图富有立体感，常作为建筑工程图中正投影图的辅助图。

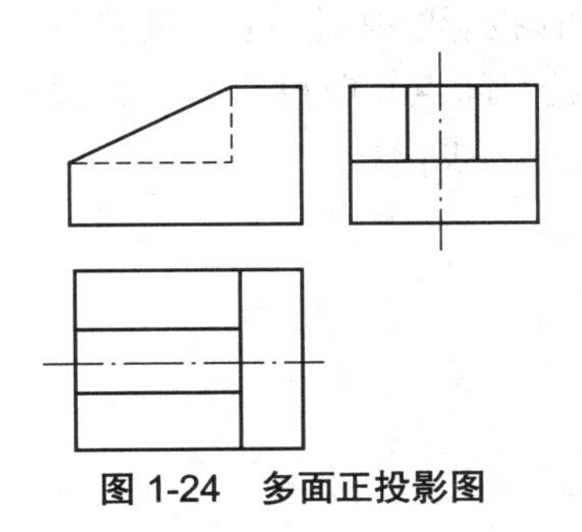

图 1-24　多面正投影图

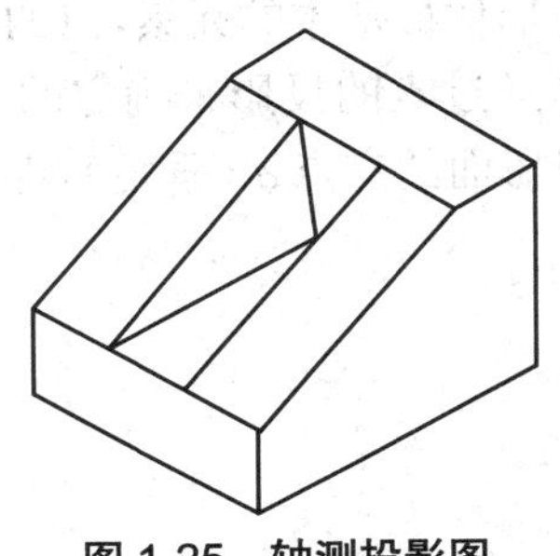

图 1-25　轴测投影图

在土建设备图中，给水排水、采暖通风和空气调节等方面的管道系统图采用的就是轴测图。

(三)透视投影图

利用中心投影的方法将物体投射在单一投影面上所得到的图形称为透视投影图，简称透视图。将物体置于投射中心与单一投影面之间的相对位置，就可得到形象逼真的透视图。图 1-26 是形体的透视投影图。它立体感强，但作图麻烦，度量性差，因而在建筑设计中常用来绘制建筑效果图。

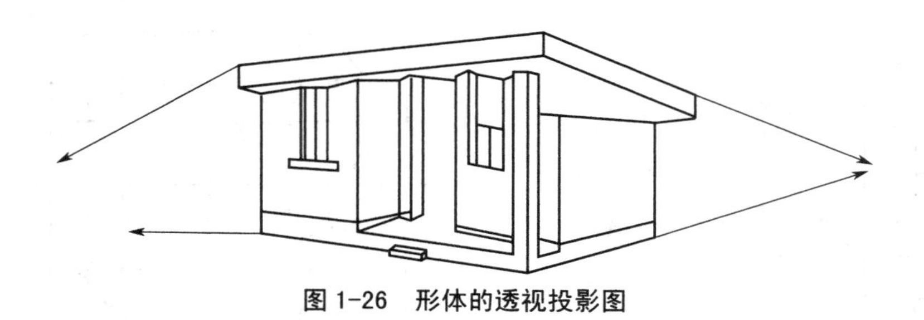

图示方法

图 1-26 形体的透视投影图

(四)标高投影图

标高投影图是用铅垂正投影的方法，将局部地面的等高线投影到水平基面上，并标出等高线的高程数值，从而表达该局部的地形。它是地面或土工构筑物在一个水平基面上的正投影图，在土建工程中常用来绘制地形图、建筑总平面图和道路、水利工程等方面的平面布置的图样，并加注某些特征面、线以及控制点的高度数值。图 1-27 为一个小山包的标高投影图。

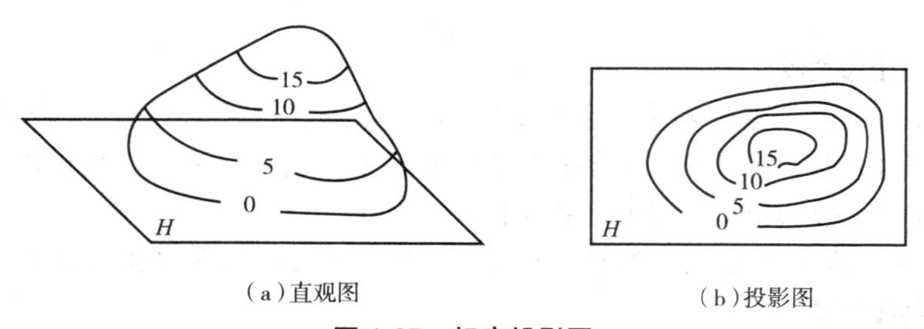

(a)直观图 (b)投影图

图 1-27 标高投影图

三、点的投影

点是形体最基本的元素，点的投影是研究线、面、体投影的基础。在工程图样中，点的空间位置是通过点的投影来确定的。如图 1-28 所示，过空间点 A 向投影面 H 作投影线，该投影线与投影面的交点 a（垂足），即为点 A 在投影面 H 上的投影。

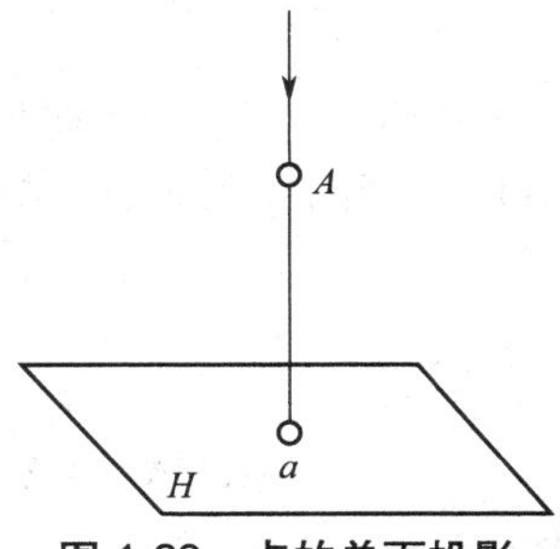

图 1-28　点的单面投影

(一)点的三面投影

如图 1-29 所示,将空间点 A 置于三面投影体系中,自点 A 分别向三个投影面作垂线(即投影线),三个垂足就是点 A 在三个投影面上的投影。

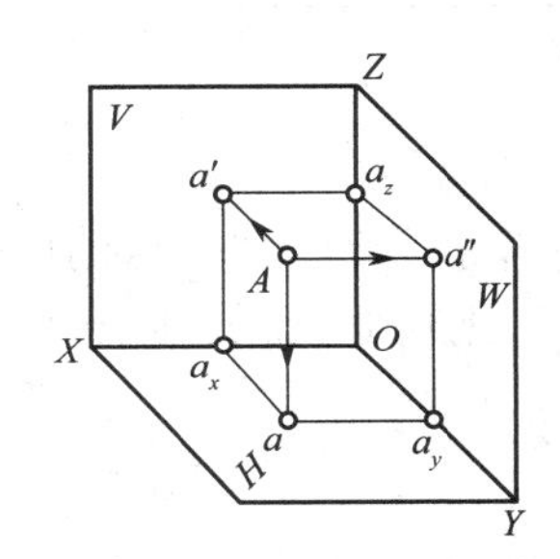

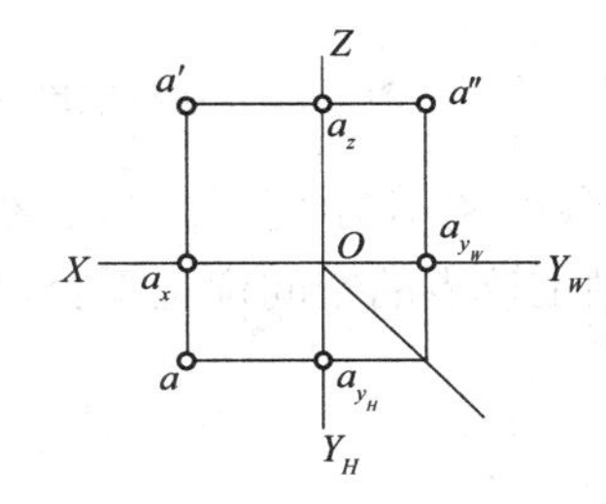

图 1-29　点的三面投影

点的投影

点 A 在 H 面的投影 a,称为点 A 的水平投影;

点 A 在 V 面的投影 a',称为点 A 的正面投影;

点 A 在 W 面的投影 a'',称为点 A 的侧面投影。

(45° 斜线为作图辅助线,保证 H 面图与 W 面图的“宽相等”)

1. 点的投影规律

图 1-29 为点的三面投影图。三面投影规律叙述如下。

(1)点的两个投影的连线垂直于投影轴。

点的水平投影与正面投影的连线垂直于 OX 轴,即 $aa' \perp OX$;

点的正面投影与侧面投影的连线垂直于 OZ 轴,即 $a'a'' \perp OZ$;

点的水平投影与侧面投影的连线垂直于 OY 轴(OY_H 与 OY_W 合一)。

(2)点的投影到投影轴的距离等于点到投影面的距离,即 $aa_x = Aa'$,$a'a_z = Aa''$,$a''a_y = Aa$。

2. 点的坐标

依据点的三面投影规律,点的投影到投影轴的距离等于点到投影面的距离,反映了点的坐标。图 1-29 为三面投影中点的坐标。

X:点 a 到 W 面的距离,即 a_x。

Y:点 a 到 V 面的距离,即 a_y。

Z:点 a 到 H 面的距离,即 a_z。

3. 特殊位置点

（1）位于投影面上的点，如图 1-30 所示。当点在某一个投影面上时，点的一个坐标为 0，其中一个投影与所在投影面上该点的空间位置重合，另两个投影分别落在该投影面所包含的两个投影轴上。

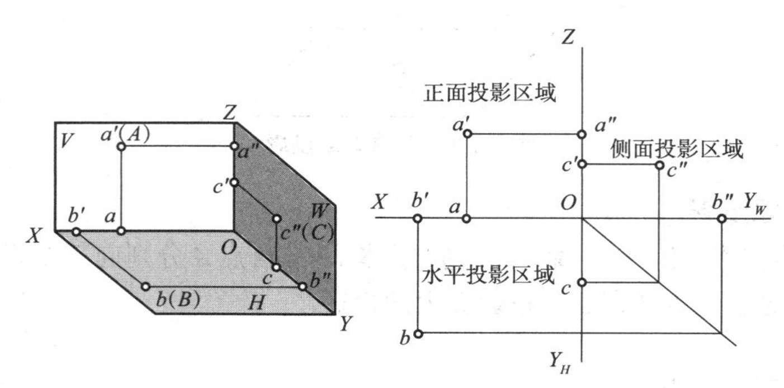

图 1-30　点在投影面上

（2）位于投影轴上的点，如图 1-31 所示。当点在某一个投影轴上时，点的两个坐标为 0，其两个投影与所在投影轴上该点的空间位置重合，另一个投影则与原点重合。

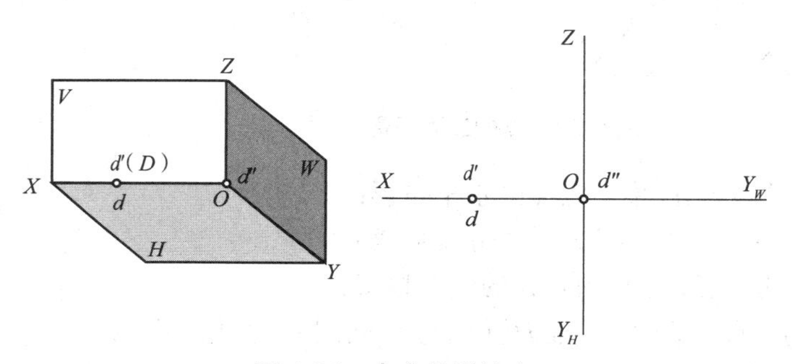

图 1-31　点在投影轴上

（3）与原点重合的点，如图 1-32 所示。点在原点，三个坐标均为 0，其三个投影都与原点重合。

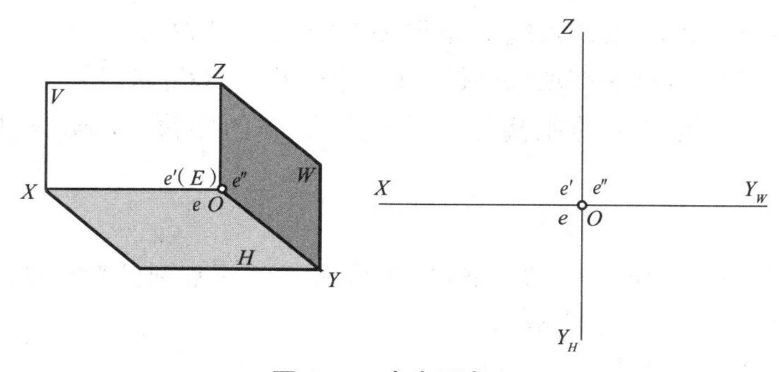

图 1-32　点在原点上

［例］：已知空间点 A 的坐标为（15，10，20），单位为 mm（下同）。求作点 A 的三面

投影。

作图步骤：

①在 OX 轴上由点 O 向左量取 15，定出 a_x，过 a_x 作 OX 轴的垂线，如图 1-33(a)所示。

②在 OZ 轴上由点 O 向上量取 20，定出 a_z，过 a_z 作 OZ 轴的垂线，与步骤①所作垂线的交点即为 a'，如图 1-33(b)所示。

③在 $a'a_x$ 的延长线上，从 a_x 向下量取 10 得 a；在 $a'a_z$ 的延长线上，从 a_z 向右量取 10 得 a''，如图 1-33(c)所示。

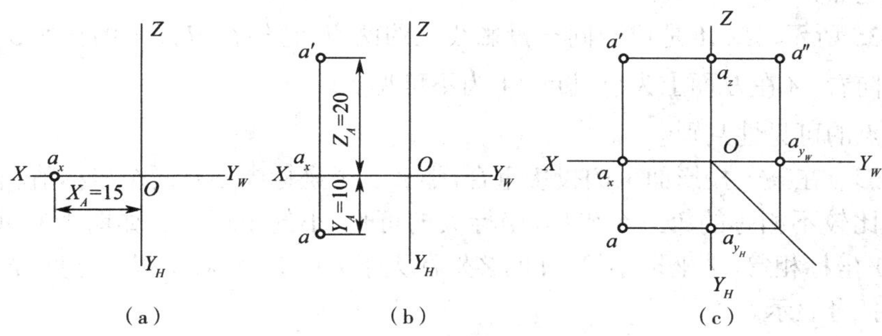

图 1-33　由点的坐标作点的三面投影

点与投影面的相对位置有四类：空间点、投影面上的点、投影轴上的点、与原点 O 重合的点。

(二)两点的相对位置

两点的相对位置是指空间两点的上下、左右、前后关系。空间的一个点有前、后、左、右、上、下六个方位，空间两点的相对位置可由坐标值判定。由 X 坐标值的大小，判别点的左右位置：X 值大，该点就在左方，反之，X 值小，该点就在右方。依据 Y 坐标值的大小，判别点的前后位置：Y 值大，该点就在前方，反之，Y 值小，该点就在后方。依据 Z 坐标值的大小，判别点的上下位置：Z 值大，该点就在上方，反之，Z 值小，该点就在下方。两点的相对位置，如图 1-34 所示。

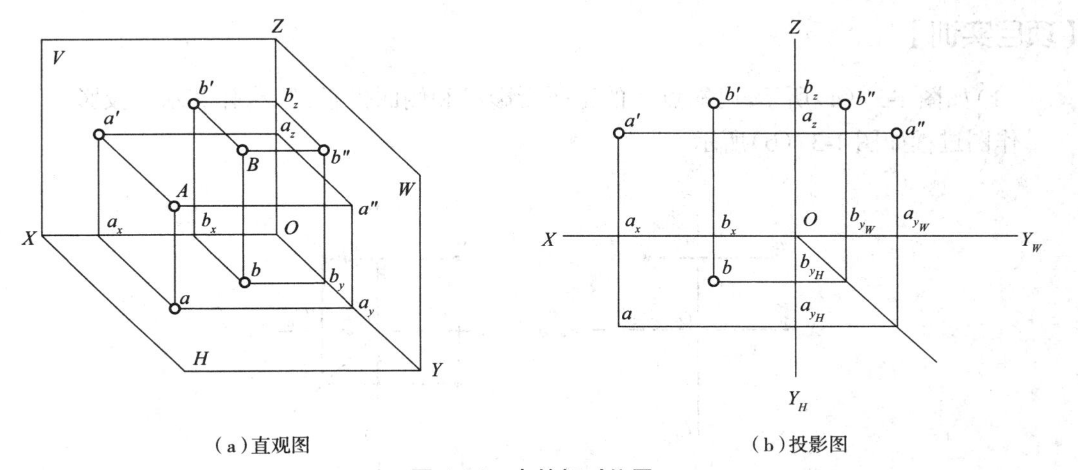

图 1-34　点的相对位置

1. 重影点及其可见性

1）重影点

空间两点如果位于某一投影面的同一投影线上，则两点在该投影面上的投影重合为一点，这两点称为该面的重影点。重影点的某个坐标必然相同。水平投影重合的两个点，叫水平重影点；正面投影重合的两个点，叫正面重影点；侧面投影重合的两个点，叫侧面重影点。

2）可见性

重影点中不可见点的投影符号应加括号（若沿着投影方向看，则上面的点为可见点，下面的为不可见点）。

如图 1-35 所示，A、A_1 是位于同一投影线上的两点，它们在 H 面上的投影 a 和 a_1 重叠。沿投影线方向看，A 在 H 面上为可见点，A_1 为不可见点。

2. 重影点的可见性判别

既然重影点在某一投影面上的投影重合，那么三个坐标中必有两个坐标值相等，第三个坐标不等。比较不相等的第三个坐标，坐标大的可见，小的不可见。如图 1-36 所示，A、B 两点的 X、Y 坐标相等，Z 坐标不等，A 的 Z 坐标大于 B 的 Z 坐标，所以 a 可见，b 不可见，不可见的点加括号表示。

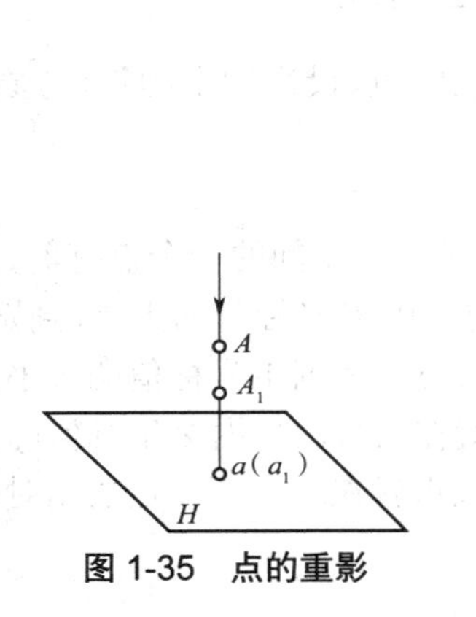

图 1-35 点的重影

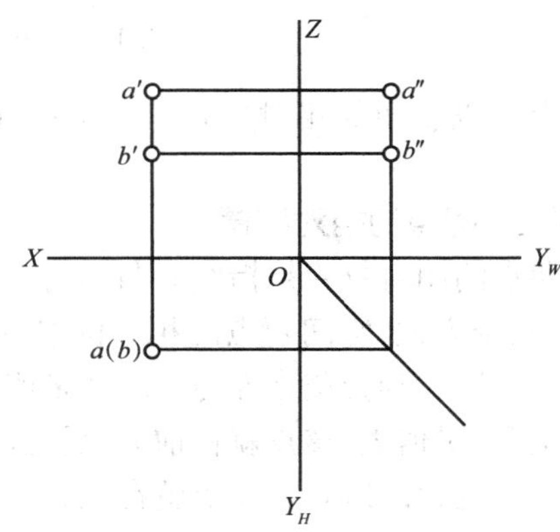

图 1-36 重影点的可见性判别

【项目实训】

（1）如图 1-37（a）所示，已知点 A 的正面投影 a' 和侧面投影 a''，求作其水平投影 a。作图过程如图 1-37（b）所示。

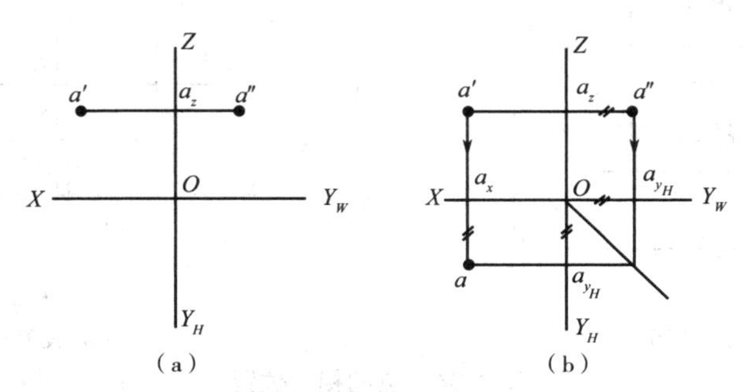

图 1-37 已知点的两个投影求第三个投影

在作图过程中，一般从原点 O 作与水平方向成45°的辅助线，以表明“宽相等”的关系。

（2）已知点 A 到水平投影面的距离为20，到正立投影面的距离为10，到侧立投影面的距离为14，作出 A 点的三面投影图。

作图步骤如下：

①在 OX 轴上量取 Oa_x=14 mm，定 a_x 点；

②过 a_x 作 OX 轴的垂线，使 aa_x=10 mm，$a'a_x$=20 mm，得出 a 和 a'；

③根据 a 和 a'，求 a''，作图结果如图1-38所示。

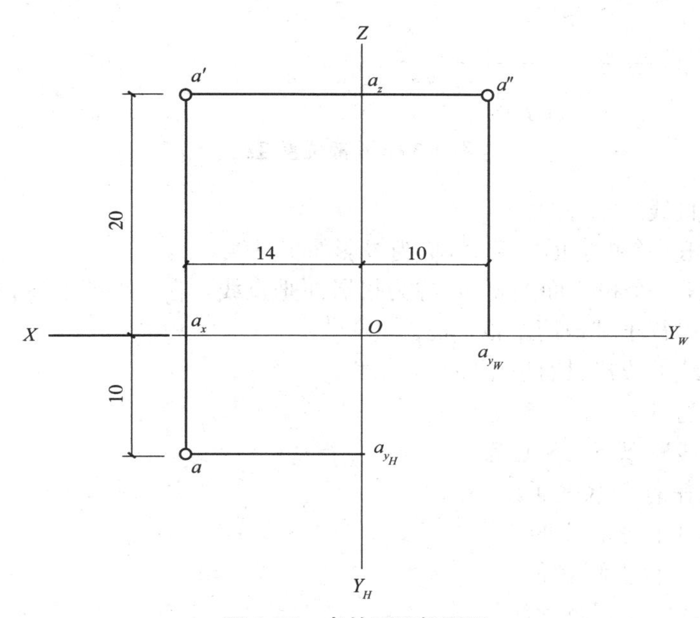

图1-38　点的三面投影图

四、直线的投影

（一）直线的三面投影

直线的投影取决于直线与投影面的相对位置。直线与投影面的相对位置可分为两大类共三种，具体内容如下。

1. 一般位置直线

既不平行也不垂直于任意投影面的直线，或者说直线的位置与三个投影面都倾斜时，称为一般位置直线。一般位置直线的投影既不反映实长，又不反映对投影面的倾角，如图1-39所示。

一般位置直线的投影具有以下特性。

（1）直线的三个投影均倾斜于投影轴。

（2）直线的三个投影与投影轴的夹角，均不反映直线与投影面的真实倾角。

（3）各投影的长度小于直线的实长。

直线的投影

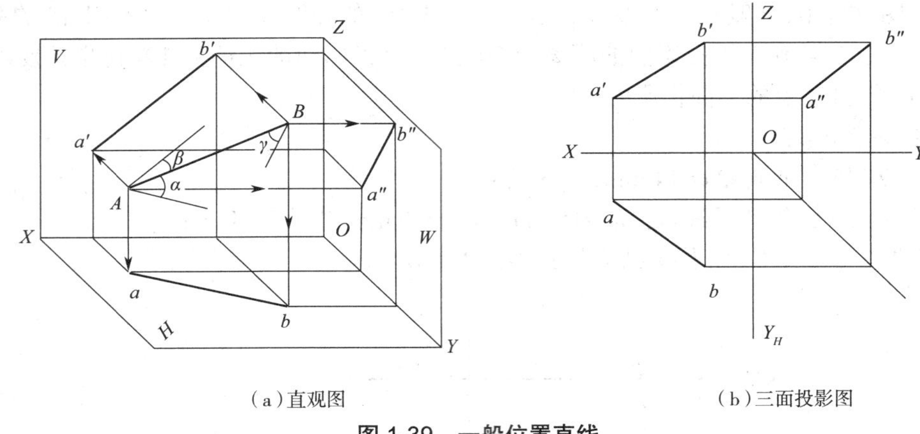

（a）直观图 （b）三面投影图

图 1-39 一般位置直线

2. 特殊位置直线

（1）平行于任一个投影面的直线，称为投影面平行线。

（2）垂直于任一个投影面的直线，称为投影面垂直线。在三面投影中，垂直于任一个投影面的直线一定平行于其他两个投影面。

特殊位置直线的投影具有以下特性。

1）投影面平行线

投影面平行线有以下三种位置。

（1）水平线：平行于水平面。

（2）正平线：平行于正立面。

（3）侧平线：平行于侧立面。

投影面平行线的投影特性如下。

（1）在平行的投影面上的投影，反映实长，并且该投影与投影轴的夹角（α、β、γ）能够反映出直线对其他两个投影面的倾角。

（2）在另外两个投影面上的投影，分别平行于相应的投影轴，但其投影长度缩短。

投影面平行线的投影特性见表 1-10。直线与投影轴所夹的角即直线对投影面的倾角，α、β、γ分别表示直线对 H 面、V 面和 W 面的倾角。

表 1-10 投影面平行线的投影特性

名称	立体图	投影图	投影特性
水平线（//H 面）	V Z a′ b′ a″ W X A O b″ B a H b Y	Z a′ b′ a″ b″ X O Y_W β γ a b Y_H	（1）水平投影反映实长，$ab=AB$，ab 与 X 轴夹角为 β，与 Y 轴夹角为 γ； （2）正面投影平行于 X 轴，$a'b'$ // OX；侧面投影平行于 Y 轴，$a''b''$ // OY_W

续表

名称	立体图	投影图	投影特睡
正平线（//V面）	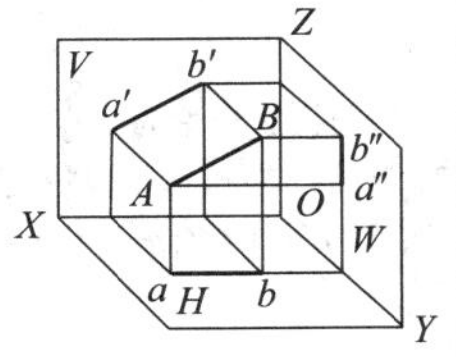	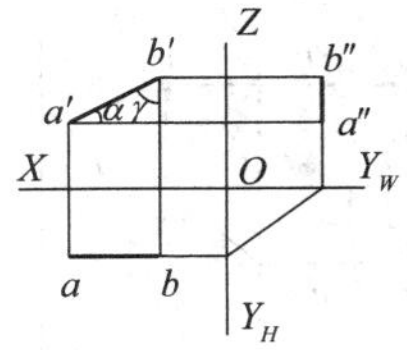	（1）正面投影反映实长，$a'b'=AB$，$a'b'$与X轴夹角为α，与Z轴夹角为γ； （2）水平投影平行于X轴，$ab//OX$;侧面投影平行于Z轴，$a''b''//OZ$
侧平线（//W面）	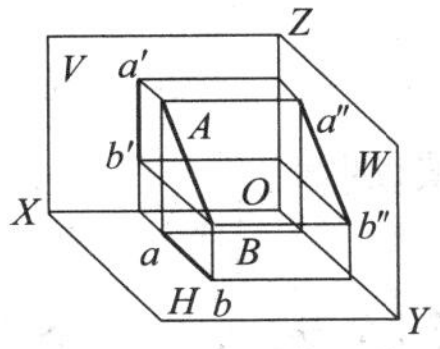	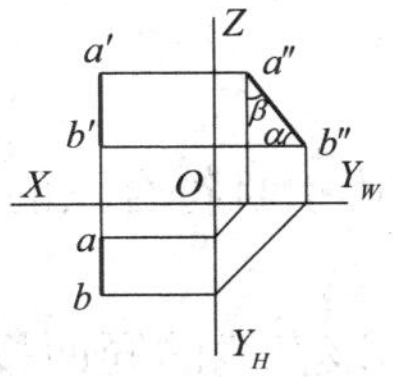	（1）侧面投影反映实长，$a''b''=AB$，$a''b''$与Y轴夹角为α，与Z轴夹角为β （2）水平投影平行于Y轴，$ab//OY_H$；正面投影平行于Z轴，$a'b'//OZ$

2）投影面垂直线

投影面垂直线的空间位置也有如下三种。

（1）铅垂线：垂直于水平面。

（2）正垂线：垂直于正立面。

（3）侧垂线：垂直于侧立面。

投影面垂直线的投影特性如下。

（1）直线在所垂直的投影面上的投影积聚成一点。

（2）直线在另外两个投影面上的投影，同时平行于一条相应的投影轴且均反映实长。

投影面垂直线空间位置的判别方法：一点两直线，定是垂直线；点在哪个面，垂直哪个面。

投影面垂直线的投影特性见表 1-11。

表 1-11　投影面垂直线的投影特性

名称	立体图	投影图	投影特性
铅垂线（⊥H面）	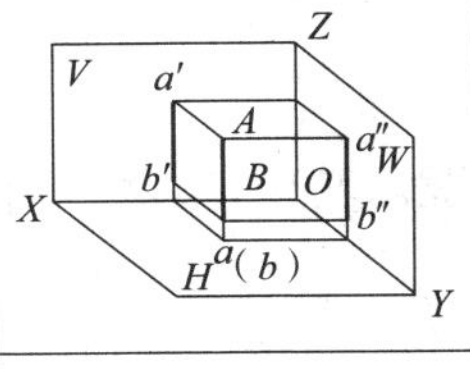	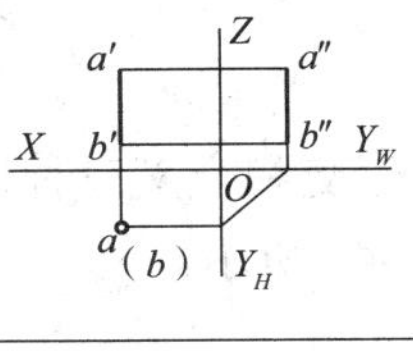	（1）水平投影积聚为一点； （2）正面投影和侧面投影都平行于Z轴，并反映实长，$a'b'\perp OX$，$a''b''\perp OY_W$
正垂线（⊥V面）	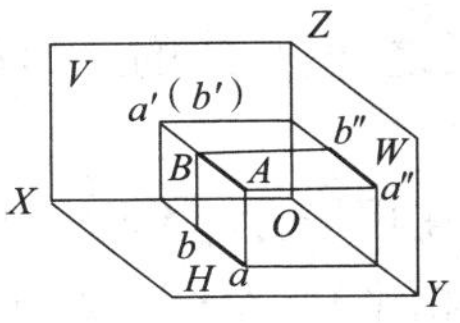	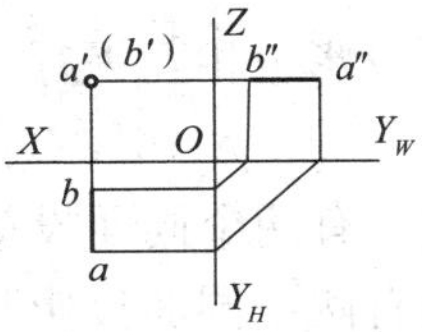	（1）正面投影积聚为一点； （2）水平投影和侧面投影都平行于Y轴，并反映实长，$ab\perp OX$，$a''b''\perp OZ$

续表

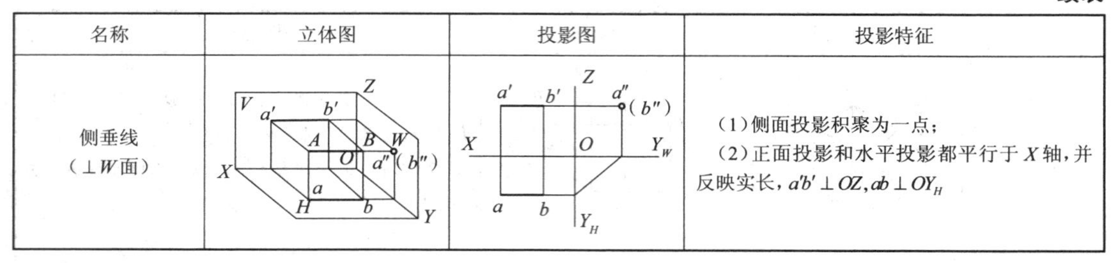

名称	立体图	投影图	投影特征
侧垂线 （⊥W面）	V a′ b′ Z A B W O a″（b″） X a H b Y	Z a′ b′ a″（b″） X O Y_W a b Y_H	（1）侧面投影积聚为一点； （2）正面投影和水平投影都平行于X轴，并反映实长，$a'b' \perp OZ$，$ab \perp OY_H$

（二）直线上的点

直线上的点，其投影在直线的同面投影上且符合点的投影规律。

1. 从属性

点在直线上，则点的各面投影必定在该直线的同面投影上；反之，若一个点的各面投影都在直线的同面投影上，则该点必在直线上。

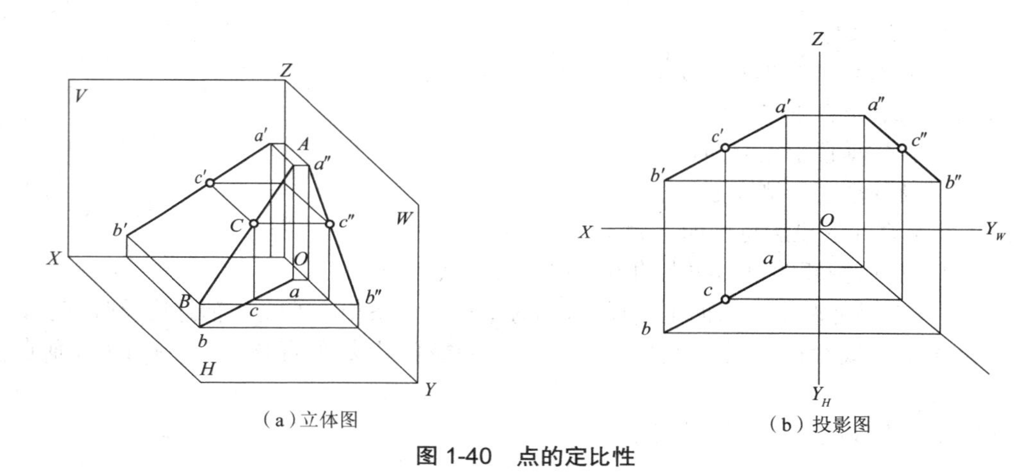

（a）立体图　（b）投影图

图 1-40　点的定比性

2. 定比性

若点属于直线，则点分线段之比，投影之后保持不变。如图 1-40 所示，$AC:CB=ac:cb=a'c':c'b'=a''c'':c''b''$。

（三）两直线的相对位置

空间两直线的相对位置有平行、相交和交叉三种情况。其中，前两种情况的两直线为共面线，交叉的两直线为异面线，如图 1-41 所示。

1. 两直线平行

空间两直线平行，则它们的同面投影也相互平行，反之，两直线的三面投影均平行，则空间两直线必平行。

如果两直线为一般位置直线，只要有两个同面投影互相平行，空间两直线就平行。

如果两直线为投影面平行线，只有两个同面投影互相平行，空间直线不一定平行。若用两个投影判断，其中一个投影应包括反映实长的投影。

2. 两直线相交

空间两直线相交必然有一个交点，且交点是两直线的公共点。因此，两直线相交，其同面投影相交，且交点的投影符合点的投影规律。

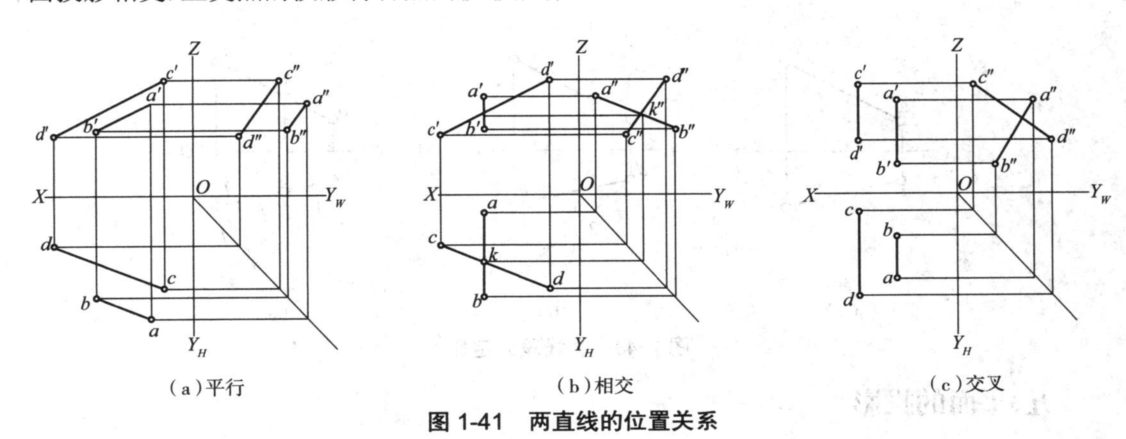

（a）平行　　（b）相交　　（c）交叉

图 1-41　两直线的位置关系

3. 两直线交叉

既不平行又不相交的两直线为交叉直线。因此，两交叉直线的投影既不符合两平行直线的特性，也不符合两相交直线的特性，而两交叉直线的同面投影也可能相交，但交点不符合点的投影规律。交叉两直线投影的交点是两直线投影的重影点。

【项目实训】

（1）判断图 1-42（a）所示的点 K 是否在侧平线 ab 上。

作图方法一：用定比性来判定，见图 1-42（b）。

作图方法二：用直线上点的投影规律来判断，见图 1-42（c）。

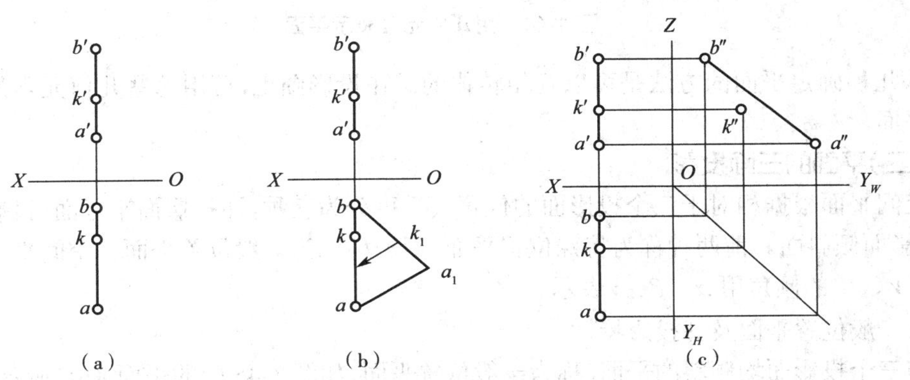

（a）　　（b）　　（c）

图 1-42　判断点是否在直线上

（2）如图 1-43（a）所示，在直线 ab 上找一点 k，使 ak∶kb=2∶3 。

作图步骤如下：

①已知条件如图 1-43（a）所示；

②过 a 任作一直线，并从 a 起在该直线上任取五等份，得1、2、3、4、5 五个分点，如图 1-43

(b)所示；

③连接 $b5$，再过点2作 $b5$ 的平行线，与 ab 相交，即得点 K 的水平投影 k。由此求出点 k'，如图1-43(c)所示。

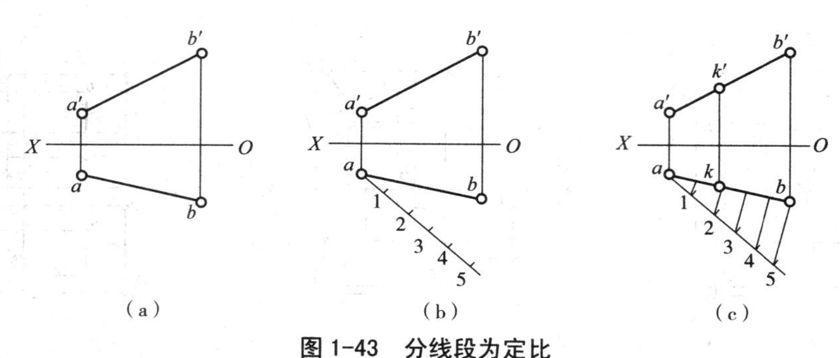

图1-43 分线段为定比

五、平面的投影

(一)平面表示法

由初等几何知识可知，平面可由下面任一组几何元素确定：不在同一直线上的三点，如图1-44(a)所示；一直线和线外一点，如图1-44(b)所示；两相交直线，如图1-44(c)所示；两平行直线，如图1-44(d)所示；任意平面图形(如三角形)，如图1-44(e)所示。

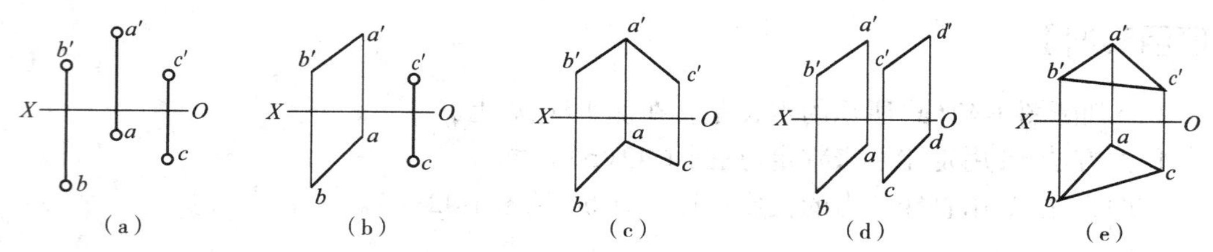

图1-44 用几何元素表示平面

这几种确定平面的方法是可以互相转化的。在投影图上，可用这些几何元素的投影来表示平面。

(二)平面的三面投影

空间平面根据相对于三个投影面的位置关系可分为三种，即投影面平行面、投影面垂直面、投影面倾斜面。前两种称为特殊位置平面，后一种称为一般位置平面。空间平面与投影面 H、V、W 的倾角用 α、β、γ 表示。

1. 一般位置平面及其投影特性

与三个投影面均倾斜的平面，称为一般位置平面，如图1-45中的平面 ABC 所示。

一般位置平面的投影特性为：平面的三个投影既没有积聚性，也不反映实形，而是原平面的类似形。

一般位置平面投影的判别条件是：三个投影三个框，定是一般位置面。

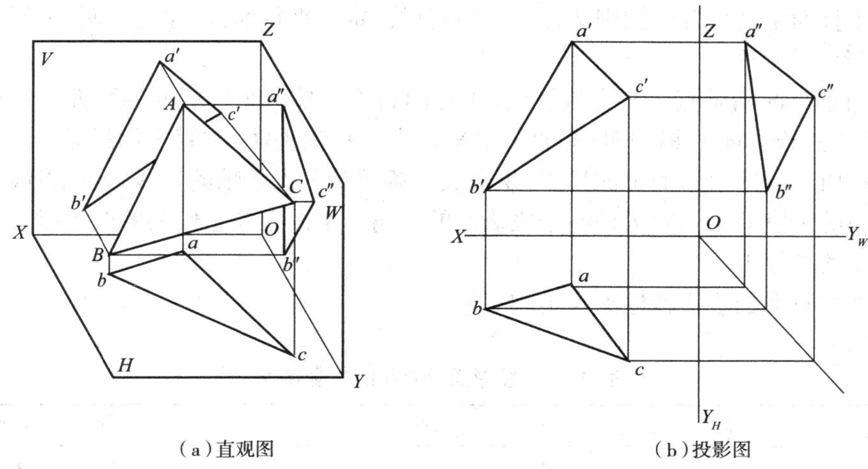

（a）直观图　（b）投影图

图 1-45　一般位置平面的投影

2. 特殊位置平面及其投影特性

1）投影面平行面

投影面平行面指平行于一个投影面，同时垂直于另外两个投影面的平面。它可分为正平面（平行于正投影面）、水平面（平行于水平投影面）、侧平面（平行于侧投影面）。

平面在所平行的投影面上的投影反映实形，平面在另外两个投影面上的投影积聚成直线，且分别平行于相应的投影轴。

投影面平行面的投影特性见表 1-12。

表 1-12　投影面平行面的投影特性

名称	正平面（//*V* 面）	水平面（//*H* 面）	侧平面（//*W* 面）
立体图			
投影图			
投影特性	（1）正面投影反映实形； （2）水平投影、侧面投影积聚成一直线，且分别平行于 *OX*、*OZ* 轴	（1）水平投影反映实形； （2）正面投影、侧面投影积聚成一直线，且分别平行于 *OX*、*OY* 轴	（1）侧面投影反映实形； （2）水平投影、正面投影积聚成一直线，且分别平行于 *OY*、*OZ* 轴

空间平行面空间位置的判别条件：一框两直线，定是平行面；框在哪个面，平行哪个面。

2）投影面垂直面

投影面垂直面指垂直于一个投影面，同时倾斜于另外两个投影面的平面。它可分为正垂面（垂直于正投影面）、铅垂面（垂直于水平投影面）、侧垂面（垂直于侧投影面）。

平面在所垂直的投影面上的投影，积聚成一条倾斜于投影轴的直线，且此直线与投影轴之间的夹角等于空间平面对另外两个投影面的倾角。平面在与它倾斜的两个投影面上的投影为缩小了的类似形。

投影面垂直面的投影特性见表 1-13。

表 1-13 投影面垂直面的投影特性

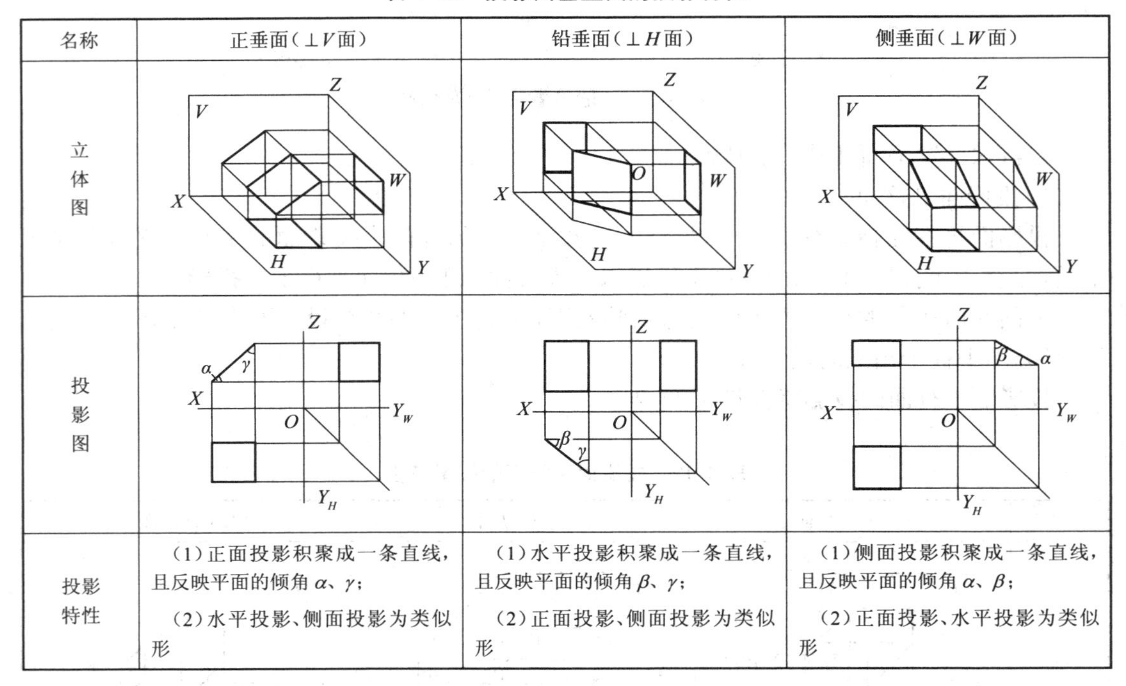

名称	正垂面（⊥V面）	铅垂面（⊥H面）	侧垂面（⊥W面）
立体图			
投影图			
投影特性	（1）正面投影积聚成一条直线，且反映平面的倾角 α、γ； （2）水平投影、侧面投影为类似形	（1）水平投影积聚成一条直线，且反映平面的倾角 β、γ； （2）正面投影、侧面投影为类似形	（1）侧面投影积聚成一条直线，且反映平面的倾角 α、β； （2）正面投影、水平投影为类似形

空间垂直面空间位置的判别条件：两框一斜线，定是垂直面；斜线在哪面，垂直哪个面。

（三）平面上的直线与点的投影

1. 平面上的点

如果点在平面内的任一条直线上，则点一定在该平面上。因此，要在平面内取点，必须过点在平面内取一条已知直线。如图 1-46 所示，点 f 在直线 de 上，而 de 在△ abc 上，因此，点 f 在△ abc 上。

2. 平面上的直线

（1）一直线经过平面上两点，则该直线一定在已知平面上。

（2）一直线经过平面上一点且平行于平面上的另一已知直线，则此直线一定在该平面上，如图 1-47 所示。

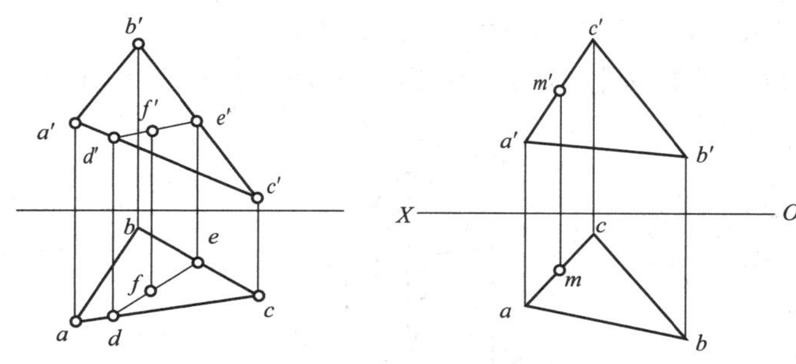

图 1-46　平面上的点

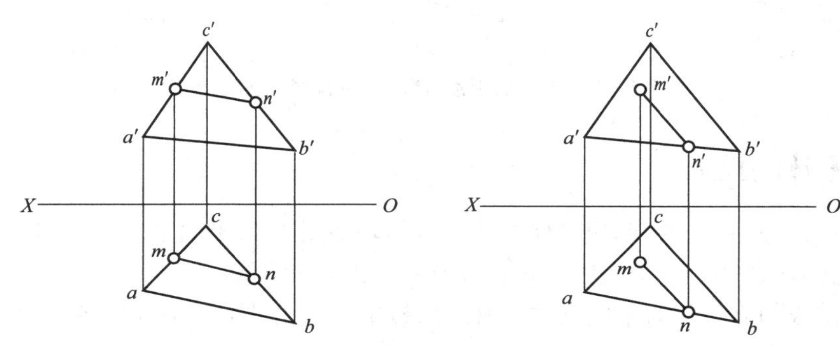

图 1-47　平面上的直线

【项目实训】

（1）如图 1-48（a）所示，已知 $\triangle ABC$ 平面上点 M 的正面投影 m'，求它的水平投影 m。

作图方法一步骤如下。

①在正面投影上过 a' 和 m' 作辅助线 $a'm'$，与 $b'c'$ 相交于 d'；自 d' 向下引 OX 轴的垂线，与 bc 相交于 d；连接 a 和 d，如图 1-48（b）所示。

②自 m' 向下引 OX 轴的垂线，与 ad 相交于 m，m 即为所求，如图 1-48（c）所示。

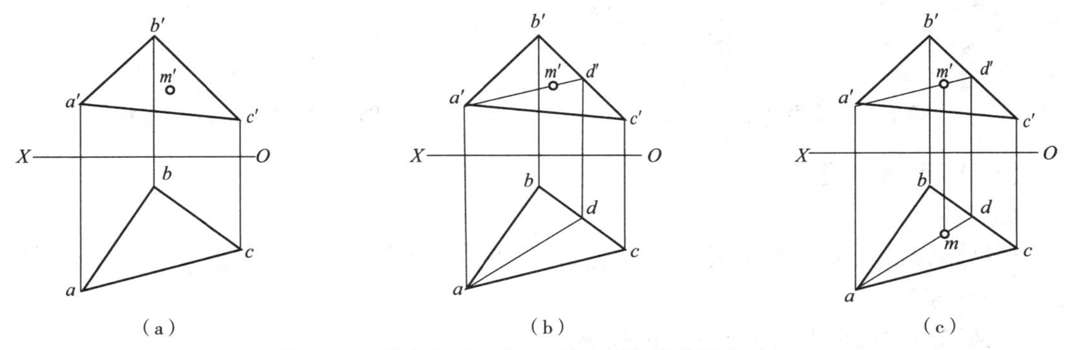

图 1-48　补出平面上点 M 的水平投影作图方法一

作图方法二步骤如下：

①过 m' 作辅助线 $e'f'$，使 $e'f' \parallel a'c'$，并与 $b'c'$ 相交于 e'；自 e' 向下引 OX 轴的垂线，与

bc 相交于 *e*，作 *ef* // *ac*，如图 1-49（b）所示。

②自 *m′* 向下引 *OX* 轴的垂线，与 *ef* 相交于 *m*，*m* 即为所求，如图 1-49（c）所示。

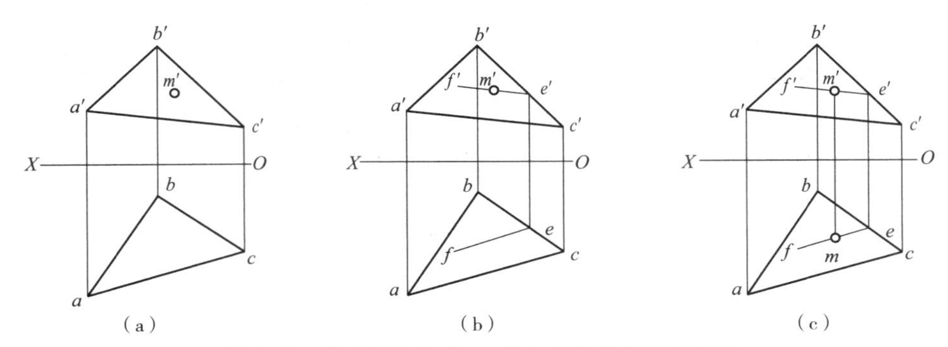

图 1-49　补出平面上点 *M* 的水平投影作图方法二

六、基本体的投影

建筑形体都是由一些简单的几何立体构成的。如图 1-50、图 1-51 所示为房屋和水塔的形体分析，它们均由基本形体（棱柱、棱锥、圆柱、圆锥等）组合而成。

由平面围成的立体称为平面立体，如棱柱、棱锥等。由曲面与曲面或者曲面与平面围成的立体称为曲面立体，如圆柱、圆锥、球等。立体上相邻表面的交线称为棱线。

由于平面立体是由平面围成的，而平面是由直线组成的，直线是由点连成的，所以求平面立体的投影实际上就是求点、线、面的投影。在投影图中，不可见的棱线投影用虚线表示。

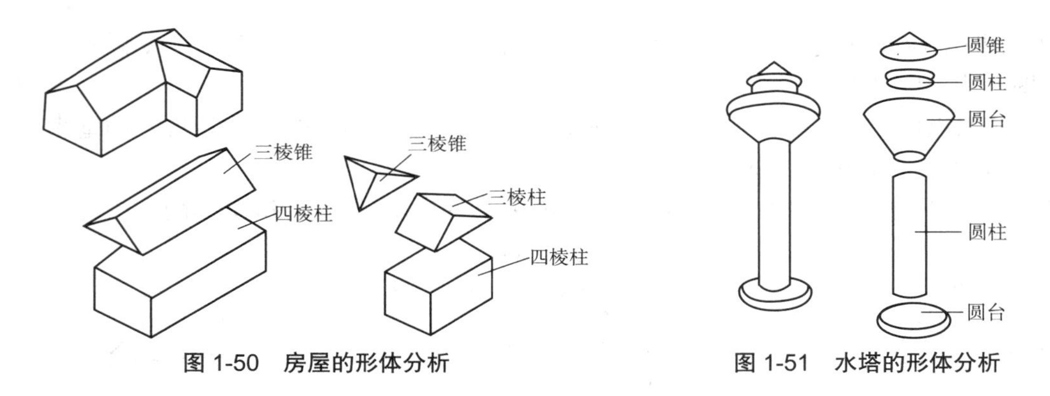

图 1-50　房屋的形体分析　　**图 1-51　水塔的形体分析**

（一）平面体的投影

1. 棱柱

棱柱由棱面及上、下底面组成，棱面上各条侧棱互相平行。常见的棱柱有三棱柱、四棱柱、六棱柱等。

下面以正六棱柱为例说明棱柱的投影。

正六棱柱的六个侧面都与水平投影面垂直，故其投影均有积聚性，分别与顶面、底面边线的水平投影重合，构成六边形的边。前后两个棱面为正平面，其正面投影重影且反映实形，其侧面投影都积聚成平行于 *Z* 轴的直线段；其余四个侧面都为铅垂面，正面投影和侧面投影均为实形的类似形（矩形），且两侧面投影对应重合。

（1）正六棱柱的顶面、底面均为水平面，其水平投影均反映实形（正六边形）且重影，六个侧面为铅垂面，投影积聚为正六边形的六条边，如图 1-52（a）所示。

（2）正六棱柱顶、底面各有六条底棱线，前、后两条为侧垂线，其余四条为水平线；而六条侧棱线均为铅垂线，其水平投影积聚在六边形的六个顶点上，正面、侧面投影为反映棱柱高的直线段。

作图步骤如下。

画直棱柱的投影时，一般先画出反映棱柱底面实形的投影，再根据投影规律画顶、底面的另两面投影，最后画侧棱的各个投影（注意区分可见性），如图 1-52（b）所示。

为保证正六棱柱的投影对应关系，三面投影图应满足：正面投影和水平投影长度对正，正面投影和侧面投影高度平齐，水平投影和侧面投影宽度相等。这就是三面投影图（图 1-52（c））之间的“三等”关系——长对正、高平齐、宽相等。

2. 棱锥

棱锥的底面为多边形，各侧面均为三角形且具有公共的顶点，即棱锥的锥顶。锥顶到底面的距离为棱锥的高。

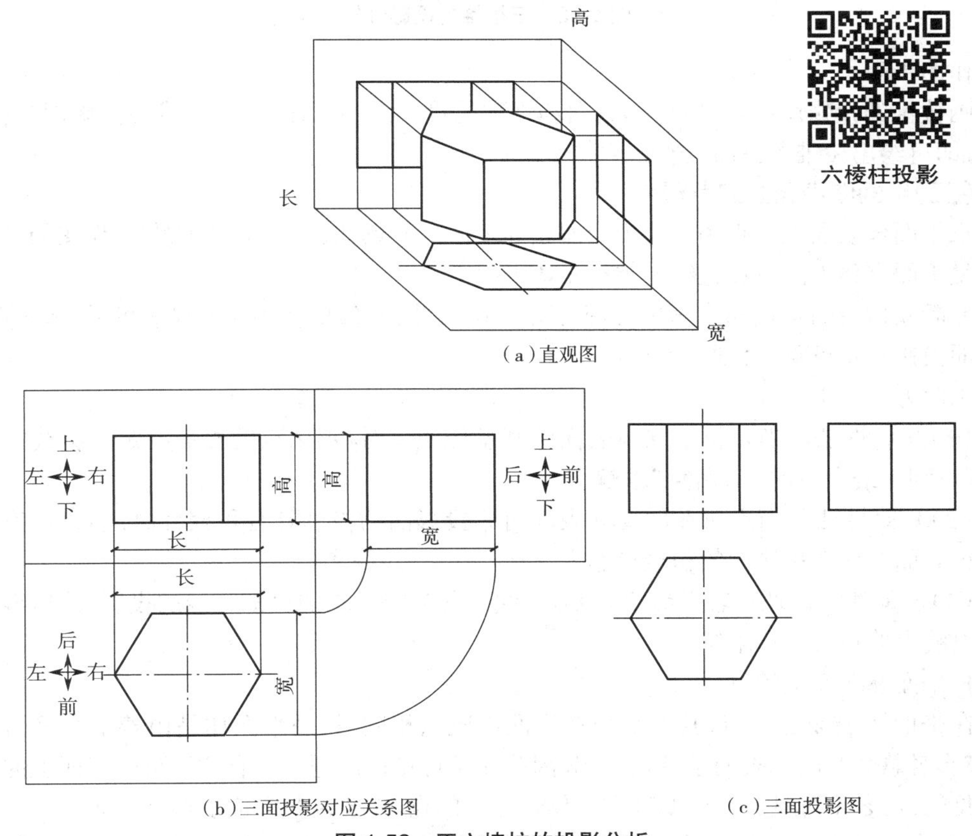

（a）直观图

（b）三面投影对应关系图　　（c）三面投影图

图 1-52　正六棱柱的投影分析

图 1-53 是一正三棱锥，锥顶为 S，底面为正三角形 ABC，三个侧面为全等的等腰三角形。将该正三棱锥底面平行于 H 面，侧面 SAC 垂直于 W 面放置在三面投影体系中。正三棱锥的投影图，底面 $\triangle ABC$ 为水平面，水平投影 $\triangle abc$ 反映底面实形，正面和侧面投影分别积

聚成平行于 X 轴和 Y 轴的线段 $a'b'c'$ 和 $a''(c'')b''$。棱面 $\triangle SAC$ 垂直于 W 面，其 W 面投影积聚为线段 $s''a''(c'')$，V 面和 H 面的投影为 $\triangle SAC$ 的类似形，且 V 面投影不可见。棱面 $\triangle SAB$ 和 $\triangle SBC$ 为一般位置平面，其三面投影均是类似形。

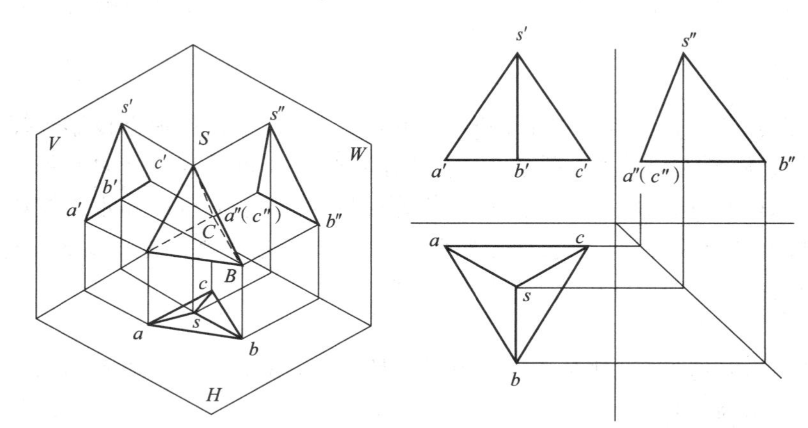

图 1-53　三棱锥的投影分析

作图步骤：

画棱锥的投影图时，一般先画底面和锥顶的投影，然后再画出各棱线的投影，并判别可见性，即可绘出棱锥的三面投影。

（二）平面体表面上的点和线

求平面体表面上的点和线的投影即在其表面上取点、取线的作图问题，其作图的基本原理就是平面立体上的点和直线一定在立体表面上。

判断立体表面上点和线可见与否的原则是：如果点、线所在的表面投影可见，那么点、线的同面投影一定可见，否则不可见。

求解方法如下。

（1）从属性法。当点位于立体表面的某条棱线上时，那么点的投影必定在棱线的投影上，即可利用线上点的"从属性"求解。

（2）积聚性法。当点所在的立体表面对某投影面的投影具有积聚性时，那么点投影必定在该表面对这个投影面的积聚投影上。

（3）辅助线法。通过辅助线将未知点、线转化为容易求的已知直线的投影，然后再根据点在直线上的投影规律求解。

1. 平面体表面上的点

在平面体表面上取点，其方法与在平面内取点相同，只是平面体是由若干个平面围成的，投影时总会有两个表面重叠在一起，因此涉及可见性问题。只有位于可见表面上的点才是可见的，反之不可见。所以要确定立体表面上的点，先要判断它位于哪个平面上。

（1）如图 1-54（a）所示，六棱柱的表面分别有 A、B、C 三个点的一个投影，求其他的两个投影。

投影分析：从 V 面投影看，a' 在中间图框内且可见，则 A 点应在六棱柱最前的棱面上；b' 在右面的图框内且不可见，B 点应在六棱柱右后方的棱面上；从 H 面投影看，c 在六边形内且可见，C 点应在六棱柱的顶面上。

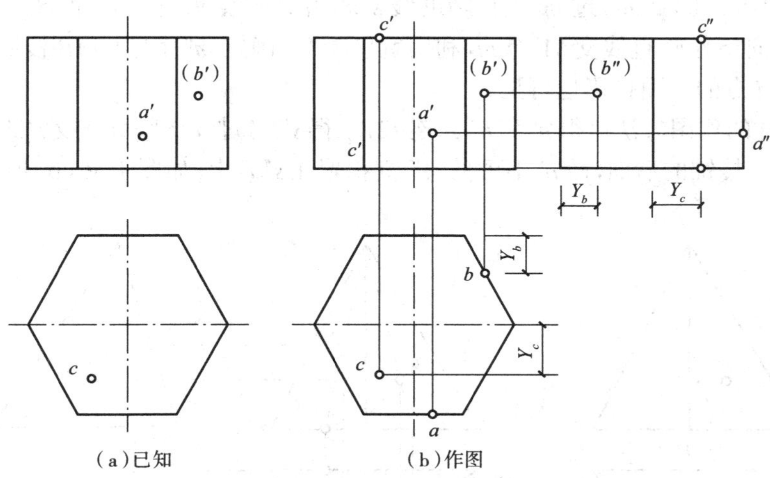

图 1-54　六棱柱表面上点的投影

作图：由于六棱柱的六个侧面均积聚在 H 面投影上，所以 A、B 两点的 H 面投影应在相应侧面的积聚投影上，利用积聚性即可求得，如图 1-54（b）所示，它们的 W 面投影和 C 点的 V、W 面投影则可根据"长对正、宽相等、高平齐"求得。注意判断可见性。

（2）如图 1-55（a）所示，已知四棱柱表面上的点 A 和点 B 的正面投影 a'、b'，求作两点的另外两面投影。

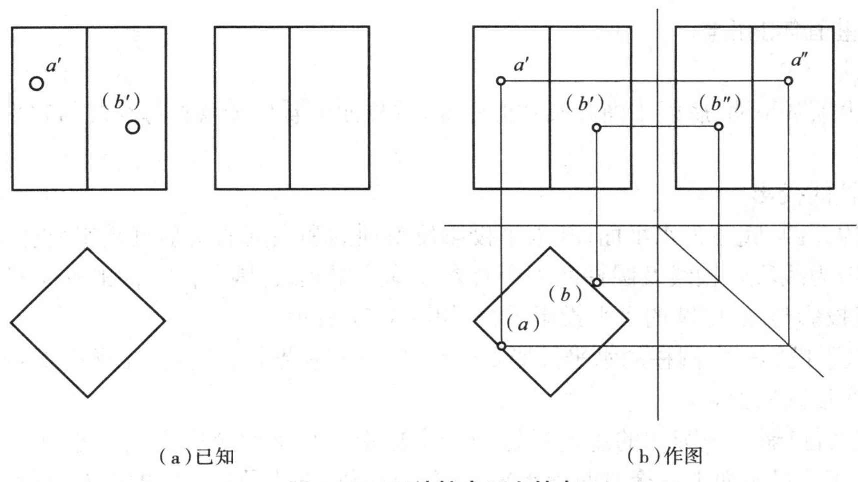

图 1-55　四棱柱表面上的点

2. 棱锥表面上的点

棱锥表面上的点的投影取决于点所在表面的投影特性。特殊位置表面上的点的投影可利用其投影的积聚性作出；一般位置表面上点的投影，需采用辅助线法作图并判别其可见性。

如图 1-56（a）所示，已知三棱锥表面上点 M、N、S 的投影 m'、n、s'，求作三点的另两面投影。

作图步骤如下。

(1)如图1-56(b)所示,过 m' 点作辅助线 $s'm'$,并延长交底边于 1′,得 $s'1'$,向 H 面上投影得 $s1$,由 m' 向下作竖直线交 $s1$ 得 m,利用宽度相等,确定 m'',因为 SAB 棱面在三投影中都可见,所以 M 点的三面投影也可见。

(2)按同样的作图方法可得 n' 和 n''。连 $s2$,求得 $s'2'$,过 n 作竖直线交 $s'2'$ 于 n'。因为 SAC 棱面处于三棱锥的后面,故 n' 不可见,n'' 则积聚在 $s''a''$ 上,如图1-56(b)所示。

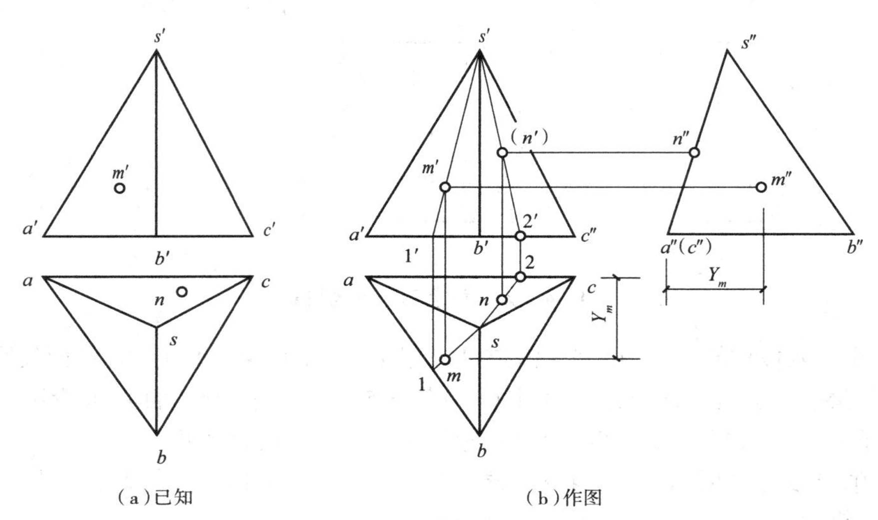

图1-56 三棱锥表面上的点

(三)曲面体的投影

1. 圆柱

圆柱由顶圆平面、底圆平面和圆柱面围成,圆柱面可看作一条直母线绕与它平行的轴线旋转而成。

1)圆柱的投影

圆柱的顶圆、底圆为水平面,其水平投影反映顶圆和底圆的实形且重影;正面和侧面投影分别积聚为线段。轴线及圆柱面上所有素线均为铅垂线,因此圆柱面的水平投影积聚为一圆周,其投影与顶、底圆的水平投影重合,如图1-57所示。

(1)水平投影——圆柱的水平投影是一个圆,且有积聚性,圆柱面上所有的点、线,其水平投影都在该圆周上。

(2)正面投影——圆柱的正面投影为一个矩形,上、下两个底面由于平行于水平投影面,所以在正立投影面上积聚成两段水平线;左、右两竖直边是圆柱面的最左、最右外形轮廓线的投影。

(3)侧面投影——圆柱的侧面投影为一个矩形,上、下两个底面由于平行于水平投影面,所以在侧投影面上积聚成两段水平线;前、后两竖直边是圆柱面的最前、最后外形轮廓线的投影。

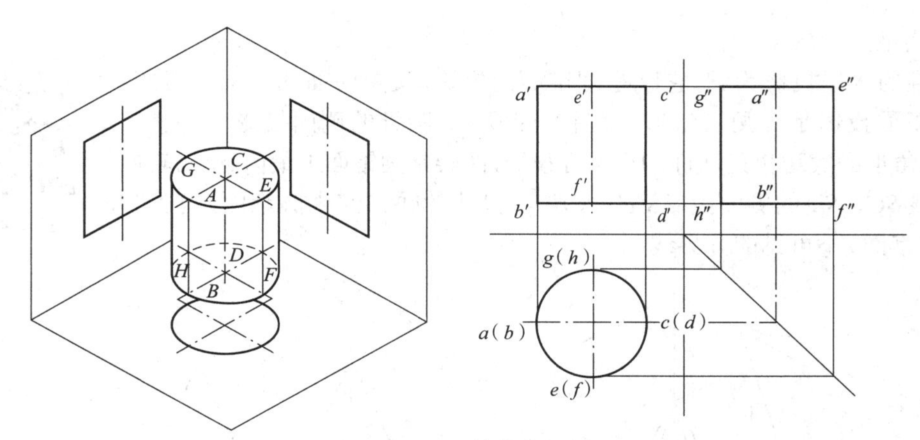

图 1-57　圆柱体的投影

在画圆柱及其他旋转体的投影图时总要用点画线画出轴线的投影，在反映圆形的投影上还需用点画线画出圆的中心线。

作图步骤：如图 1-57 所示，画图时应先画出轴线和中心线，再画投影为圆的视图，最后再根据投影关系画出圆柱的另两面投影。

2）圆柱表面上取点

如图 1-58 所示，已知圆柱表面上点 M、N 的正面投影，求作其水平及侧面投影。

在圆柱表面取点可以利用其投影的积聚性来作图。从投影图中可以看出，该圆柱的轴线为铅垂线，圆柱面的水平投影积聚为一圆，点 M、N 的水平投影必在该圆上。由于 m' 可见，故点 M 的水平投影 m 必在前半圆周上，再由 m 和 m' 求出 m''，又因为点 M 在左半圆柱面，所以 m'' 是可见的。点 N 在最右素线上，其侧面投影 n'' 在轴线上且不可见，其水平投影 n 在圆周的最右点上。

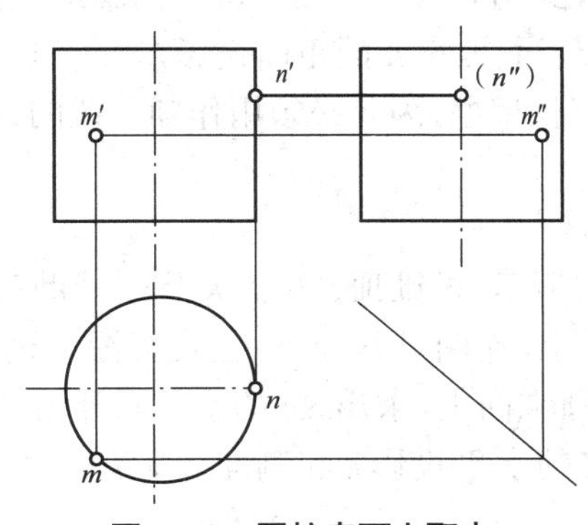

图 1-58　圆柱表面上取点

2. 圆锥

圆锥由圆锥面和底部的圆平面（以下简称“底面”）围成，圆锥面是一条直线（母线）绕一条与其相交的直线（轴线）回转一周所形成的曲面。

如图 1-59 所示，圆锥面可看作由一直母线 SA 绕与它相交的轴线 SO 旋转而成的。在圆锥面上通过锥顶 S 的任一直线称为圆锥面的素线。

1）圆锥的投影

圆锥的水平投影为圆，它既是圆锥面的投影，又是底面的实形性投影；圆锥的正面投影是等腰三角形，如图 1-59 所示；圆锥的侧面投影是等腰三角形，三角形的底边也是底面的积聚性投影，两腰是圆锥面上最前、最后转向轮廓素线 SC、SD 的侧面投影 $s''c''$、$s''d''$，它是圆锥面（左半圆锥面）可见和（右半圆锥面）不可见的分界线。

圆锥体投影

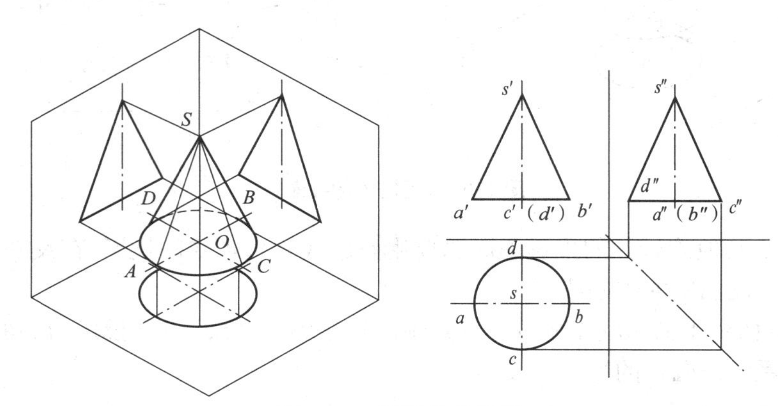

图 1-59 圆锥体的投影

作图步骤：如图 1-59 所示，画圆锥的投影时，应先画出轴线和圆的中心线及投影为圆的那个投影，再根据投影规律画出圆锥的另两面投影。

2）圆锥表面上取点

圆锥表面上的任意一条素线都过圆锥顶点，素线上任意一点的运动轨迹都是圆。圆锥面的三个投影都没有积聚性，因此在圆锥表面上定点时，必须用辅助线法作图。用素线作为辅助线作图的方法，称为素线法；用垂直于轴线的圆作为辅助线作图的方法，称为纬圆法。

如图 1-60 所示，已知圆锥表面上点 K 的正面投影 k'，求作其水平投影 k 和侧面投影 k''。

圆锥面的三面投影都没有积聚性，因此必须用作辅助线的方法实现在圆锥表面上取点。作辅助线的方法有以下两种。

（1）辅助素线法。

如图 1-60（a）中的立体图所示，过锥顶 S 与点 K 作一辅助素线交底圆于点 A，则点 K 的三面投影必在 SA 的同面投影上，作图过程如下：在投影图上过 k' 作 $s'k'$ 交底边于 a'，因 k' 可见，因此素线 SA 位于前半圆锥面上，求出 SA 的水平投影 sa 和侧面投影 $s''a''$。再根据直线上点的投影规律，求出点 K 的水平投影 k 和侧面投影 k''。由于点 K 在左前半圆锥面上，故 k 和 k'' 均可见。

（2）辅助纬圆法。

如图 1-60（b）中的立体图所示，过点 K 在圆锥面上作一个平行于底面的纬圆，该圆可看成点 K 绕轴线旋转所形成的，则点 K 的各面投影必在该圆的同面投影上。作图过程如图 1-60（b）所示。

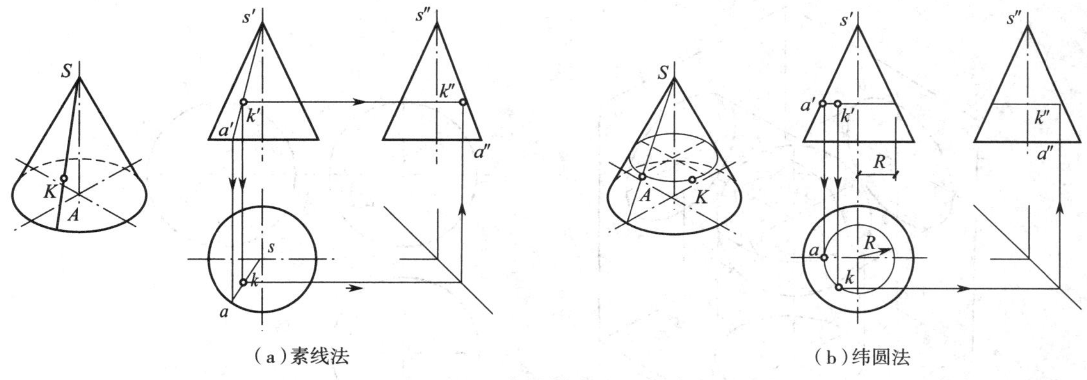

（a）素线法　（b）纬圆法

图 1-60　在圆锥表面上取点

3. 圆球

圆球是由球面围成的。球面是圆（母线）绕其一条直径（轴线）回转一周形成的曲面。如图 1-61 所示。

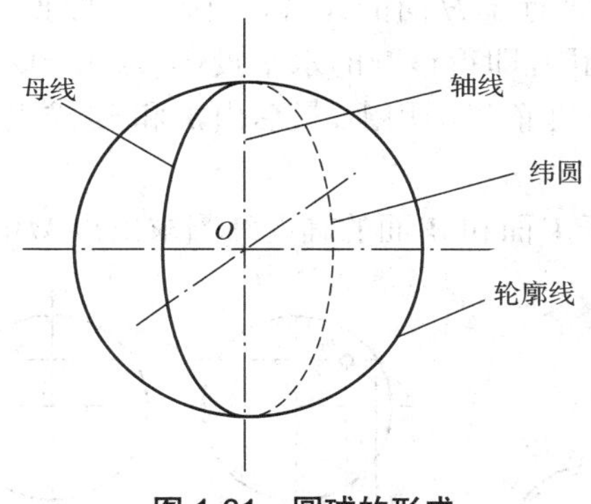

图 1-61　圆球的形成

1）圆球的投影

如图 1-62 所示，圆球的三面投影均为直径与球径相等的圆，它们分别是圆球三个不同方向的转向轮廓线的投影，也是圆球投影可见和不可见的分界圆。其正面投影是球面上平行于正面的主视转向轮廓线 B 的正面投影，它的水平和侧面投影都与圆球的中心线重合。

作图步骤：画圆球的投影时，应先画出三面投影中圆的对称中心线，然后再分别画出转向轮廓线的投影，结果如图 1-62 所示。

2）球面上取点

在球面上取点可以利用球面上平行于投影面的辅助圆进行作图，这种方法也称为纬圆法，即在球面上过该点作一平行于投影面的纬圆，则点的三面投影必在该圆的同面投影上。

球面上取点

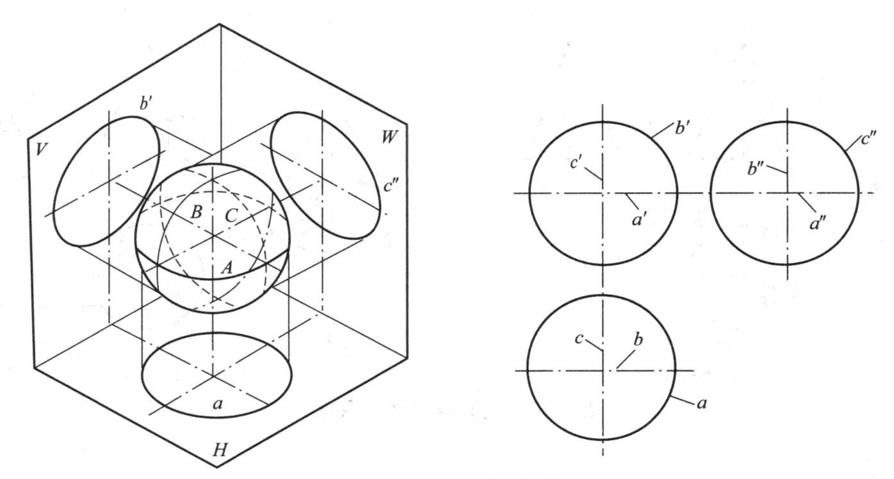

图 1-62 圆球的投影

如图 1-63 所示，已知球面上点 M 的正面投影 m'，求作其水平和侧面投影。可采用以下作图方法：先过点 M 作一个平行于 H 面的纬圆，该圆的正面投影是一条过 m' 的水平线段，在 H 面上以该线段为直径画圆，即得该圆的水平投影，点 M 的水平投影 m 必在该圆的水平投影上，又由于 m' 可见，故 m 在前半圆周上，最后由 m 和 m' 求出 m''。由于点 M 在左上半球面上，故 m 和 m'' 均可见。

同理，还可以利用平行于 V 面和 W 面的辅助纬圆求出点 M 的另两面投影。

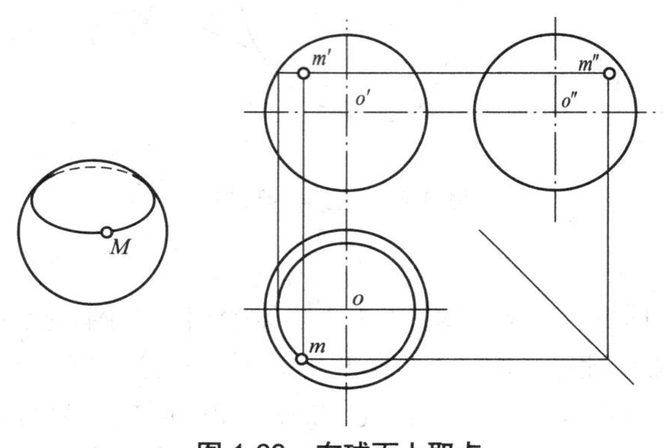

图 1-63 在球面上取点

【项目实训】

如图 1-64（a）所示，已知三棱锥 S-ABC 的三面投影及其表面上的线段 EF 的正面投影 $e'f'$，求作线段的另外两面投影。

平面体表面定线的问题，其实可以转化为面上定点的问题，根据平面作点的方法，分别求出 E、F 上两点的其他投影，同面投影连接即可。

作图过程如图 1-64（b）所示。

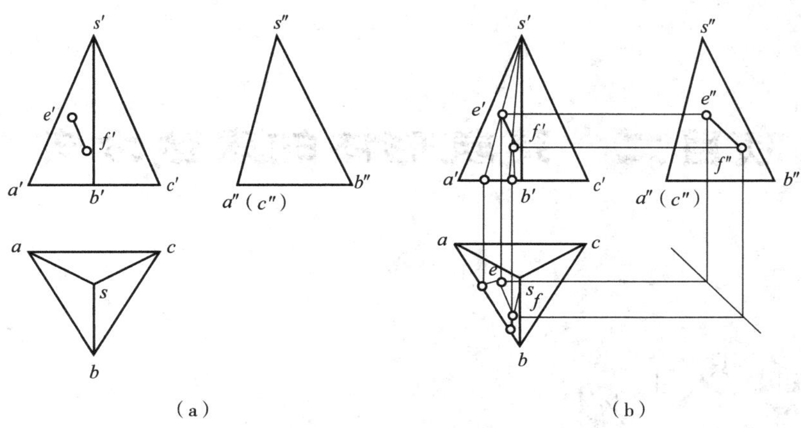

图 1-64　三棱锥表面上的点和线

党的二十大指出，统筹推动文明培育、文明实践、文明创建，推进城乡精神文明建设融合发展，在全社会弘扬劳动精神、奋斗精神、奉献精神、创造精神、勤俭节约精神，培育时代新风新貌。

学习建筑制图国家标准和投影基础的目的是培养学生的工匠精神，令其规范绘图，培养其严谨细致的职业素养。通过对本项目的学习使学生掌握绘图的基本规范，了解国家建筑制图标准，掌握投影图识读技能和绘制方法，具备阅读和绘制中等难度房屋施工图的能力，并为其后续章节的学习打下基础。

项目二　建筑形体的表达方式

1. 掌握组合体的组合方式和组合体的基本读图方法;
2. 掌握组合体三面投影图的识读与绘制;
3. 掌握轴测投影图的种类和绘制方法;
4. 掌握剖、断面图的识读与绘制。

1. 能够运用正投影原理绘制建筑形体的投影图,并能想象形体的空间形状;
2. 能正确绘制建筑构件形体的轴测投影图;
3. 能对形体的剖、断面图进行正确识读与绘制。

1. 培养精益求精的工匠精神;
2. 提高分析问题、解决问题的能力;
3. 强化合作意识,增强沟通能力。

任务一　组合体投影表达

【任务描述及分析】

通过本节组合体三视图的学习,培养学生多角度观察问题的能力,培养学生用辩证的眼光去看问题，提高他们正确认识问题、分析问题和解决问题的能力；培养学生的创新意识。将复杂的不熟悉的问题分解成简单的熟悉的问题是分析解决问题时常用的方法。任何复杂的形体都可以看作由若干基本体组合而成。由基本体组合而成的形体称为组合体。为了便于研究组合体，假想将组合体分解为若干简单的基本体，然后分析它们的形状、相对位置以及组合方式。

【任务实施及知识链接】

一、组合体的组合方式

建筑物及其构配件的形状是多种多样的，虽然有些构配件的形体比较复杂，但经过分析都可以看作由一些几何体（如棱柱、棱锥、圆柱、圆锥、圆球等）按一定的组合方式组合而成。根据构成方式，组合体可分为叠加式、切割式、综合式等，如图 2-1 所示，其中综合式组合体是最常见的。

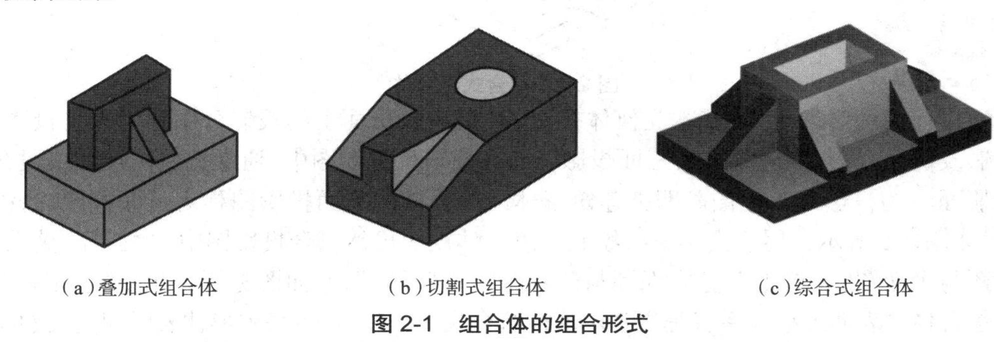

（a）叠加式组合体　　（b）切割式组合体　　（c）综合式组合体

图 2-1　组合体的组合形式

（一）叠加式

由各种基本形体相互堆积、叠加在一起形成的组合体称为叠加式组合体，如图 2-2 所示。叠加法是根据叠加式组合体中基本形体的叠加顺序，由下而上或由上而下地画出各基本体的三面投影，进而画出整体投影图的方法。

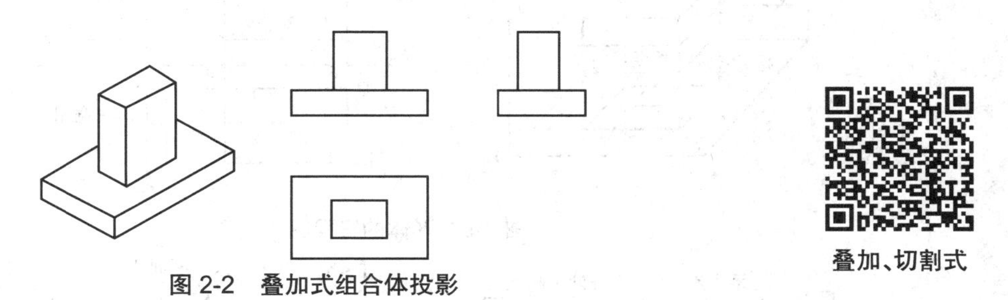

图 2-2　叠加式组合体投影

（二）切割式

切割式组合体是由基本几何体经过若干次切割而成的。当形体分析为切割式组合体时，先画出形体被切割前的三面投影，然后按分析的切割顺序，画出切去部分的三面投影，最后画出组合体整体投影的方法为切割法。如图 2-3 所示，木榫可看作由四棱柱切掉两个小四棱柱而成。

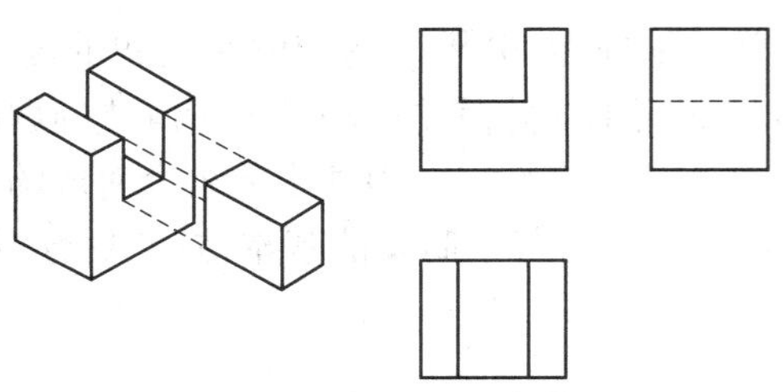

图 2-3 切割式组合体

(三)综合式

综合式组合体是既有叠加又有切割的组合体,如图 2-4 所示。

综合式

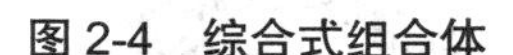

图 2-4 综合式组合体

通过前面的学习可知:基本几何体在 *H*、*V* 及 *W* 投影面上的投影分别称为水平投影、正面投影及侧面投影,三者统称为三面投影。而在建筑工程制图中,通常把建筑形体或组合体在投影面上的投影称为视图。即把建筑形体或组合体的三面投影图称为三面视图,简称三视图,如图 2-5 所示。用正投影法所绘制的组合体视图仍然符合投影图中的“三等”关系,正立面图与平面图“长对正”,正立面图与侧立面图“高平齐”,平面图与侧立面图“宽相等”。

组合体的表面连接关系就是指基本形体组合成组合体时,各基本形体表面间真实的相互关系。组合体的表面连接关系主要有两表面相互平齐、相切、相交和不平齐,如图 2-6 所示。

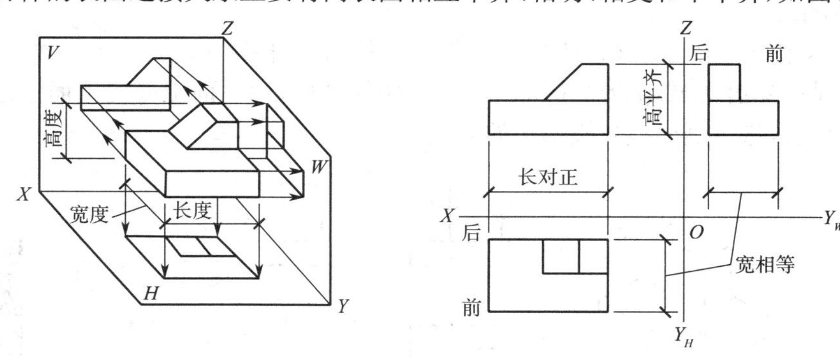

图 2-5 形体的三视图

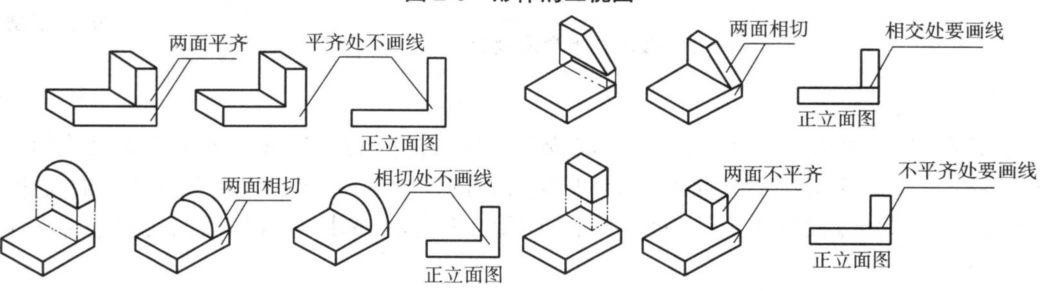

图 2-6 组合体表面连接关系

【项目实训】

画出图 2-7(a)所示挡土墙的三视图。

作图步骤:

(1)逐个画出三部分(图 2-7(b))的三面投影,如图 2-7(c)、(d)、(e)所示。

(2)检查视图是否正确。

(3)加深。因该视图均为可见轮廓线,应全部用粗实线加深,如图 2-7(f)所示。

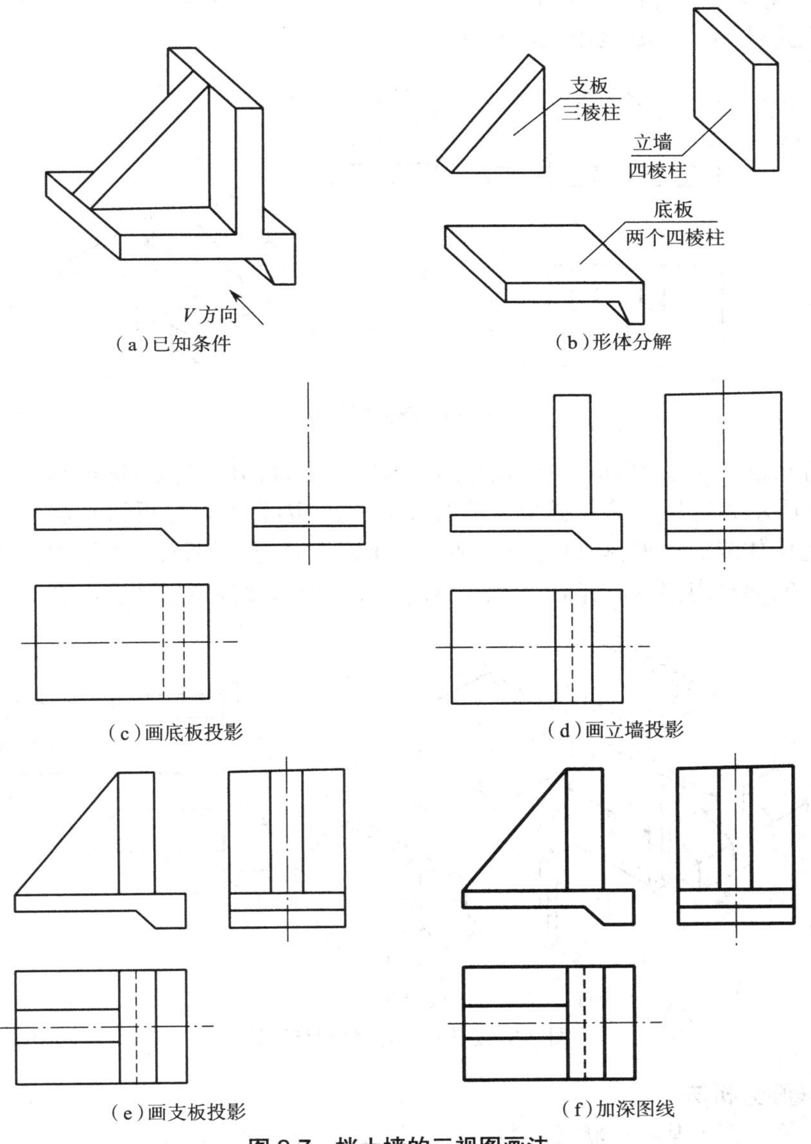

图 2-7　挡土墙的三视图画法

二、组合体视图的阅读

(一)形体分析法

一个组合体可以看作由若干个基本形体组成。对组合体中基本形体的组合方式、表面连接关系及相互位置等进行分析,弄清各部分的形状特征,这种分析方法称为形体分析法。即对一个复杂的组合体运用基本体投影特征及投影图之间数量和方位的关系,特别是“长对正、高平齐、宽相等”的对应关系,对其投影图进行形体分析。

在画组合体的视图时,应先进行组合体的形体分析,弄清表面的各种连接关系,以便正确地表达出形体的三视图,如图 2-8 所示。

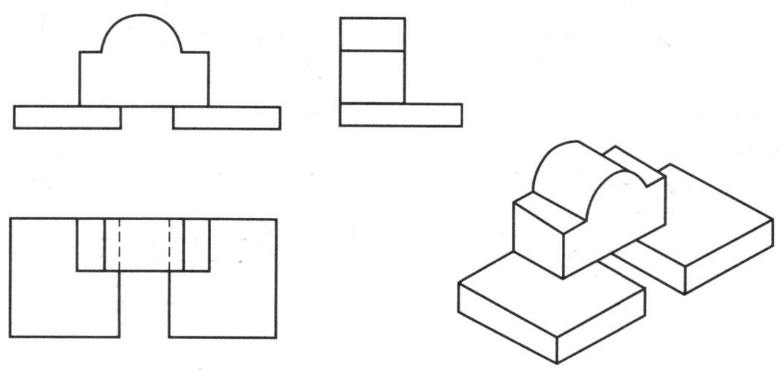

图 2-8 形体的三视图

形体分析法的全过程简单地说就是:先分解,后组合;分解时识部分,综合时识整体。

图 2-9 所示为房屋的简化模型。需要强调的是,因为形体分析法是假想把形体分解为若干基本几何体或简单形体,只是将复杂形体化繁为简的一种分析方法,以便理解空间形体与其投影之间的对应关系,实际上形体并未被分解,所以要注意整体图组合时的表面交线。

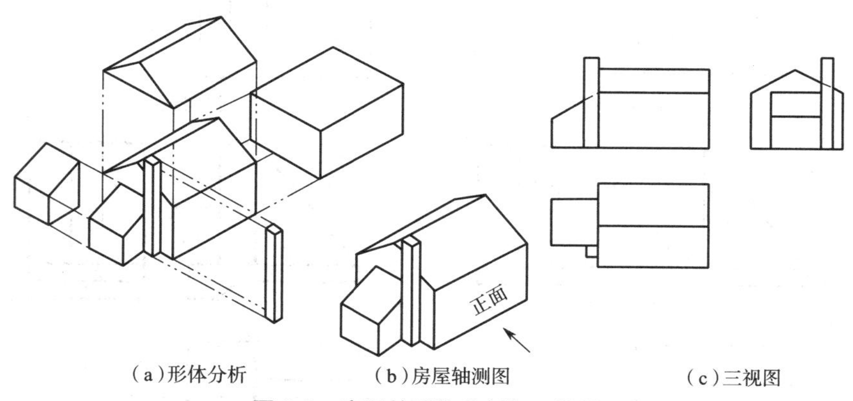

(a)形体分析　(b)房屋轴测图　(c)三视图

图 2-9 房屋的形体分析与三视图

(二)线面分析法

对于建筑工程中某些形状较为复杂的建筑物,当采用形体分析法读图感到困难时,常采用线面分析法来读图。线面分析法就是分析建筑物上某些表面及其表面交线的空间形状和位置,从而在形体分析的基础上,联想出建筑物组合体整体形状的分析方法。利用线面分析法读图,关键在于正确分析投影图中每条线和每个线框的空间意义,如图 2-10 所示。

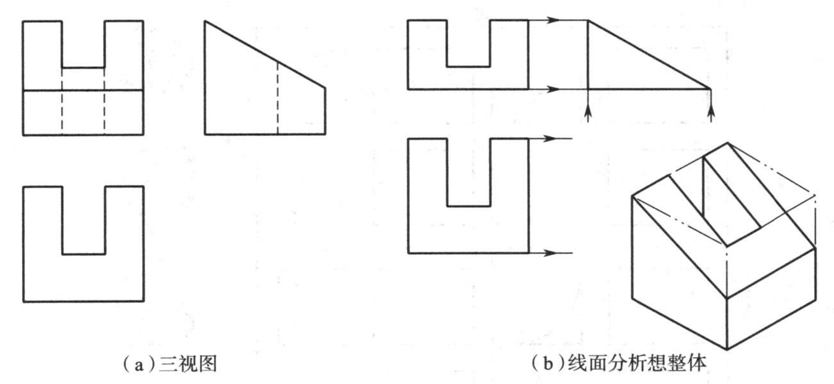

图 2-10　线面分析法

(三)画轴测图法

画轴测图法就是利用画出正投影图的轴测图来想象和确定组合体的空间形状的方法。实践证明,此法是初学者容易掌握的辅助识图方法,同时也是一种常用的图示形式。

【项目实训】

(1)如图 2-11 和 2-12 所示,根据本节所学知识将下面的投影图对号入座。

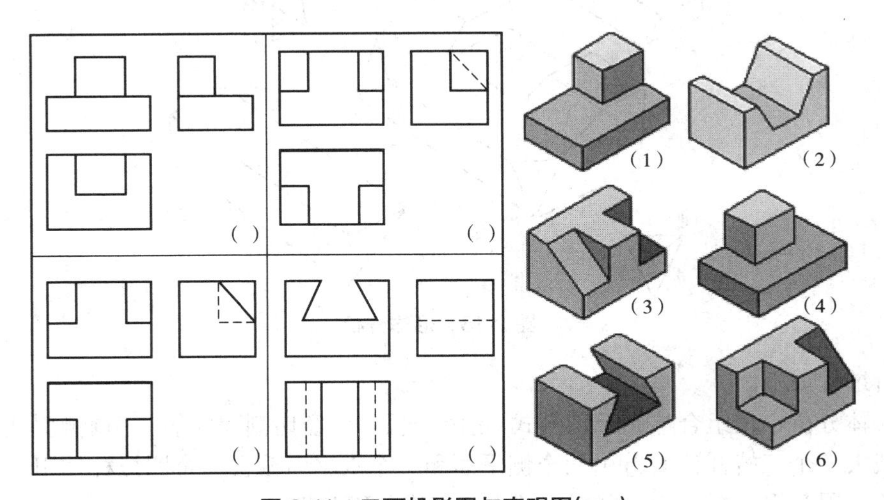

图 2-11　三面投影图与直观图(一)

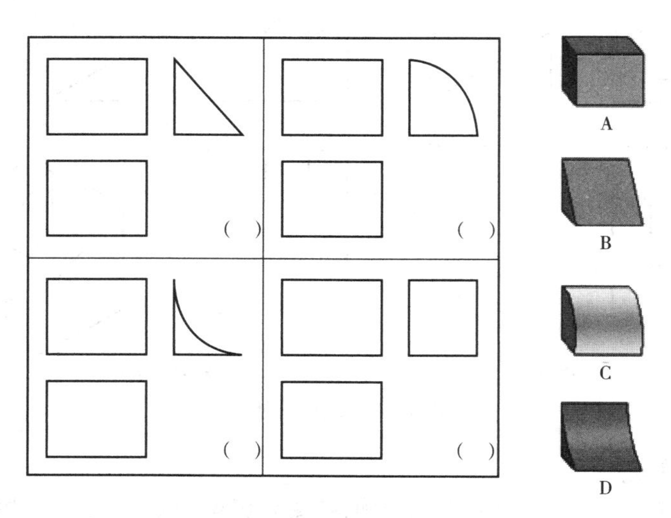

图 2-12　三面投影图与直观图(二)

(2)画出如图 2-13 所示形体的三视图。

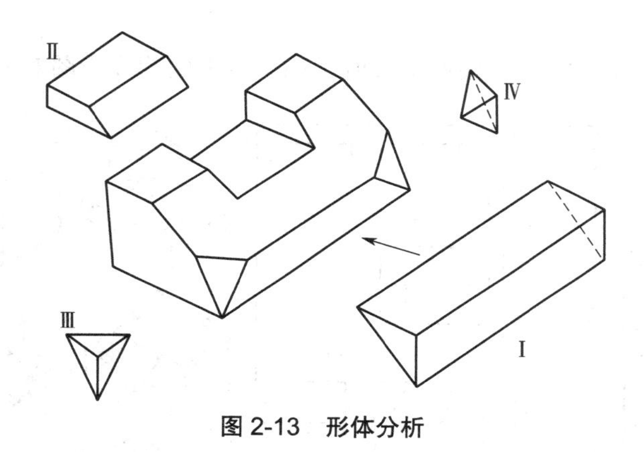

图 2-13　形体分析

分析过程如下。

①形体分析。该组合体属于切割式，是由一长方体经切割而成的。切割顺序是：ⓐ由一侧垂面截去一个三棱柱体 I；ⓑ由两个侧平面和一个水平面截去一个四棱柱体 II；ⓒ在对称的前下角位置各用一个一般位置平面截去三棱锥体III和IV。

②选择视图。将组合体下底面置于水平位置，左、右侧面平行于 *W* 面，主视方向如图 2-13 箭头所示，采用三个视图。

③画视图。可分为四步进行：如图 2-14(a)所示，画截割前长方体的三视图；如图 2-14(b)所示，画截去一个三棱柱后的三视图；如图 2-14(c)所示，画又截去一个四棱柱后的三视图；如图 2-14(d)所示，画再截去两个三棱锥后的三视图。

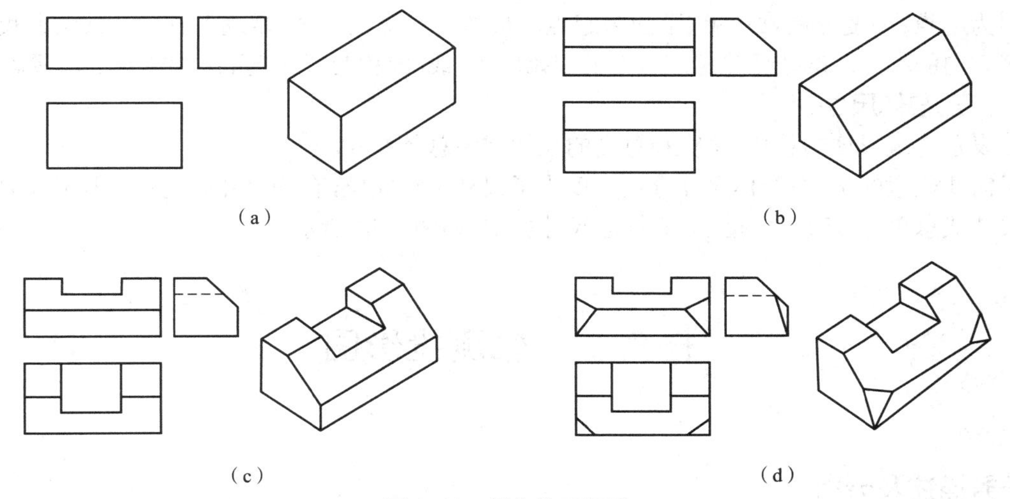

图 2-14　组合体三视图

三、组合体视图的尺寸标注

(一)定形尺寸

表示构成建筑形体的各基本形体的大小尺寸称为定形尺寸，这类尺寸确定了各基本形体的形状，如图 2-15 所示。

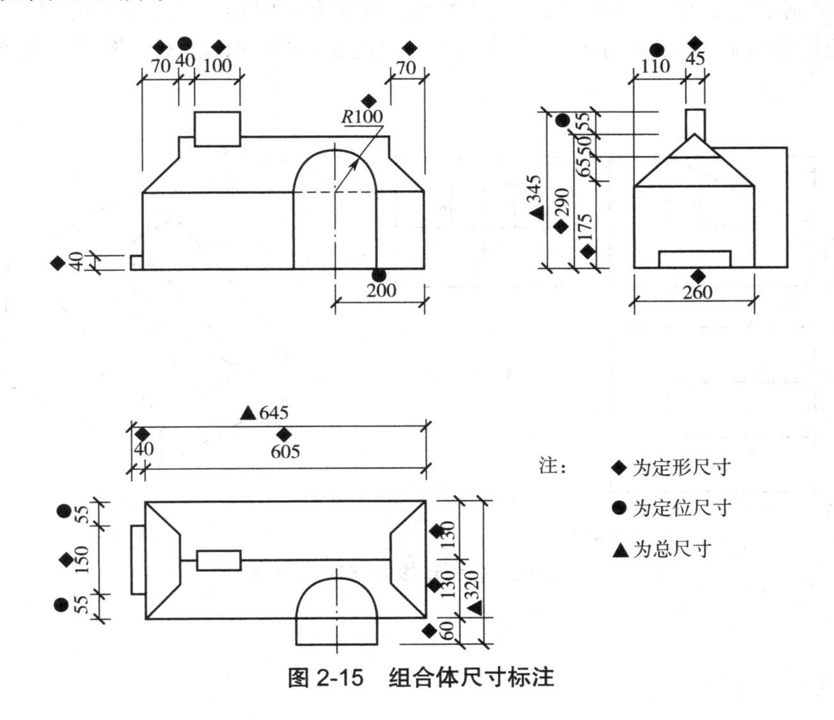

图 2-15　组合体尺寸标注

(二)定位尺寸

确定各基本形体在建筑形体中的相对位置的尺寸称为定位尺寸。标注定位尺寸时，要选好一个或几个标注尺寸的起点，长度方向常选形体左、右侧面为起点；宽度方向常选前、后侧面为起点；高度方向常选上、下面为起点。形体为对称图形时，常选对称中心线为长度和宽度方向的起点。这些用作标准尺寸的起始的点、线、面称为尺寸基准，如图 2-15 所示。

（三）总体尺寸

表示建筑形体的总长、总宽和总高的尺寸称为总体尺寸。

需要注意的是，组合体尺寸分类仅仅为了尺寸标注完整，有些尺寸既是定形尺寸又是定位尺寸或总尺寸，所以实际上并不标注尺寸类型，如图 2-15 所示。

任务二 轴测投影图

【任务描述及分析】

多面正投影视图能够完整而准确地反映物体的形状和大小，绘图方便，度量性好，因此在工程上被广泛采用。但多面正投影图缺乏立体感，必须具有一定的投影知识才能看懂，如图 2-16（a）所示。为了帮助识图，工程中有时在多面正投影图旁边画出其轴测投影图，轴测图是一种单面平行投影图，其立体感较强，能在一个投影面上同时反映出形体的长、宽、高三方面的形状，如图 2-16（b）所示，具有较强的直观性。但轴测投影图的度量性差，也不便于标注尺寸，绘制较为麻烦。所以，在工程实践中，轴测图常用作多面正投影视图的辅助图样，并在需要表达物体直观形象的场合采用。在土建设备图中，水、暖施工图的系统图就采用轴测图。

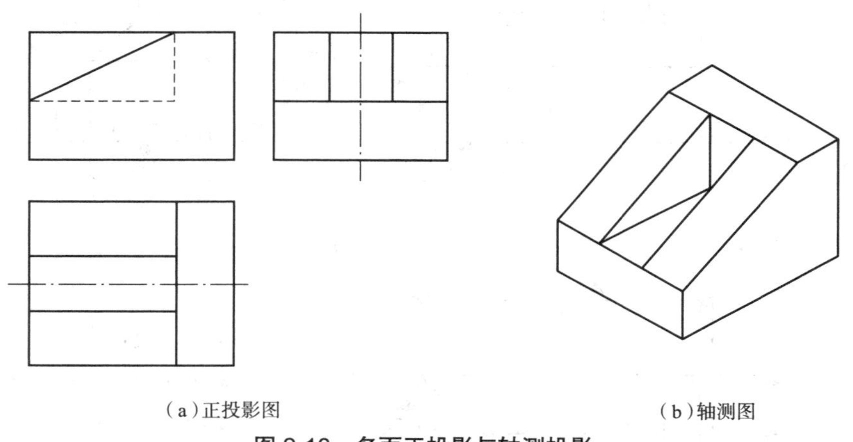

（a）正投影图　　（b）轴测图

图 2-16　多面正投影与轴测投影

【任务实施及知识链接】

一、轴测投影概述

(一)轴测投影图的形成

用平行投影法，将形体连同其参考直角坐标系，沿着不平行于任一坐标面的方向 S，平行投射到单一投影面 P 上，所得到的投影图称为轴测投影图，简称轴测图，如图 2-17 所示。图中 P 为轴测投影面，S 为投影方向，坐标轴 OX、OY、OZ 的轴测投影 O_1X_1、O_1Y_1、O_1Z_1 称为轴测投影轴，简称轴测轴。

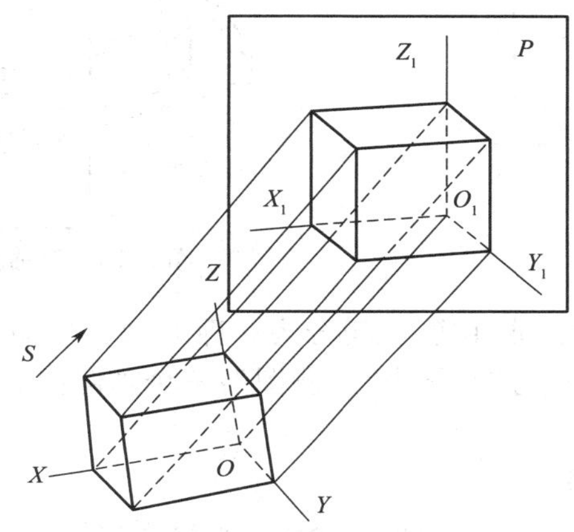

图 2-17　轴测图的形成

(二)轴间角及轴向伸缩系数

轴测轴之间的夹角 $\angle X_1O_1Y_1$、$\angle Y_1O_1Z_1$、$\angle Z_1O_1X_1$ 称为轴间角，如图 2-18 所示。

轴测轴上的单位长度与相应坐标轴上的单位长度的比值称为轴向伸缩系数。轴向伸缩系数分别用 p、q、r 来表示：

（1）OX 轴向伸缩系数 $p=O_1X_1/OX$；

（2）OY 轴向伸缩系数 $q=O_1Y_1/OY$；

（3）OZ 轴向伸缩系数 $r=O_1Z_1/OZ$。

轴间角和轴向伸缩系数是绘制轴测投影时必须具备的要素。

(三)轴测投影的特性

轴测投影属于平行投影法，它具有平行投影的一些特性，具体内容如下。

(1)平行于坐标轴的空间直线，其轴测投影必然平行于相应的轴测轴。

(2)空间两平行线段长度之比或同一直线上两线段长度之比，在轴测投影中其比值保持不变。

(3)平行坐标轴的空间线段，其轴测投影的长度等于实际长度乘相应的轴向伸缩系数。

因此，轴测投影的特征、轴间角和轴向伸缩系数是画轴测图的主要依据。

二、轴测图的类型及常见的几种轴测图

(一)轴测图的类型

根据投射方向 S 与投影面 P 的关系，轴测图可分为两大类：用正投影法得到的轴测图称为正轴测图，如图 2-18 所示；用斜投影法得到的轴测图称为斜轴测图，如图 2-19 所示。

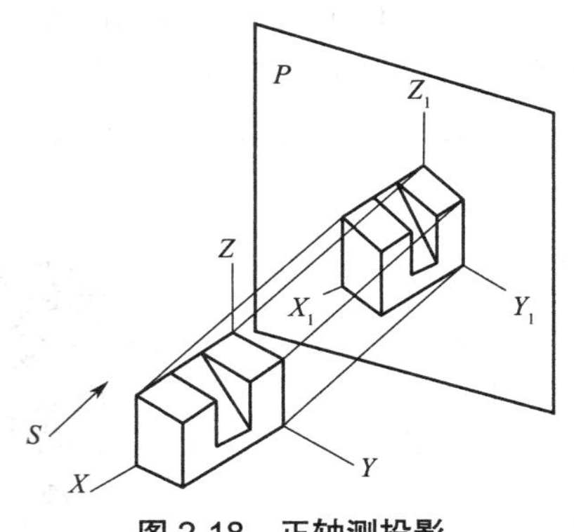

图 2-18 正轴测投影

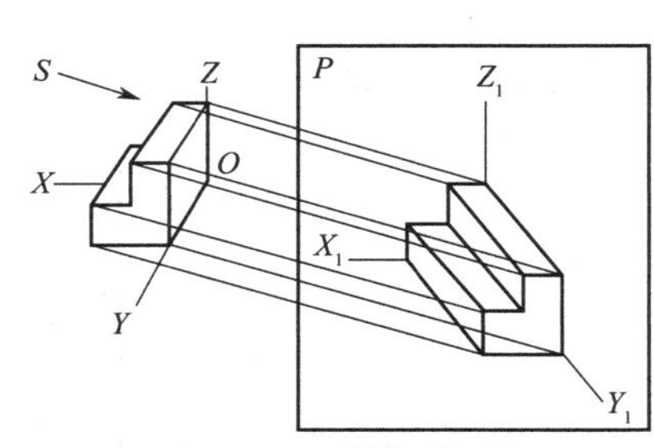

图 2-19 斜轴测投影

轴测图按照三个轴向伸缩系数是否相等，又可分为三种：三个轴向伸缩系数相等的，称为“等测图”；有两个轴向伸缩系数相等的，称为“二测图”；三个轴向伸缩系数都不相等的，称为“三测图”。

(二)建筑工程上常用的轴测图

(1)正等测图：投射方向垂直于轴测投影面，三个轴向伸缩系数相等，$p=q=r$。

(2)正二测图：投射方向垂直于轴测投影面，有两个轴向伸缩系数相等，$p=r\neq q$。

(3)斜二等轴测图：简称斜二测图，轴测投影面平行于正立投影面（坐标面 XOZ），投射方向倾斜于轴测投影面，有两个轴向伸缩系数相等，$p=r\neq q$。

三、轴测图的绘制

(一)正等测图的画法

1. 轴间角和轴向伸缩系数

在正轴测图中，当空间形体的三条坐标轴与轴测投影面的三个夹角均相等时，所得的轴测投影图称为正等测图。正等测的轴间角 $\angle X_1O_1Y_1=\angle Y_1O_1Z_1=\angle Z_1O_1X_1=120°$，画正等轴测图时，通常将 O_1Z_1 轴画成铅垂线，O_1X_1、O_1Y_1 轴均与水平线成 $30°$ 角，如图 2-20 所示。三个轴向伸缩系数均约为 0.82，它表明平行于坐标轴的线段的长度，在正等轴测图中为原长的 0.82。为了作图简便起见，常采用简化伸缩系数，即取 $p=q=r=1$，因此，所画形体的轴测图比实际投影放大了 $1/0.82\approx1.22$ 倍，但物体的形状不变，如图 2-21 所示。

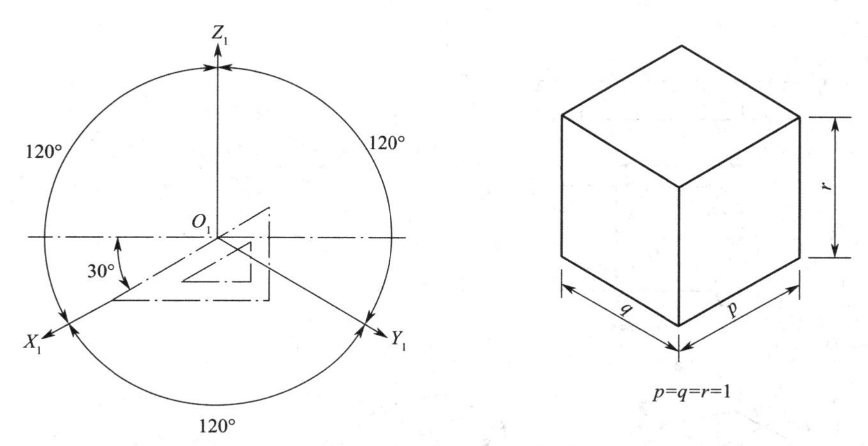

图 2-20　正等测轴测轴的画法

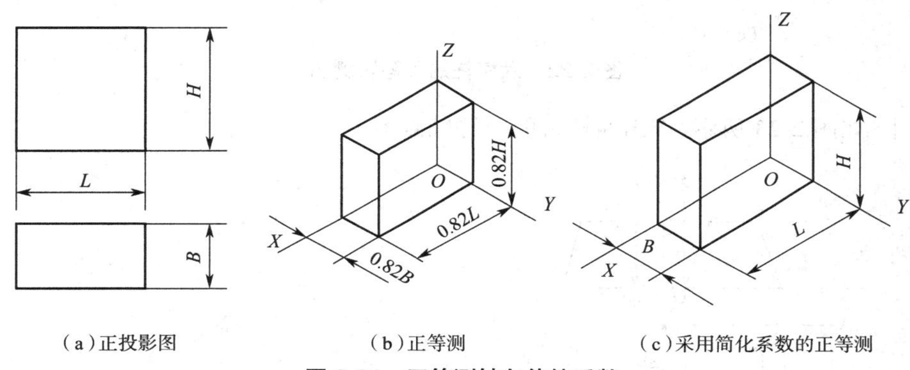

（a）正投影图　（b）正等测　（c）采用简化系数的正等测

图 2-21　正等测轴向伸缩系数

2. 平面立体的正等测画法

[例] 如图 2-22（a）所示为正六棱柱主、俯视图，作出正六棱柱的正等轴测图。

作图步骤如下：

（1）为了作图方便，选取上底面的中心为原点 O。它的两条对称中心线为 X 轴和 Y 轴，以六棱柱的轴线作为 Z 轴，建立直角坐标系，如图 2-22（a）所示。

（2）在两面投影图上建立直角坐标系 O—XYZ；画出正等轴测图中的轴测轴 O_1—$X_1Y_1Z_1$。

（3）用坐标法作线取点，按坐标关系，用 1 ∶ 1 在轴测轴上作出六棱柱顶面 6 个顶点的对应点，按顺序连接，即得六棱柱顶面的轴测图，见图 2-22（b）和图 2-22（c）。

（4）沿 O_1Z_1 轴方向（沿六棱柱任一顶点）量取 h，得到六棱柱底面 6 个顶点的对应点，顺序连接，即得六棱柱底面的轴测图，见图 2-22（d）和图 2-22（e）。

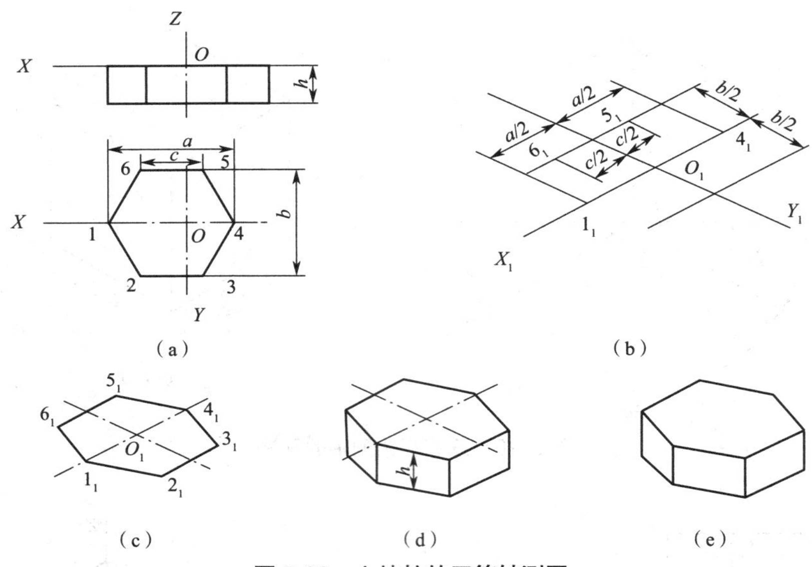

图 2-22　六棱柱的正等轴测图

［例］ 如图 2-23 所示，作出四棱台的正等轴测图。

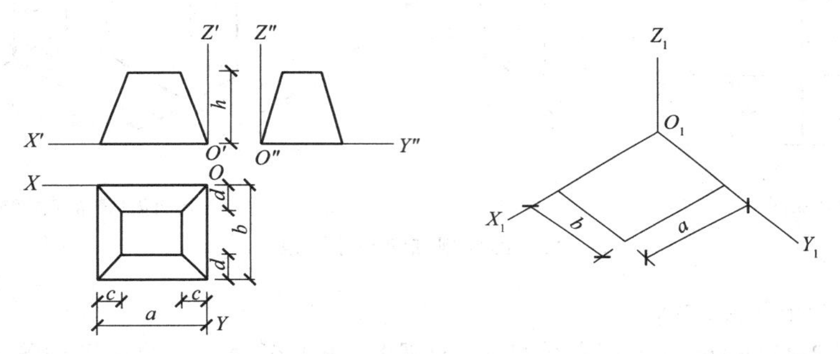

（a）在正投影图上定出原点和坐标轴的位置

（b）画轴测轴，在 O_1X_1 和 O_1Y_1 上分别量取 a 和 b 画出四棱台底面的轴测图

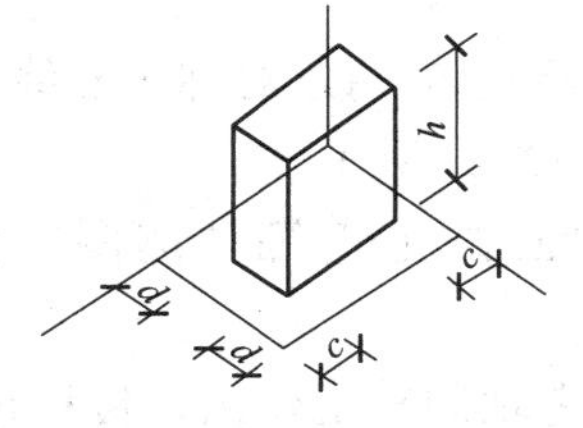

（c）在底面上用坐标法根据尺寸 c、d 和 h 作棱台各角点的轴测图

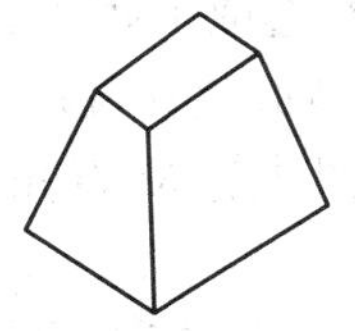

（d）依次连接各点，擦去多余的线并描深，即得四棱台的正等轴测图

图 2-23　四棱台的正等轴测图

［例］ 如图 2-24 所示，画出棱柱体的正等轴测图。

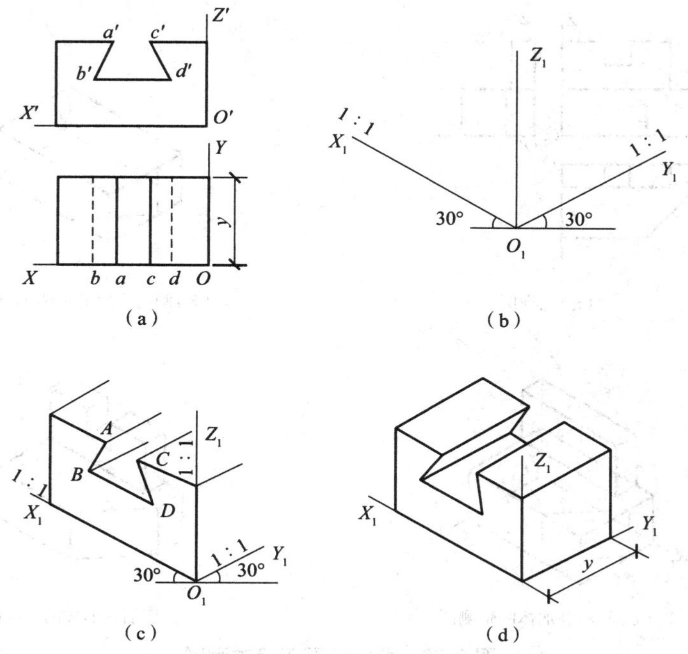

图 2-24　用切割法画棱柱体的正等轴测图

作图步骤如下：

（1）已知条件和标注坐标，如图 2-24（a）所示；

（2）画轴测轴，如图 2-24（b）所示；

（3）画出棱柱端面及棱线的轴测图，如图 2-24（c）所示；

（4）连接各点加深图线，如图 2-24（d）所示。

【实训项目】

（1）如图 2-25 所示，已知形体的三视图，画出其正等轴测图。

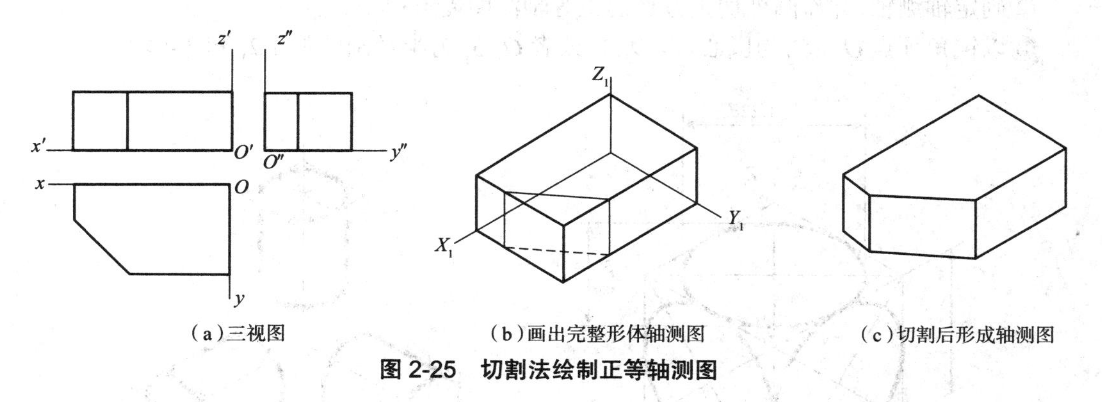

（a）三视图　（b）画出完整形体轴测图　（c）切割后形成轴测图

图 2-25　切割法绘制正等轴测图

（2）如图 2-26 所示，已知组合体的三视图，画出其正等轴测图。

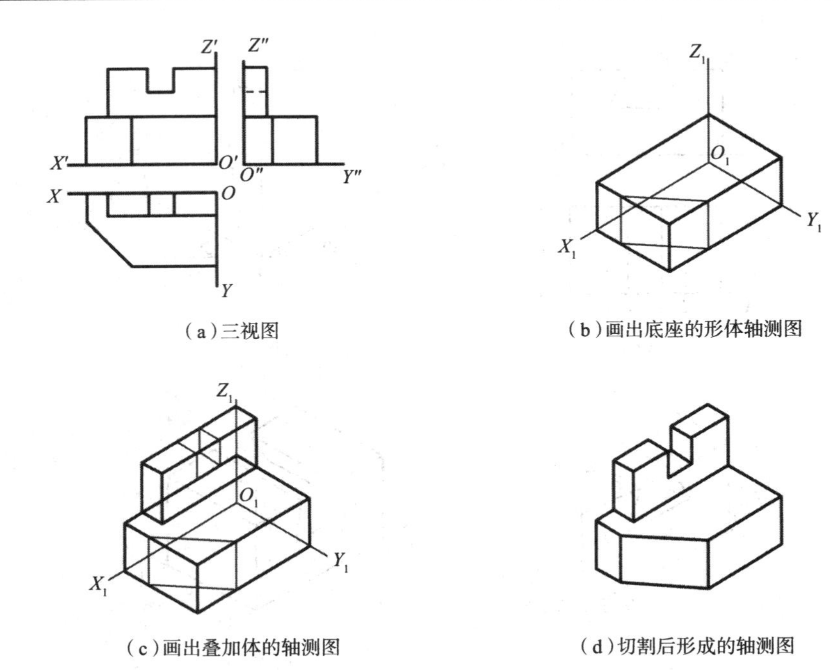

（a）三视图　（b）画出底座的形体轴测图

（c）画出叠加体的轴测图　（d）切割后形成的轴测图

图 2-26　叠加法画正等轴测图

3. 平行于坐标面的圆的正等测图

画回转体时经常遇到圆或圆弧，由于各坐标面对正等轴测投影面都是倾斜的，因此平行于坐标平面的圆的正等轴测投影是椭圆。而圆的外切正方形在正等测投影中变形为菱形，因而圆的轴测投影就是内切于对应菱形的椭圆。当曲面体上圆平行于坐标面时，作正等测图，通常采用近似的作图方法——“四心法”。

［例］ 如图 2-27 所示，圆的正等测画法。

作图步骤如下：

①在正投影图中作圆的外切正方形，1、2、3、4 为 4 个切点，并选定坐标轴和原点；

②确定轴测轴，并作圆外切正方形的正等轴测图菱形；

③以钝角顶点 O_2、O_3 为圆心，以 O_2 1_1 或者 O_3 3_1 为半径画圆弧 1_12_1 和 3_14_1。

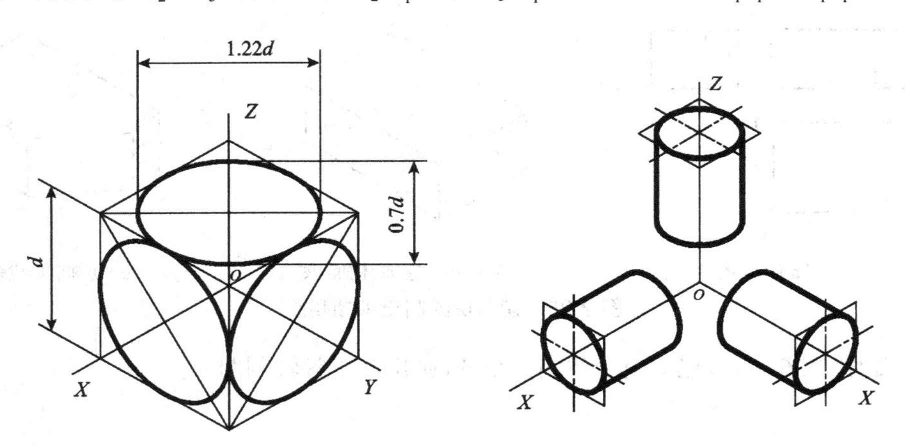

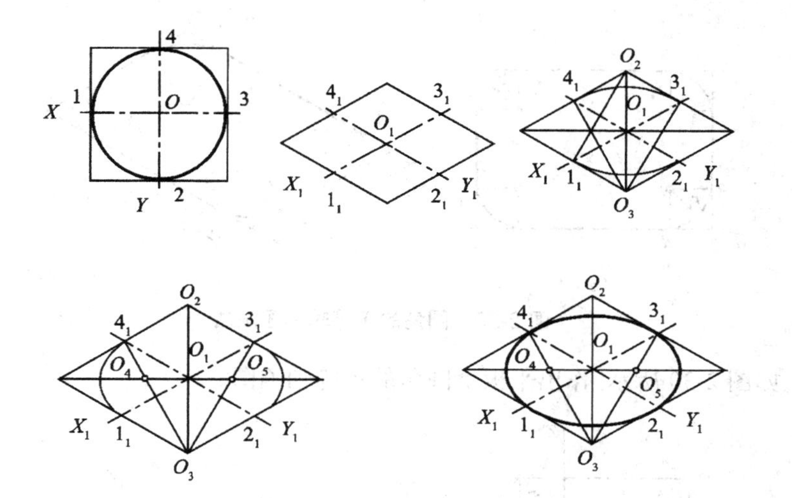

图 2-27　圆的正等轴测图的近似画法

4. 曲面立体的正等测画法

[例] 作出如图 2-28(a)所示圆柱的正等轴测图。

作图步骤如下。

(1)圆柱的顶面和底面均为水平圆,先用四心法画出圆柱顶面的正等测椭圆,如图 2-28(b)所示,然后将轴测轴下移圆柱高度 h,再用同样的方法作出底面正等测椭圆,并作出顶面椭圆和底面椭圆的公切线,如图 2-28(c)所示。

(2)擦去多余的线条,加深图线,完成全图,如图 2-28(d)所示。

圆角的正等轴测图,也可按上述近似法求作。如图 2-29 所示,实际上是作 1/4 椭圆,所以,作图时可先延长与圆角相切的两边线使之成直角,并按直角作出它的正等轴测图。

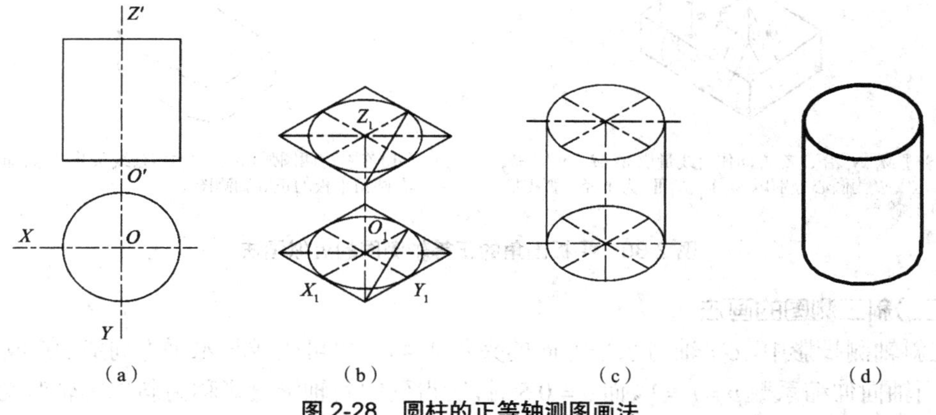

图 2-28　圆柱的正等轴测图画法

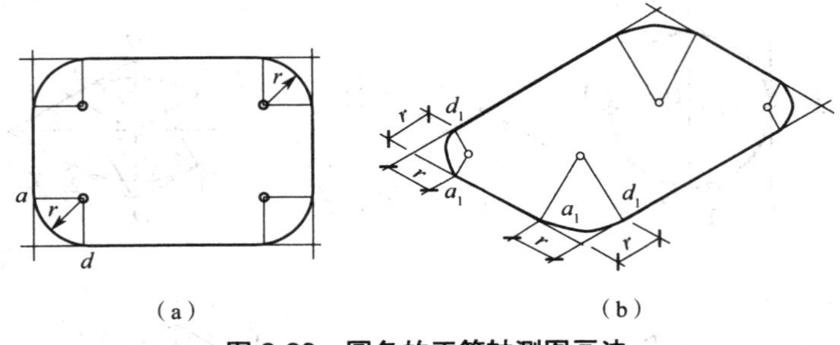

（a） （b）

图 2-29 圆角的正等轴测图画法

［例］ 如图 2-30 所示，作出平板上圆角的正等轴测图。

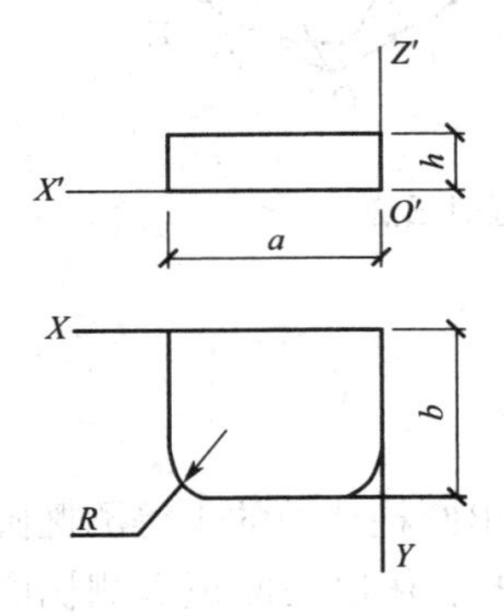

（a）在正投影图中定出原点和坐标轴的位置

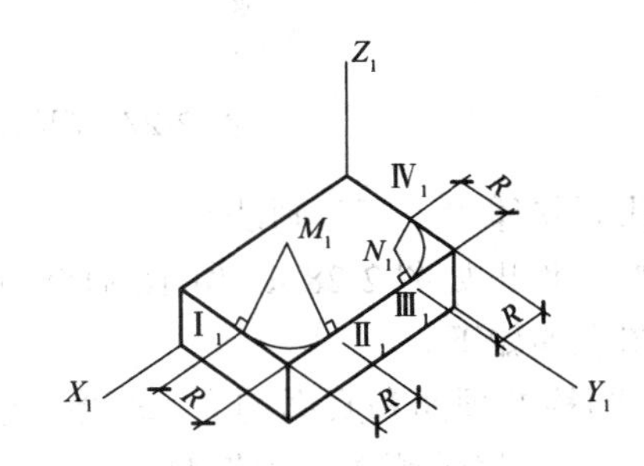

（b）先根据尺寸 a、b、h 作平板的轴测图，由角点沿两边分别量取半径 R 得 Ⅰ$_1$、Ⅱ$_1$、Ⅲ$_1$、Ⅳ$_1$ 点，过各点作直线垂直于圆角的两边，以交点 M_1、N_1 为圆心，M_1Ⅰ$_1$、N_1Ⅲ$_1$ 为半径作圆弧

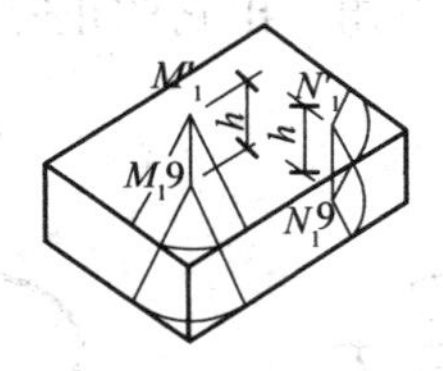

（c）过 M_1、N_1 沿 O_1Z_1 方向作直线量取 $M_1M_1'=N_1N_1'=h$，以 M_1'、N_1' 为圆心分别以 M_1Ⅰ$_1$、N_1Ⅲ$_1$ 为半径作弧得底面圆弧

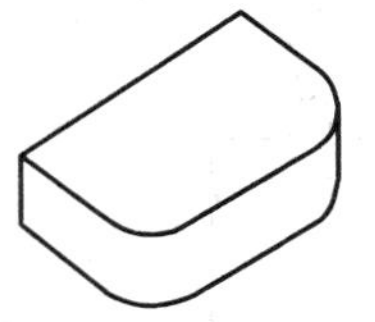

（d）作右边两圆弧切线，擦去多余线条并描深，即得有圆角平板的正等轴测图

图 2-30 平板圆角的正等轴测图的近似画法

（二）斜二测图的画法

在斜轴测投影中，OY 轴与水平方向的夹角成 45°，也可画成与水平方向成 30° 或 60° 的夹角，当轴向伸缩系数 $p=r=1$，而 $q=0.5$ 时，所得到的斜轴测投影称为斜二等轴测图，简称斜二测，如图 2-31 所示。

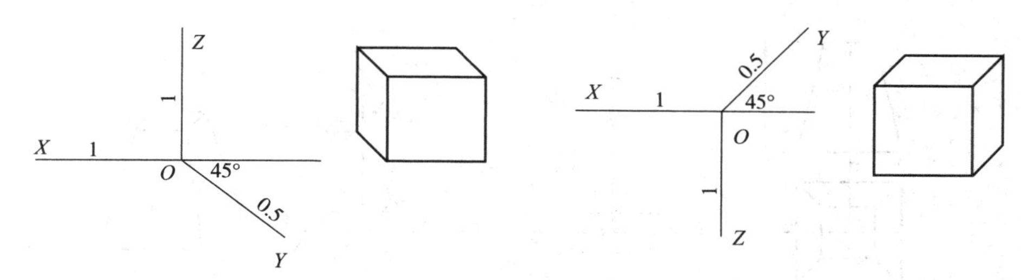

图 2-31　斜二测的轴向角和轴向伸缩系数

绘制斜二测图时，O_1X_1 轴为水平方向，O_1Z_1 轴为铅垂方向，O_1Y_1 轴与 O_1X_1 轴之间的夹角一般为 135°。

平行于 XOZ 坐标面的圆的正面斜二测投影仍是大小相同的圆；平行于 XOY 坐标面的圆的水平斜二测投影和平行于 YOZ 坐标面的圆的侧面斜二测投影均为椭圆。

画正等测椭圆的四心法不适用于画斜二测椭圆。

绘制圆的斜二测投影时，可采用坐标法。现以水平圆为例，介绍圆的斜二测投影图的画法，如图 2-32 所示。

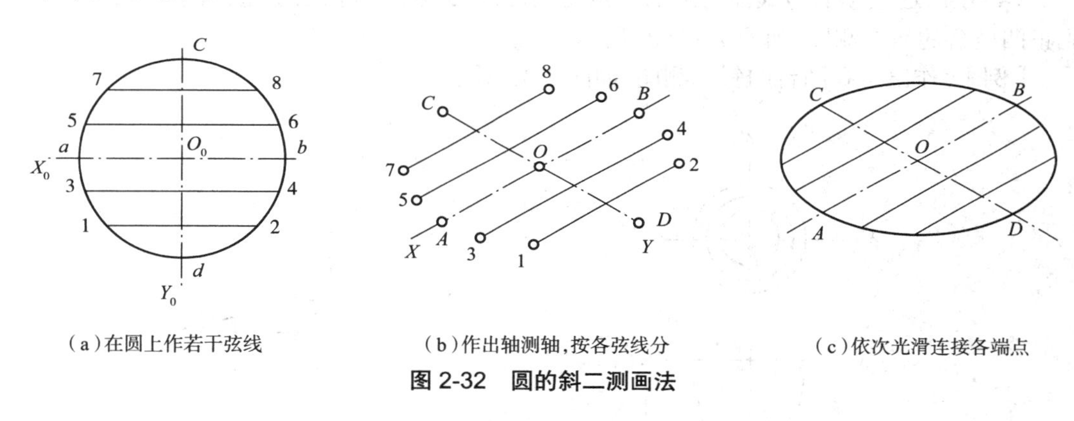

（a）在圆上作若干弦线　（b）作出轴测轴，按各弦线分　（c）依次光滑连接各端点

图 2-32　圆的斜二测画法

作图步骤：

（1）画出水平圆的正投影图，其水平正投影仍然是圆并反映空间圆的实形。然后在其水平正投影图上建立直角坐标系，在正投影圆上作一系列平行于 OX 轴的平行线，坐标轴和这些平行线与圆周共有 12 个交点。

（2）建立斜二轴测投影轴，O_1Y_1 轴的伸缩系数为 0.5，O_1X_1 轴的伸缩系数为 1。在斜二测图中，相应画出这些平行线平行于 O_1X_1 轴，得到其轴测投影。在这些平行线的轴测投影上对应地量取圆周上各点的 X 坐标得到 2_1、3_1、……再由 Y 坐标定出点 1_1、7_1、……这些点即为平行线和轴测轴与圆周的 12 个交点的斜二测投影。光滑连接各点，即得到该圆的斜二测投影图。

[例]　作图 2-33（a）所示四棱台的斜二测图。

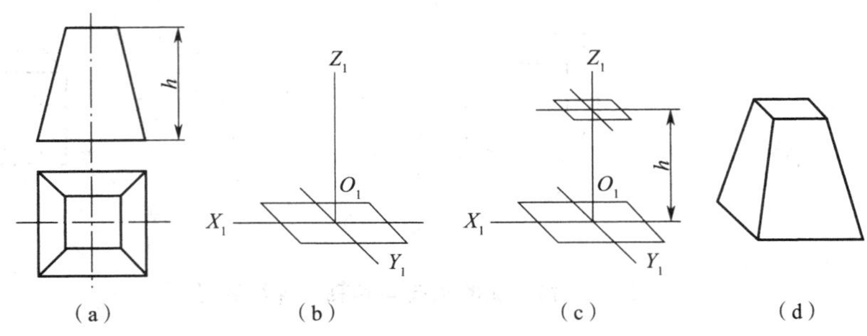

图 2-33 四棱台的斜二测画法

作图步骤如下：

（1）画出轴测轴 O_1X_1、O_1Y_1、O_1Z_1。

（2）作出底面的轴测投影，在 O_1X_1 轴上按 1 ∶ 1 截取，在 O_1Y_1 轴上按 1 ∶ 2 截取，如图 2-33（b）所示。

（3）在 O_1Z_1 轴上量取正四棱台的高度 h，作出顶面的轴测投影图，如图 2-33（c）所示。

（4）依次连接顶面与底面对应的各点得侧面的轴测投影，擦去多余的图线并描深，即得到正四棱台的斜二测图，如图 2-33（d）所示。

[例] 作出带孔圆台的斜二测图，如图 2-34 所示。

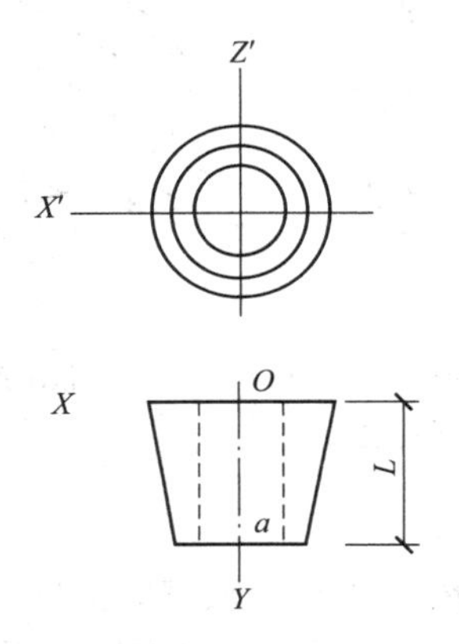

（a）在正投影图中定出原点和坐标轴的位置

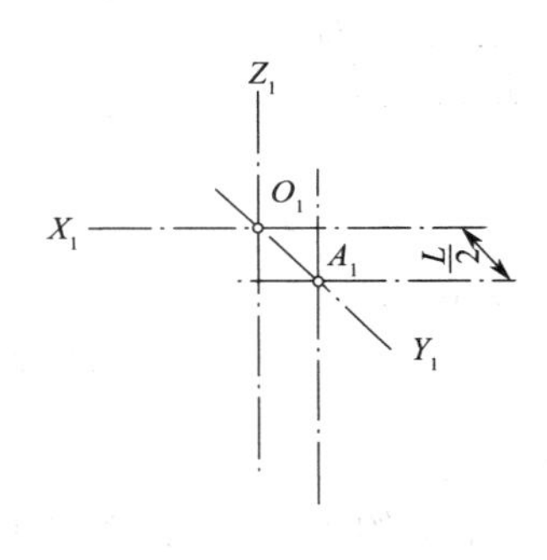

（b）画轴测轴，在 O_1Y_1 轴上取 $O_1A_1=L/2$

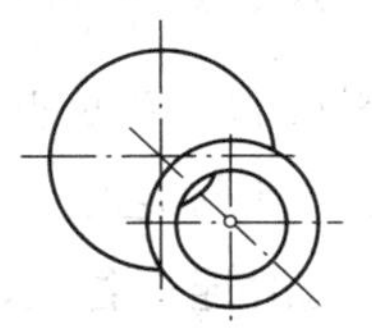

（c）分别以 O_1、A_1 为圆心，相应半径的实长为半径画两底圆及圆孔

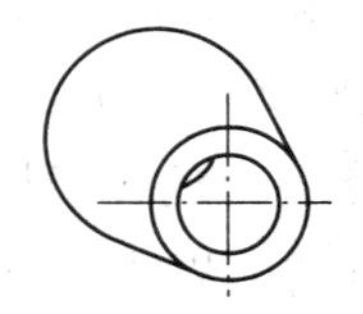

（d）作两底圆公切线，擦去多余线条并描深，即得带通孔圆台的斜二测图

图 2-34 带孔圆台的斜二测图

（三）水平斜测图的画法

如果形体仍保持正投影的位置，而用倾斜于 H 面的轴测投影方向 S，向平行于 H 面的

轴测投影面 P 进行投影，则所得斜轴测图称为水平斜轴测图，如图 2-35 所示；水平斜二测图常用于建筑制图中绘制建筑单体或小区鸟瞰图等，如图 2-36 所示。

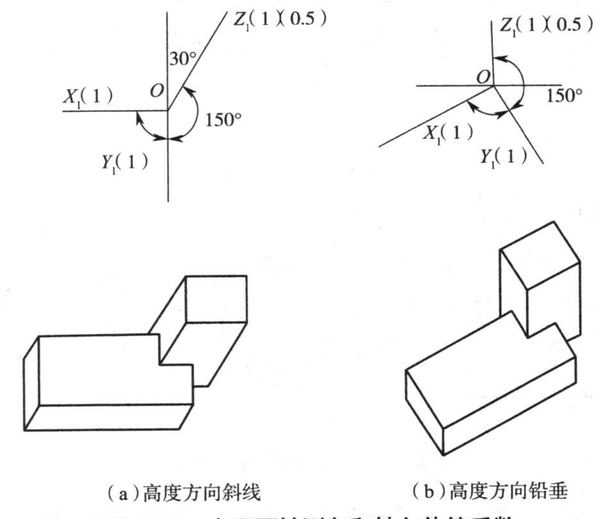

（a）高度方向斜线　（b）高度方向铅垂

图 2-35　水平面轴测角和轴向伸缩系数

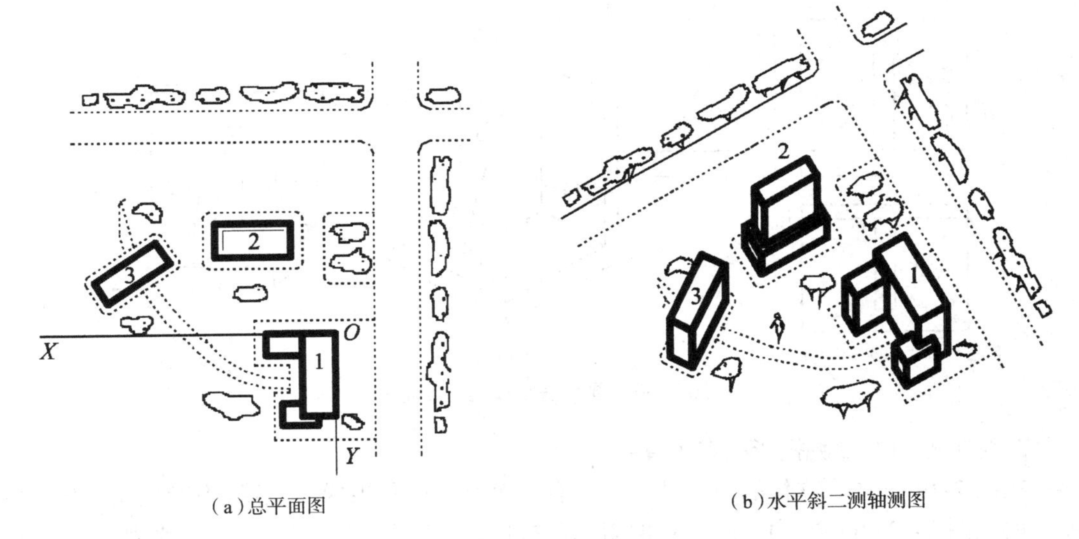

（a）总平面图　（b）水平斜二测轴测图

图 2-36　建筑群的鸟瞰图

四、轴测投影图的选择

轴测图的种类繁多，选择哪种轴测图来表达一个形体最合适，应从两个方面考虑：一是所画的轴测图形要能反映物体的主要形状，立体感较强，符合日常观看物体时所得的形象；二是作图简便。

轴测投影中一般不画虚线，图形中物体各部分的可见性对于表达物体形状具有十分重要的意义。为了使形体的表达更清晰，作轴测图时应注意以下几点。

1. 避免被遮挡

在轴测图中，应尽可能多地将物体中的孔、洞、槽等部分表达清楚，看通物体内部的孔、洞或看到其底面形状特征。例如，图 2-37（b）是图 2-37（a）中物体的正等测投影，它不能反映出物体上的孔是否是通孔。而图 2-37（c）所示的正面斜二测投影能够很清楚地表达物体中的孔洞情况。

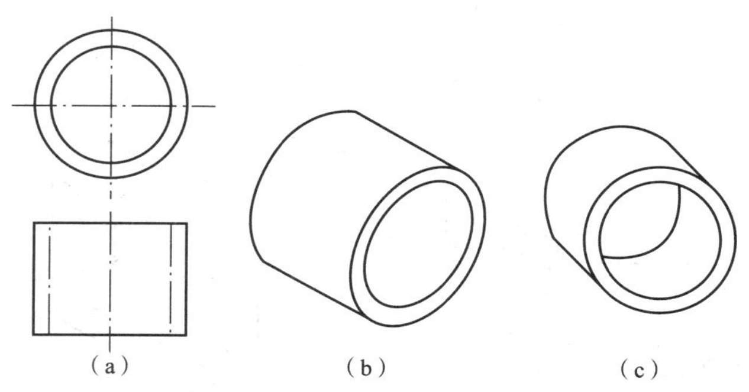

图 2-37 要反映物体的特征

又如，图 2-38（b）是图 2-38（a）所示物体的正等测投影，其不能够反映物体后壁上右侧的孔洞。而画成图 2-38（c）所示的正面斜二测投影就能够表达出物体的主要形状。

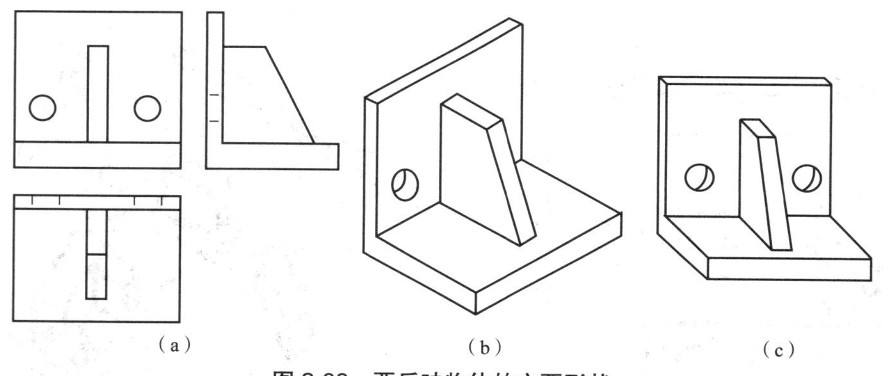

图 2-38 要反映物体的主要形状

2. 避免侧面的轴测投影积聚为直线

在图 2-39（a）中，物体的正等轴测投影有两个侧立面积聚成为直线，不能反映物体的特征。但在图 2-39（b）中，由于画成正面斜二测投影，改变了投射方向，能够反映物体的形状，所得的物体轴测投影直观性较强。

3. 合理选择轴测投影方向

轴测投影方向的选择对于表达物体形状、显示物体特征具有非常重要的作用。例如，图 2-40（a）中的正面斜二测投影是从左、前、上方投射所得的轴测图，其直观效果比图 2-40（b）中的从右、前、上方投射所得的轴测图更强，能够更清晰地反映物体的特征。图 2-41（a）是从下向上投射所得的轴测图，其效果要比图 2-41（b）从上向下投射所得的图形更能反映物体的形状。

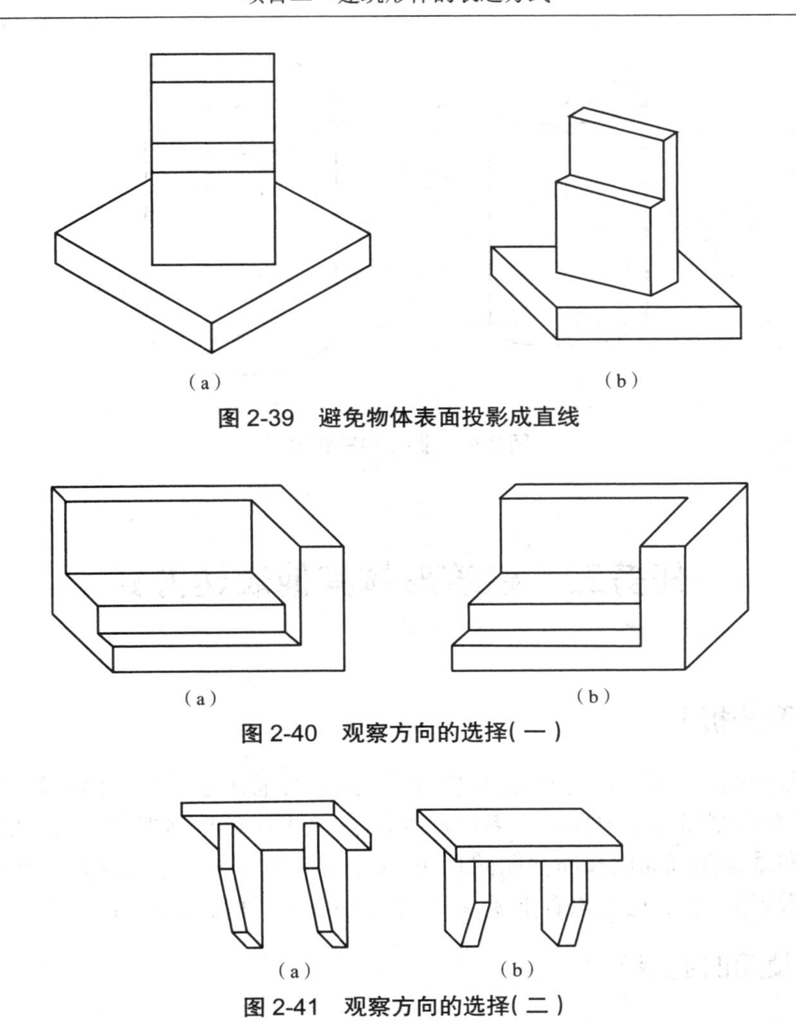

图 2-39　避免物体表面投影成直线

图 2-40　观察方向的选择(一)

图 2-41　观察方向的选择(二)

另外，在使用一般的绘图仪器和工具的情况下，作图是否简便也是应该考虑的一个重要因素。作图是否简便主要取决于轴间角和轴向伸缩系数，各轴的方向要便于利用绘图三角板绘制，沿轴测轴度量时应能直接利用一般的比例尺，避免烦琐的换算。圆和圆弧的正等测投影的绘制较之斜二测投影要简便一些。如图 2-42（a）所示，直立圆柱画成斜二测图，其上、下表面圆的轴测投影较复杂，且整个圆柱有弯扭失真之感，不如画成图 2-42（b）所示的正等轴测投影效果好。

一般情况下，截面形状较复杂的柱类物体常用斜二测投影，以使较复杂的截面平行于轴测投影面。因为斜二测投影有一个坐标面平行于轴测投影面，平行于该坐标面的图形在轴测投影中反映实形，所以物体某一面上形状较复杂或具有较多的圆或其他曲线时，采用这种类型的轴测投影较合适。对于那些外形较方正平整的物体常用正等测投影。

在选择轴测投影类型时，首先要考虑的是能否把物体的主要形状和特征表达清楚，其次才考虑作图的简便性。

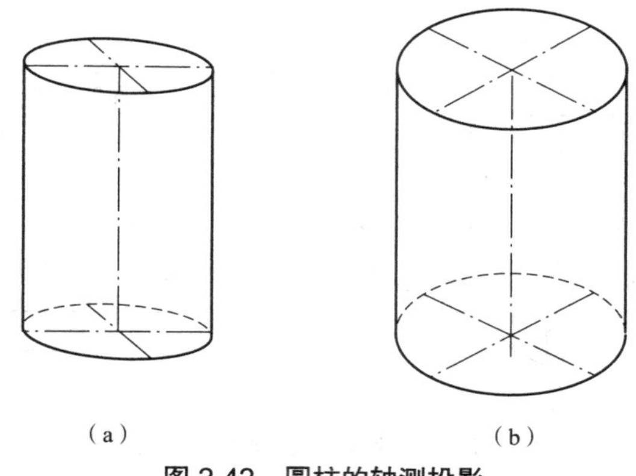

图 2-42 圆柱的轴测投影

任务三 建筑形体其他表达方式

【任务描述及分析】

对于较复杂的建筑形体，仅用三面视图难以准确、完整地表达形体的内部结构和外部形状。因此，在建筑制图标准中规定了多种表达方法，画图时可根据形体的具体情况选用。本任务的重点和难点是剖面图和断面图的画法，通过对本节内容的学习，可以让学生意识到看问题不能只看表面，要透过现象看本质，培养学生独立分析问题的能力。

【任务实施及知识链接】

一、组合体的多面正投影图

（一）基本视图

建筑形体的视图是采用第一角画法并按正投影法绘制的多面投影图。所谓第一角画法，就是将形体置于观察者与投影面之间进行投影。一个物体有前、后、左、右、上、下六个基本投射方向，相应地有六个基本投影面，即在原有的三投影面 V、H、W 的对面，再增加三个分别与之平行的 V_1、H_1、W_1 投影面，这六个基本投影面分别垂直于六个基本投射方向，形成一个六投影面体系，如图 2-43 所示。

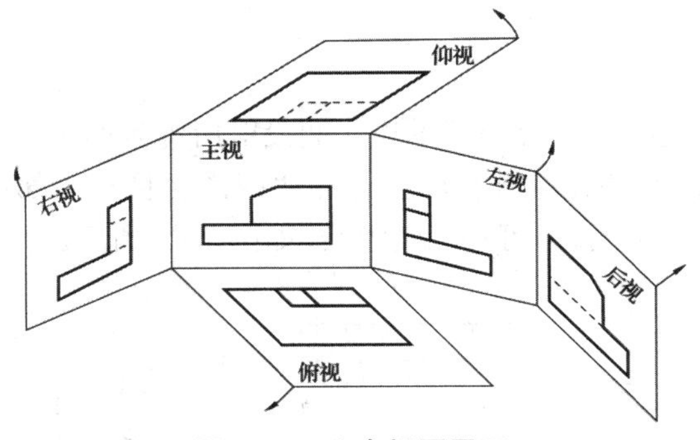

图 2-43　六个视图展开

将物体向这六个基本投影面进行投影，如图 2-44（a）所示，可得到如下视图：

（1）正立面图——由前向后作投影（从 *A* 方向进行投射）所得的视图。

（2）平面图——由上向下作投影（从 *B* 方向进行投射）所得的视图。

（3）左侧立面图——由左向右作投影（从 *C* 方向进行投射）所得的视图。

（4）右侧立面图——由右向左作投影（从 *D* 方向进行投射）所得的视图。

（5）底面图——由下向上作投影（从 *E* 方向进行投射）所得的视图。

（6）背立面图——由后向前作投影（从 *F* 方向进行投射）所得的视图。

上述的六个视图称为基本视图，如图 2-44（b）所示。

在同一张图纸上绘制六个基本视图时，如按图 2-44（b）的顺序进行视图配置时，一般可省略标注视图的名称；如不能按图 2-44（b）配置视图，则应标注每个视图的名称。图名宜标注在视图的下方或一侧，并在图名下画一条粗实横线，横线长度应为图名所占长度。

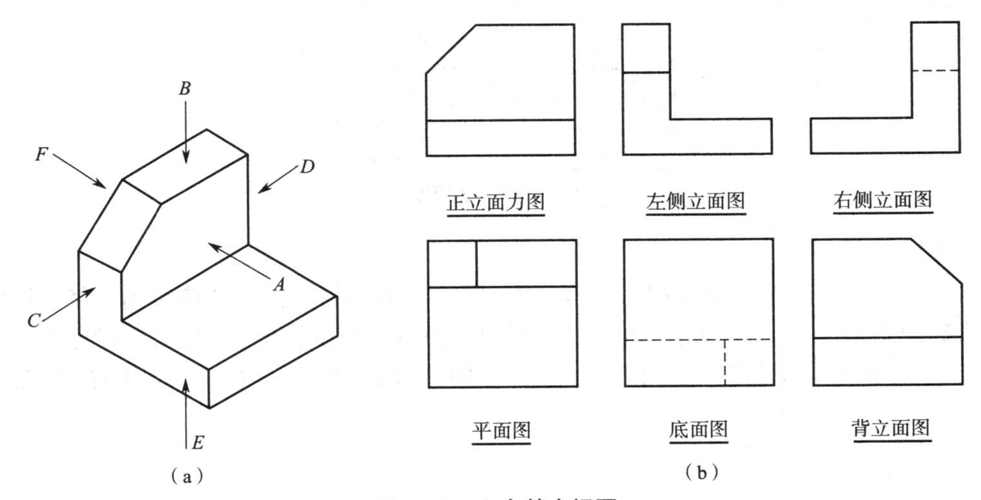

图 2-44　六个基本视图

通常把反映物体信息量最多的那个立面作为物体的正立面，应在物体处于工作位置、加工位置或安装位置的情况下选定正立面，并按正投影法画出物体的正立面图，再根据实际需要画出物体其他的视图。在能够清楚表达物体的前提下，应使物体的视图数量越少越好；尽量避免使用虚线表达物体的轮廓和棱线；并应避免一些不必要的细节重复。

（二）辅助视图

1. 局部视图

局部视图是将物体的某一部分向基本投影面投射所得到的视图。用带字母的箭头指明要表达的部位和投射方向，并在所画视图上方注明视图名称。局部视图的范围用波浪线表示。当局部的外形轮廓线封闭时，可不画波浪线，如图 2-45 所示。

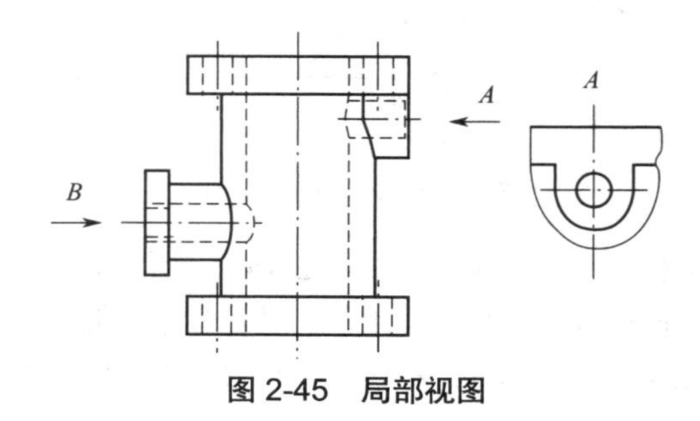

图 2-45 局部视图

2. 斜视图

斜视图是物体向不平行于基本投影面的平面投影所得到的视图，斜视图的断裂边界用波浪线表示，如图 2-46 所示。

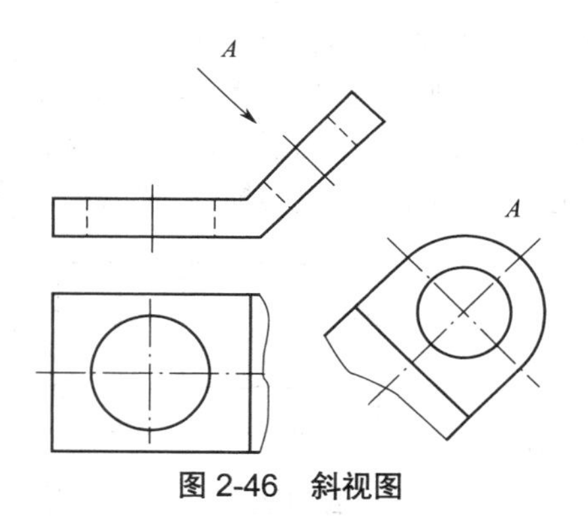

图 2-46 斜视图

3. 旋转视图

当形体的某一部分与基本投影面倾斜时，假想将形体的倾斜部分旋转到与某一选定的基本投影面平行，再向该基本投影面投影，所得的视图称为旋转视图（又称展开视图），其通常用于表达形体上倾斜部分的外形。展开视图应在图名后加注“展开”字样，如图 2-47 所示。

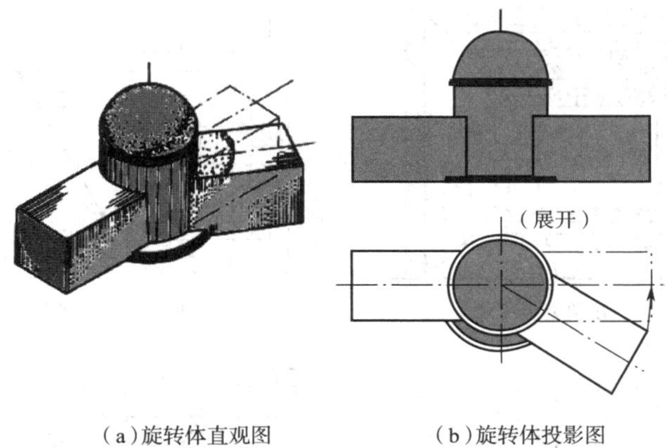

（a）旋转体直观图　（b）旋转体投影图

图 2-47　旋转视图

（三）镜像投影法

当某些工程构造用直接正投影法不易表达清楚时，可选用镜像投影法绘制其视图。镜像投影法属于正投影法，镜像投影是物体在镜面中的反射图形的正投影，该镜面代替相应的投影面。镜像投影图称为镜像视图。绘制镜像视图时，应在图名后注写"镜像"两个字，并加括号，如图 2-48 所示。在建筑装饰施工图中，常用镜像视图来表示室内顶棚的装修、灯具等构造。

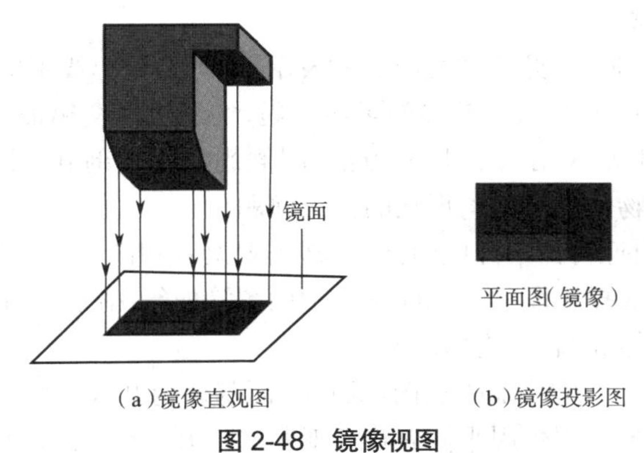

（a）镜像直观图　（b）镜像投影图

图 2-48　镜像视图

例如图 2-49（a）所示的吊顶透视图，无论用正投影法（图 2-49（b））还是用仰视法绘制的吊顶图案平面图（图 2-49（c）），都不利于看图施工。如果采用镜像投影法，把地面看作是一面镜子，得到的吊顶图案平面图（镜像）就能如实反映吊顶图案的实际情况，如图 2-49（d）所示，有利于施工人员看图施工。

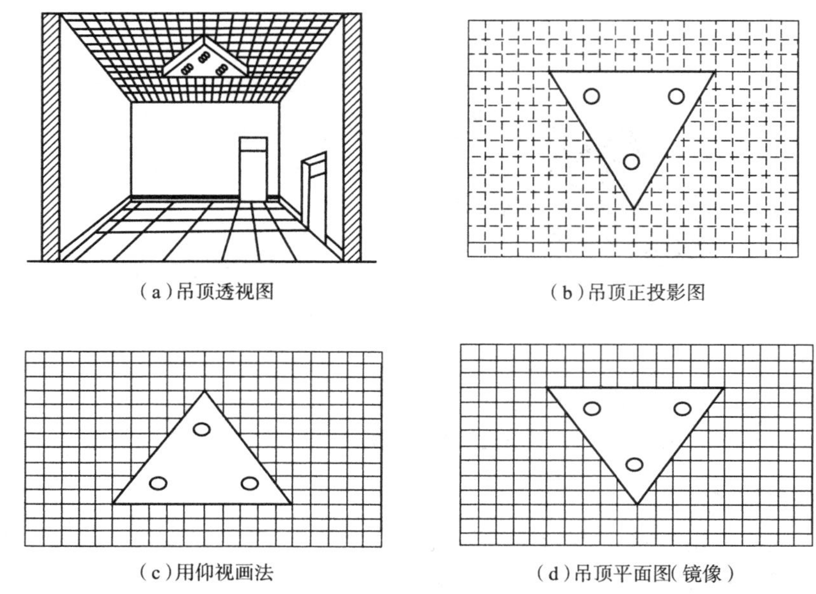

图 2-49 吊顶镜像示图

二、剖面图

(一)剖面图的形成

在绘制物体的视图时,可见轮廓线用实线表示,不可见轮廓线用虚线表示。当物体内部结构形状复杂时,视图中就会出现较多的虚线。虚、实线纵横交错而混淆不清,会给绘图和识图带来不便。工程上常采用“剖切”的方法,即假想将物体剖开,使原来不可见的内部结构变成可见,从而解决物体内部结构形状的表达问题。

假想用一个剖切面把物体剖开成两部分,移去观察者和剖切面之间的部分,将剩余部分向投影面作投射,所得的投影图称为剖面图。剖面图除应绘出剖切面所剖切到的平面外,还应绘出投射方向所能看到的剩余物体。

如图 2-50 所示为一杯形基础的视图,其正立面基础内孔投影出现了虚线,虚线和实线交错,形体表达不很清晰。假想用平面 P 将杯形基础剖开,移去观察者和剖切面 P 之间的部分,而将其余部分向 V 面作投射,得到的投影就是杯形基础的剖面图。原来不可见的虚线,在剖面图中变为实线,成为可见轮廓线,如图 2-50(d)所示,杯形基础内部构造清晰可见。

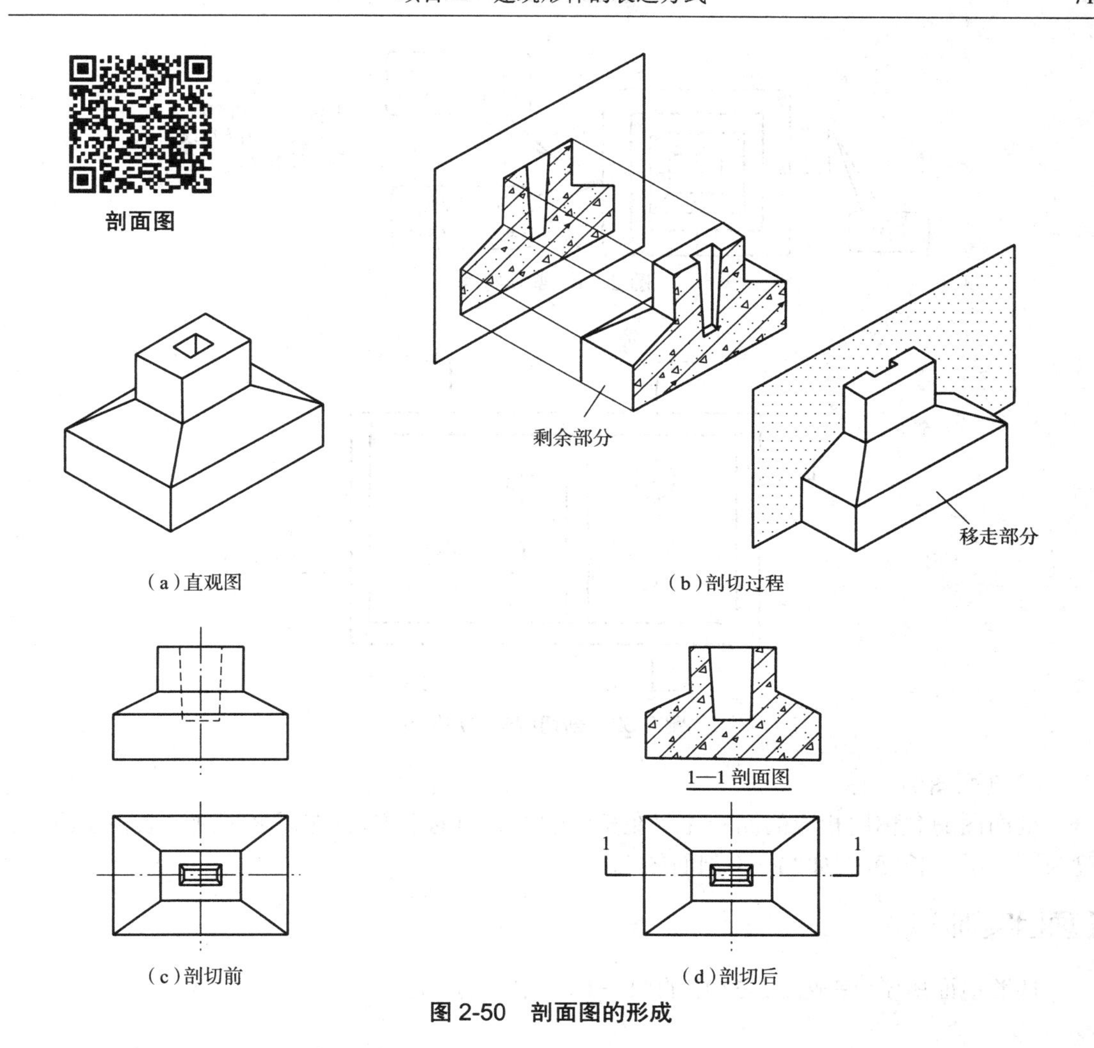

（a）直观图　（b）剖切过程

（c）剖切前　（d）剖切后

图 2-50　剖面图的形成

（二）剖面图的标注与画法

1. 剖面图的标注

绘制剖面图时需要进行剖视的标注，剖面图的标注包括绘制剖切符号、注写剖切符号的编号和标注剖面图的名称。

1）剖切符号

剖切符号由剖切位置线、投射方向线和编号组成。剖切位置线表示剖切面的剖切位置，用两段粗实线绘制，长度为 6 mm~10 mm 。投射方向线用以表明剖切后物体的投射方向，画在剖切位置线的外端且与剖切位置线垂直，用粗实线绘制，长度为 4 mm~6 mm 。剖切符号不宜与图形中的其他图线相接触，如图 2-51 所示。

2）剖切符号的编号

剖切符号的编号宜采用阿拉伯数字，并注写在投射方向线的端部，按顺序由左至右、由下至上连续编排，如图 2-52 所示。

需要转折的剖切位置线，为避免与其他图线发生混淆，应在转角的外侧加注与该符号相同的编号。如图 2-52 中的“3、3”所示。

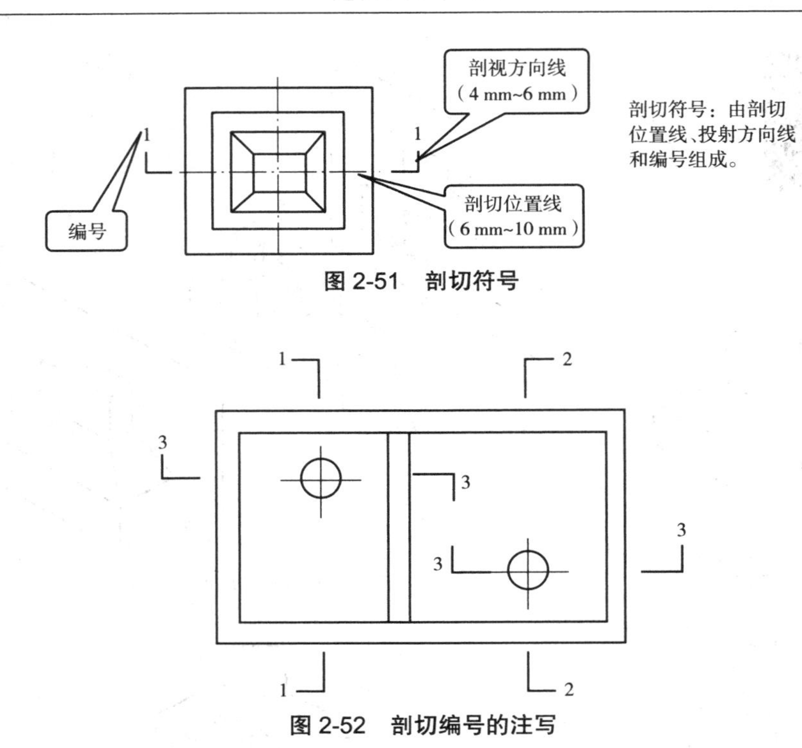

图 2-51　剖切符号

图 2-52　剖切编号的注写

3）剖面图的名称

剖面图的名称用相应的编号注写在相应的剖面图的下方，并在图名下画一条粗实线，长度为图名所占长度，例如“1—1 剖面图”。

【项目实训】

依照前面所学，完成图 2-53 中的“1—1 剖面图”绘制。

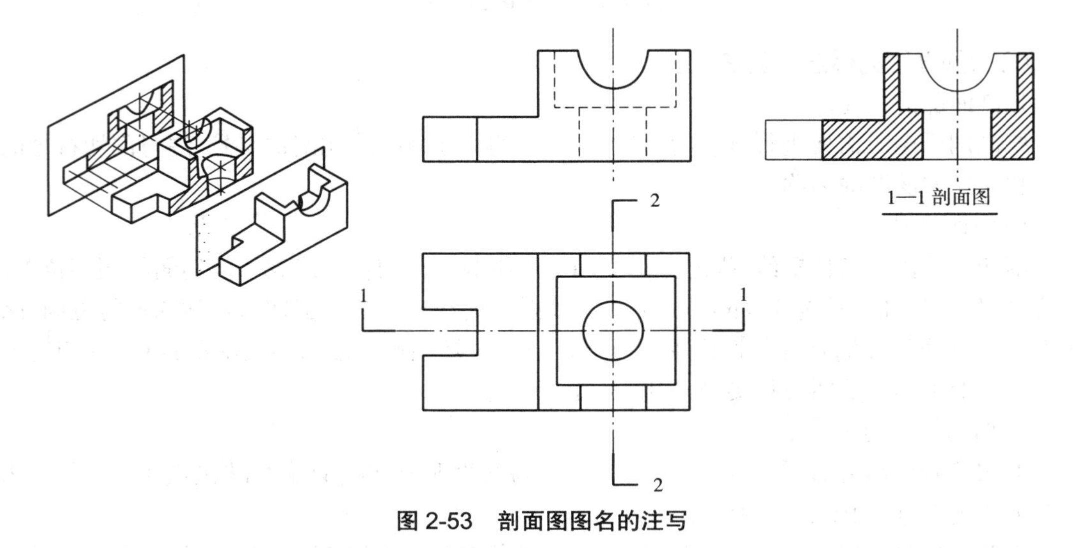

图 2-53　剖面图图名的注写

2. 剖面图的画法

绘制剖面图的步骤如下。

（1）确定剖切位置。

剖面图的剖切位置要平行于某一基本投影面，使截面的投影能够反映实形；剖切平面应尽量通过物体的孔、槽等结构的中心线或物体的对称面处，把不可见轮廓线变为可见，使物体内部形状得以完整、清晰地表达。

（2）画剖切符号。

剖切平面位置确定后，应在视图上的相应位置画上剖切符号并进行编号。

（3）将物体剩余部分进行投影。

假想在剖切位置用剖切平面将物体剖开，移去观察者和剖切平面之间的部分，将剩余部分作投影，被剖切到的部分（即截面）的轮廓线用粗实线绘制，剖切平面没有剖切到、但投射时可以看见的物体轮廓线用中实线绘制。剖面图中一般不画虚线。

（4）绘制材料图例。

为了使剖面图层次分明，被剖切到的实体部分（即截面轮廓线内）应画出与该物体相应的材料图例。图例中的斜线一律画成与水平成45°的细实线。

常用的建筑材料图例见表2-1。

（5）标注剖面图名称。

在剖面图的下方中间位置标注视图名称。

表2-1　常用建筑材料图例

序号	名称	图例	说明	序号	名称	图例	说明
1	自然土壤		细斜线为45°（以下均相同）	13	多孔材料		包括珍珠岩、泡沫混凝土、泡沫塑料等
2	夯实土壤		—	14	纤维材料		包括各种麻丝、石棉、纤维板等
3	砂、灰土粉刷		粉刷的点较稀	15	松散材料		包括木屑、稻壳等
4	砂砾石、三灰碎石		—	16	木材		木材横断面，从左至右为垫木、木砖或木龙骨
5	普通瓴		砌体断面较窄时可涂红	17	胶合板		应注明为x层胶合板
6	耐火砖		包括耐酸砖等	18	石膏板		包括圆孔或方孔石膏板、防水石膏板等
7	空心砖		包括多孔砖	19	玻璃		包括各种玻璃
8	饰面砖		包括铺地砖、瓷砖、马赛克、人造大理石等	20	橡胶		—
9	毛石		—	21	塑料		包括各种塑料及有机玻璃等

续表

序号	名称	图例	说明	序号	名称	图例	说明
10	天然石材		包括砌体、贴面等	22	金属		断面狭窄时可涂黑
11	混凝土		断面狭窄时可涂黑	23	防水材料		构造层次多或绘制比例大时，采用上面的图例
12	钢筋混凝土		断面狭窄时可涂黑	24	网状材料		包括金属、塑料网状材料等，应注明具体材料名称

（三）剖面图的种类

根据物体内部结构形状复杂程度的不同，常选用不同数量、不同位置的假想剖切平面来剖切物体。由于剖切方式的不同，剖面图可分为全剖面图、半剖面图、阶梯剖面图、局部剖面图和旋转剖面图（也称展开剖面）。

1. 全剖面图

假想用单一剖切平面将物体全部剖开后所得的剖面图称为全剖面图。剖切平面的位置应根据实际需要来确定，在一般情况下应平行于某一投影面，使截面在该投影面上的投影反映实形。图2-54所示的杯形基础，采用通过杯形基础的对称中心且与V面平行的剖切平面对其进行剖切，然后将剩余部分向V面作投影，得到杯形基础的全剖面图。

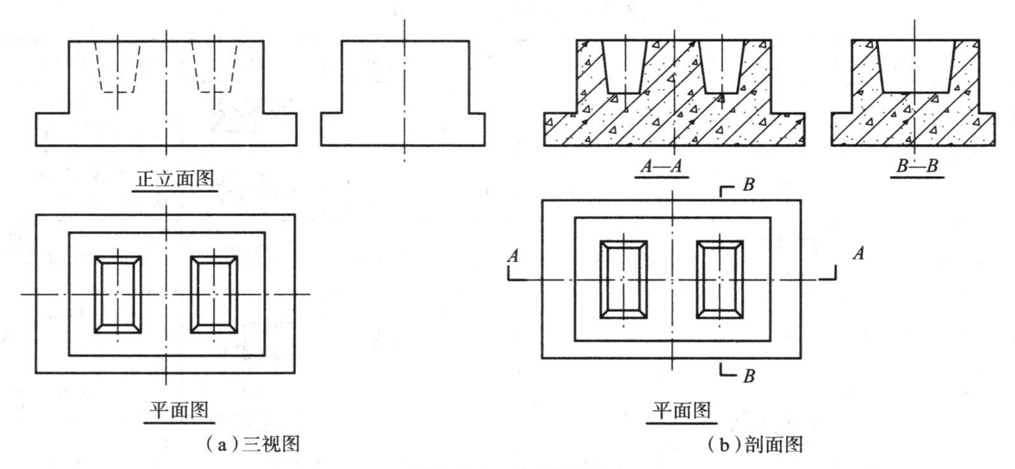

图2-54 全剖面图

2. 半剖面图

当物体具有对称平面时，假想用单一剖切平面将形体的一半剖开后所得的剖面图称为半剖面图。这时可以以对称轴线为界，一半绘制成视图，另一半绘制成剖面图，如图2-55所示，这种剖面图称为半剖面图。

绘制半剖面图时应注意视图与剖面图的分界线是对称线（细单点长画线），不能画成实线。半剖面图中的半个剖面通常画在图形的竖直对称线的右方，或水平对称线的下方。在视图的一侧不应再画表达内部形状的虚线。

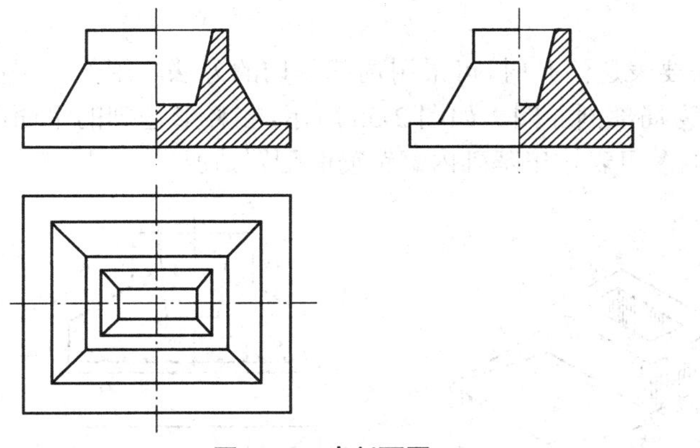

图 2-55　半剖面图

3. 阶梯剖面图

当物体内部结构形状较复杂，用一个假想的剖切面不能够将物体的内部表达清楚时，可用两个或两个以上相互平行的剖切平面来剖切物体，由此得到的剖面图称为阶梯剖面图，如图 2-56 所示。

在绘制阶梯剖面图时应注意以下两点。

（1）剖切平面的转折处，在剖面图上不可画出分界线，如图 2-57 所示。

（2）需要转折的剖切位置线，应在每个转角的外侧标注与该剖面图剖切符号相同的编号，如图 2-57 所示。

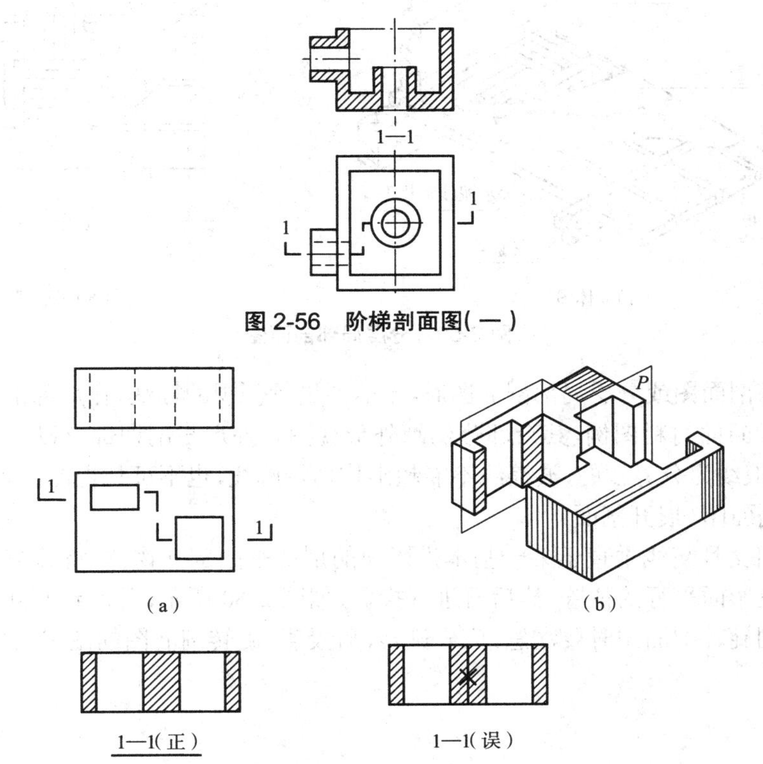

图 2-56　阶梯剖面图(一)

图 2-57　阶梯剖面图(二)

4. 局部剖面图

当物体的局部构造需要表达清楚时，可采用局部剖切的方法。用剖切平面将物体的局部剖开，所得的剖面图即为局部剖面图。如图 2-58 所示，在杯形基础的平面图上将其局部画成剖面图，由此局部剖面图可表达出基础内部钢筋的配置情况。

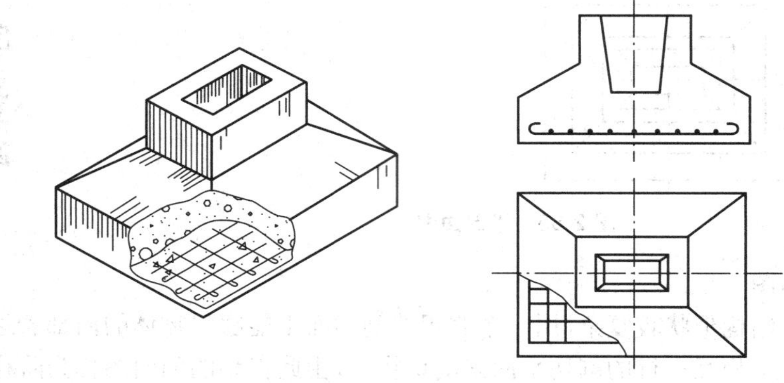

图 2-58　局部剖面图

在建筑工程中，常用分层剖切的方法表示地面、墙面、屋顶等处的构造做法和各层所用材料的情况。用分层剖切的方法得到的剖面图称为分层局部剖面图，如图 2-59 所示。

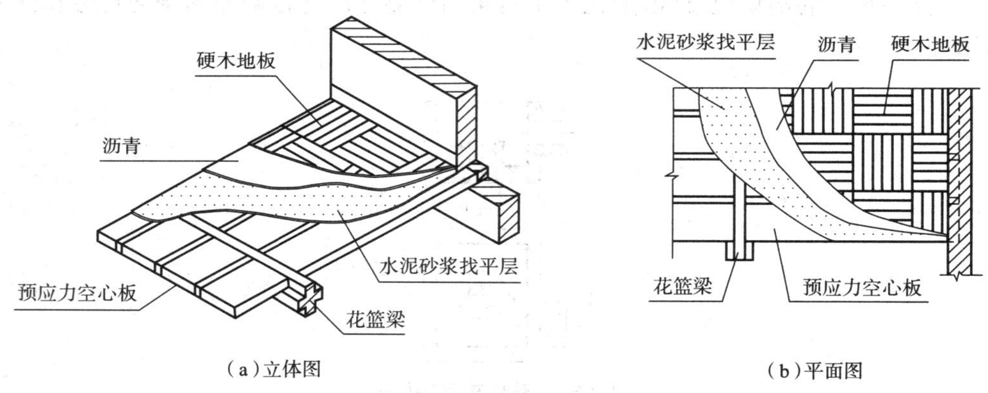

图 2-59　分层局部剖面图

绘制局部剖面图或分层局部剖面图时，不需要进行剖视的标注，在局部剖切部分画出物体内部结构和断面材料图例，其余部分仍画外形视图。外形与剖切部分以及几个剖切部分之间，是以波浪线为分界线的，波浪线不能超出物体轮廓线，也不可与视图上其他线条重合。

5. 旋转剖面图（展开剖面）

用两个相交且交线垂直于某一基本投影面的剖切平面剖开物体，将其中倾斜部分绕交线旋转到与投影面平行的位置，然后再进行投影，如图 2-60 所示，所得到的剖面图称为旋转剖面图。绘制旋转剖面图时要注意，应先旋转，后投影，旋转剖面图的图名后要加注“展开”两字。

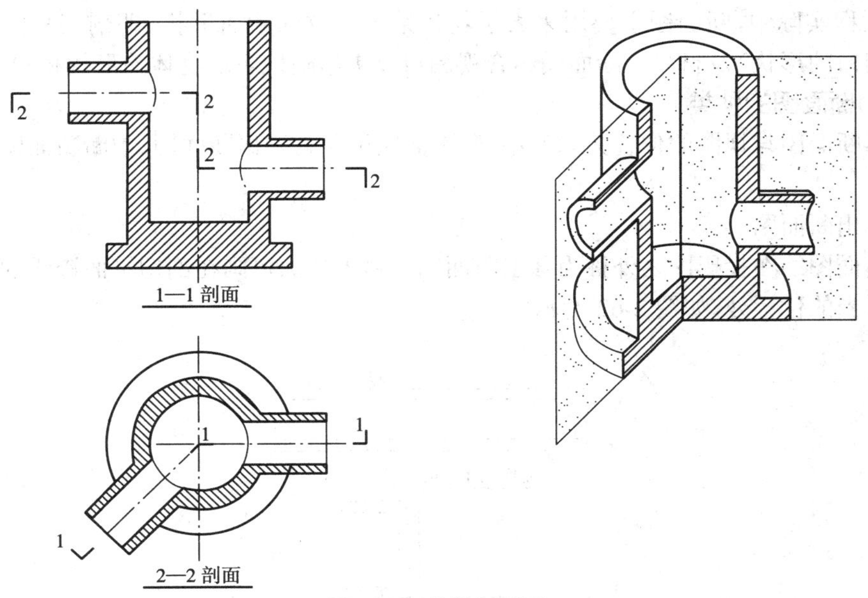

图 2-60　旋转剖面图

三、断面图

(一)断面图的形成

用一个假想的平行于某一基本投影面的剖切平面将物体剖开后,仅画出剖切平面与物体接触部分的图形,该图形称为断面图(截交线围成的图形叫断面图),简称断面。断面图的轮廓用粗实线绘出并要绘出材料图例。断面图与剖面图的区别如图 2-61 所示。

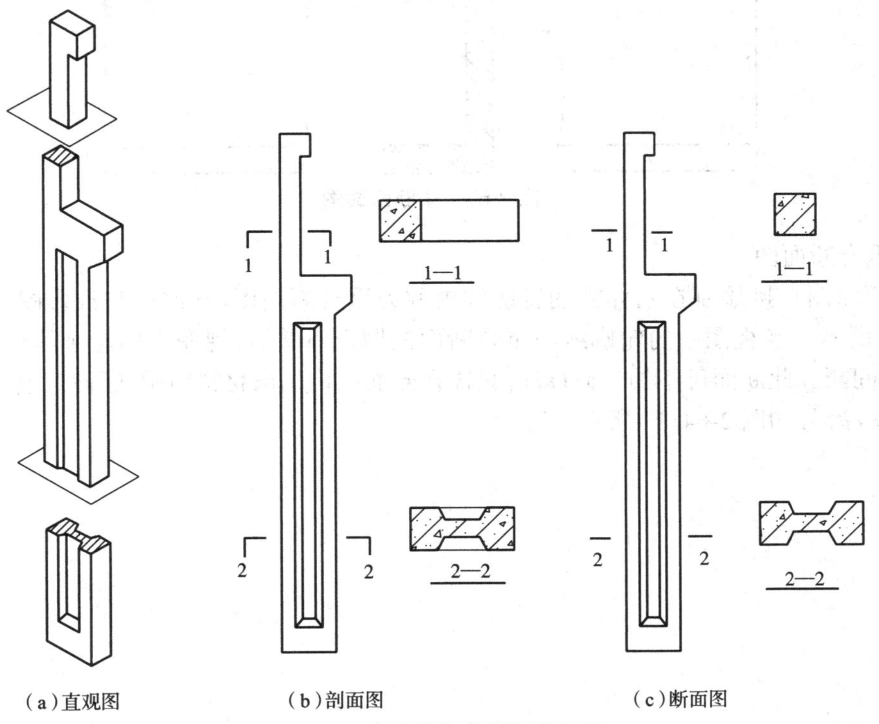

图 2-61　剖面图与断面图的区别

在工程实际中，断面图主要用来表示物体某一部位的断面形状（即剖切平面切割物体后所得切口的形状）及材料。断面图结合视图可以更清晰地表达物体的形状和构造。

（二）断面图的种类

根据断面图与视图的位置关系的不同，断面图可分为移出断面图、中断断面图和重合断面图。

1. 移出断面图

将断面图绘在投影图之外称为移出断面图。移出断面可画在剖切平面迹线的延长线上或其他适当的位置处，如图2-62所示。

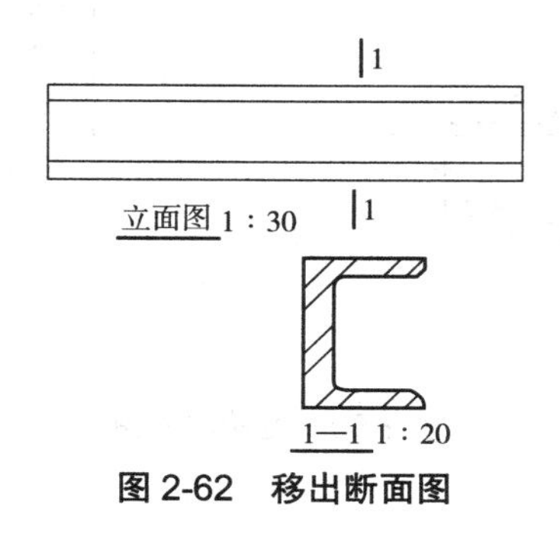

图2-62 移出断面图

2. 中断断面图

对于长向的等截面杆件，其断面图可画在杆件视图轮廓线的中断处，这种移出断面也称为中断断面图。中断断面图不需要标注剖切位置符号和编号，如图2-63所示。

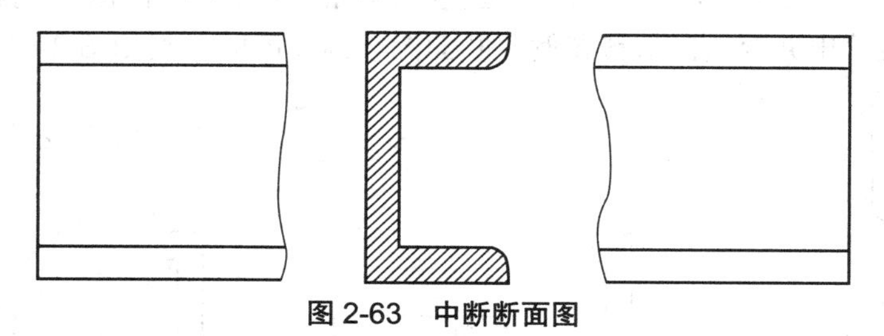

图2-63 中断断面图

3. 重合断面图

将断面图直接绘制在物体视图轮廓线内称为重合断面图，其比例与投影图一致，如图2-64（a）所示。当视图中的轮廓线与重合断面的图形重叠时，视图中的轮廓线仍应完整画出，不可间断。此断面可不加任何标注，只需在断面图内画出材料图例，断面尺度较小时，可将断面图涂黑，如图2-64（b）所示。

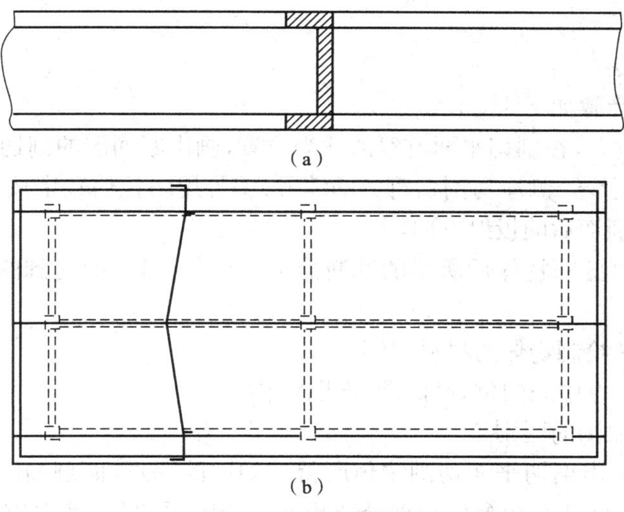

图 2-64　重合断面图

（三）断面图的标注与画法

1. 断面图的标注

断面图的标注包括绘制剖切符号、注写剖切符号的编号和标注断面图的名称，如图 2-65 所示。

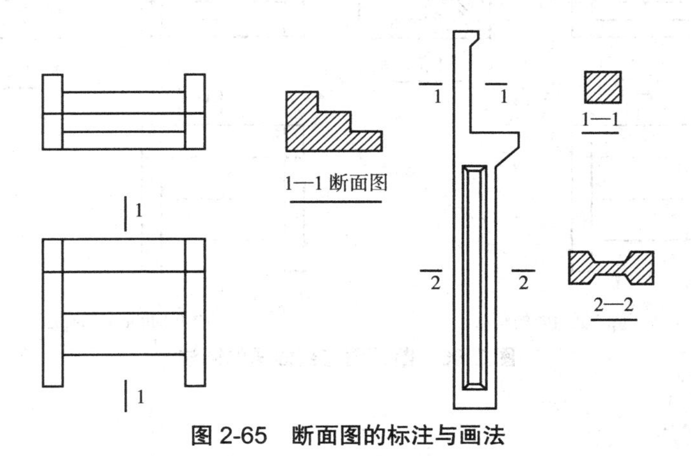

图 2-65　断面图的标注与画法

1）剖切符号

断面图的剖切符号仅用剖切位置线来表示，剖切位置线用粗实线绘制，长度为 6 mm~10 mm 。

2）剖切符号的编号

断面图剖切符号的编号用阿拉伯数字按顺序编排，注写在剖切位置线的一侧，编号注写的位置表示断面图的投射方向。例如，编号注写在剖切位置线的下方，表示该断面图是由上向下投射所得的视图。

3）断面图的名称

断面图的名称用相应的编号注写在相应的断面图的下方，并在图名下画一条粗实线，长度为图名所占长度。

2. 断面图的画法

绘制断面图的步骤如下。

（1）确定剖切位置，在剖切平面迹线的适当位置，画出断面图的剖切位置线。

（2）在剖切位置线一侧注写剖切符号的编号，编号用阿拉伯数字按顺序编排，编号所在的一侧表示该断面剖切后的投射方向。

（3）将剖切平面剖开物体后所得的截断面部分进行投影，剖切到的物体轮廓线用粗实线绘制。

（4）在断面图内绘制物体的材料图例。

（5）在断面图下方中间的位置标注断面图名称。

3. 断面图与剖面图的区别

（1）断面图只画出剖切平面切割物体所得的切口的图形，而剖面图除了要画出断面图形外，还要画出物体剖开后剩余可见部分的投影。即断面图是“面”的投影，剖面图是“体”的投影，剖面图中包含断面图，如图 2-66 所示。

（2）断面图的剖切符号只画剖切位置线，用编号所在位置的一侧表示断面图的投射方向，而剖面图的剖切符号由剖切位置线和投射方向线组成。

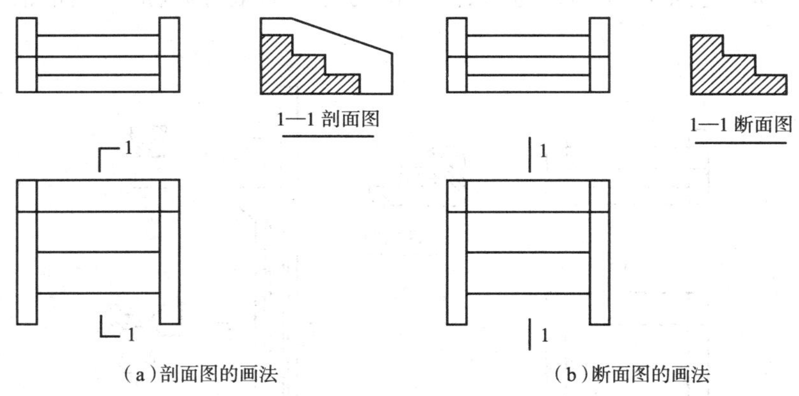

图 2-66 断面图与剖面图的画法

四、简化画法

为了方便绘图与识图，《房屋建筑制图统一标准》（GB/T 50001—2017）规定了一些将投影图适当简化处理的方法，即简化画法。

（一）对称图形的简化画法

当物体的视图有一条对称线时，可只画该视图的一半；当视图有两条对称线时，可只画该视图的四分之一，并画出对称符号，如图 2-67 所示。

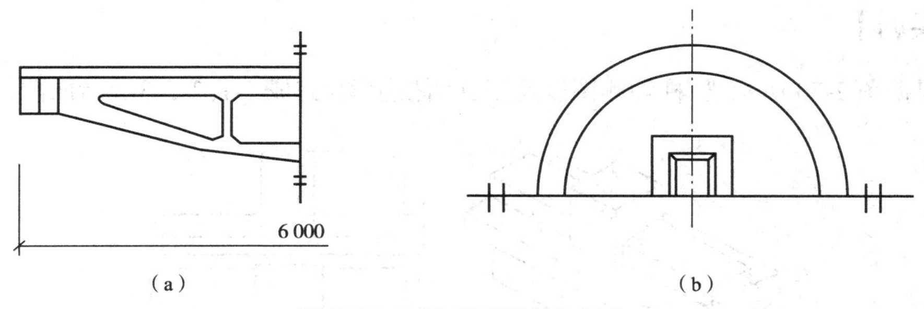

图 2-67　对称图形的简化画法

对称符号由对称线和两端的两对平行线组成。平行线用细实线绘制，其长度为 6 ~10 mm，每对的间距为 2 ~3 mm。

(二)折断省略画法

如果只需要表示物体某一部分的形状，可以只画出该部分的图形，其余部分折断不画，并在折断处画上折断线。

对于较长的构件，如沿长度方向的形状相同或按一定规律变化，可采用折断省略画法，即假想将物体中间一段去掉，两端靠拢后画出。在断开处应画上折断线，折断线两端应超出图形轮廓线 2 ~3 mm。采用折断省略画法要注意的是，在对构件进行尺寸标注时，虽然视图采用了断开的画法，其尺寸仍应标注构件的真实长度，如图 2-68 所示。

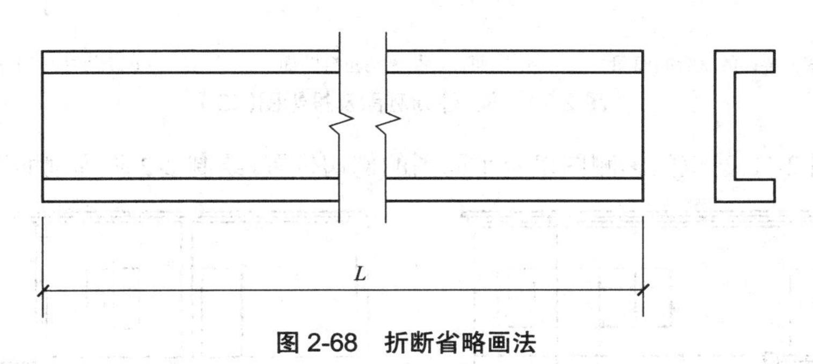

图 2-68　折断省略画法

(三)相同要素的省略画法

当物体内有多个完全相同且连续排列的构造要素时，可只在视图两端或适当的位置画出部分构造要素的完整形状，其余部分用中心线或中心线交点来表示，如图 2-69 所示。

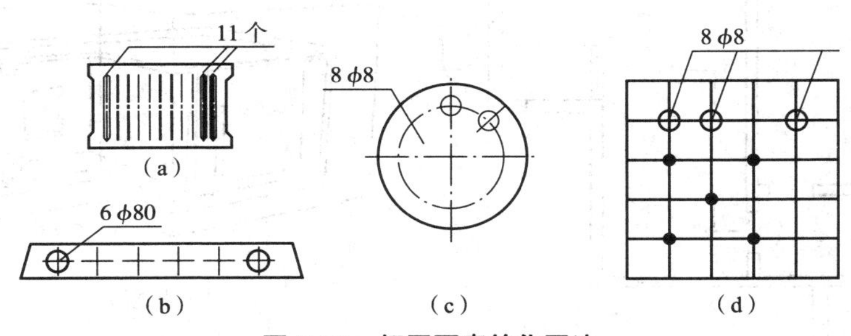

图 2-69　相同要素简化画法

【项目实训】

1. 根据图 2-70 所示梁、柱轴测图以及正立面投影图，完成 1-1；2-2；3-3 断面图的绘制。

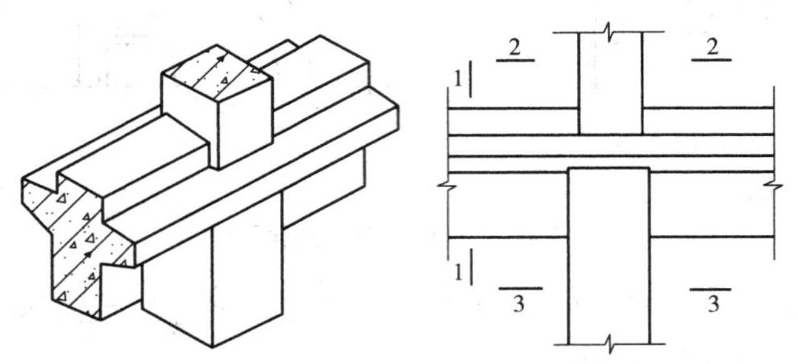

图 2-70 梁、柱轴测图及投影图(一)

2. 图 2-71 为几种断面图应用实例，请参考。

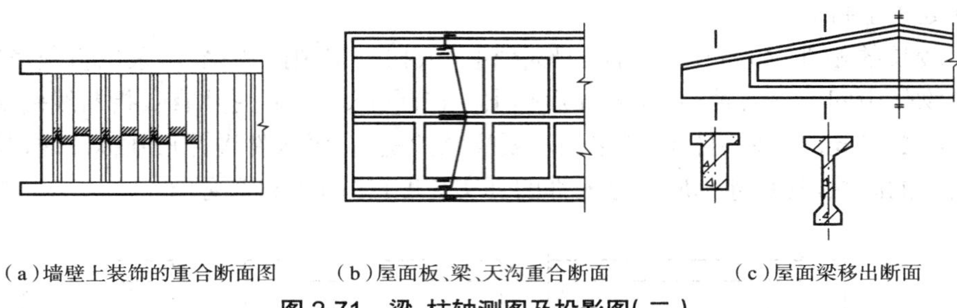

图 2-71 梁、柱轴测图及投影图(二)

3. 根据图 2-72 建筑的轴测图以及平面图的剖切位置，绘制 2-2 阶梯剖面图。

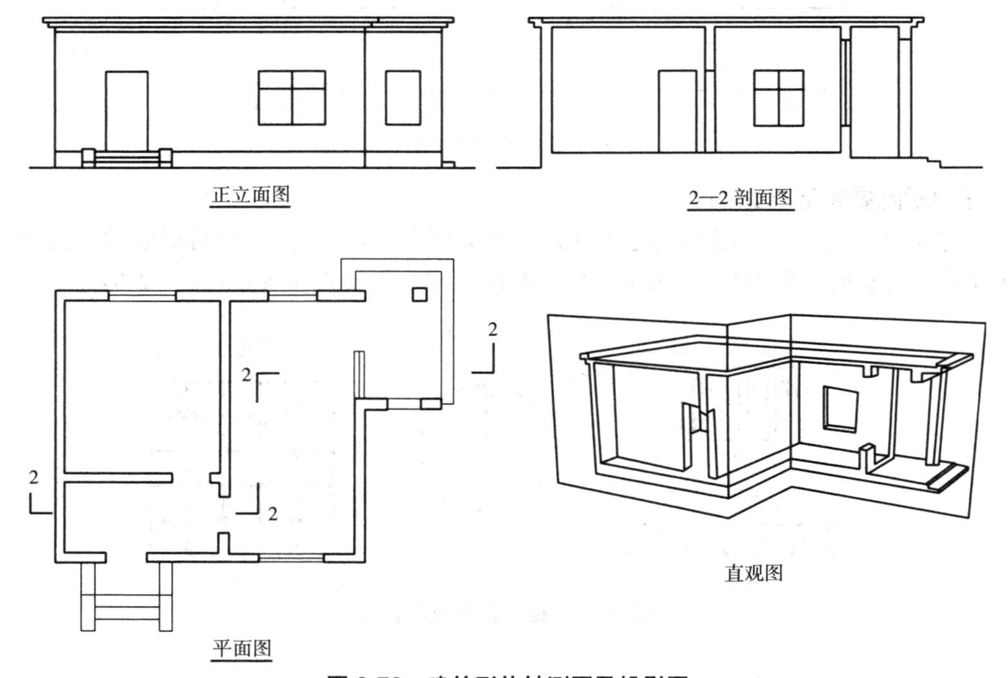

图 2-72 建筑形体轴测图及投影图

党的二十大报告指出，“坚守中华文化立场，提炼展示中华文明的精神标识和文化精髓，加快构建中国话语和中国叙事体系，讲好中国故事、传播好中国声音，展现可信、可爱、可敬的中国形象”。

作为新时代的学生，使命在肩、责任重大。要立足习近平新时代中国特色社会主义思想的丰富文明内涵，充分运用马克思主义的世界观和方法论，来指导学习实践。要始终与时代同呼吸、与人民共命运，积极做好新时代文化的宣扬者、传播者，更好地展现中国形象、中国精神。

本项目是一个实践操作性很强的项目，仅依靠课堂的理论教学，不进行实际操作，对于提升学生的动手能力而言是不可能非常有效的。实践教学环节对本项目来说是不可或缺的，要留给学生动手学习的时间，学生只有在观察想象的基础上勤于动手，反复训练，才能熟练掌握绘图技能和识图方法，加深对理论知识的理解。

项目三　建筑施工图的识读

1. 掌握施工图首页图的识读方法；
2. 掌握总平面图的识读方法；
3. 掌握建筑平、立、剖以及详图的识读方法。

1. 能准确识读施工图图纸目录、建筑施工首页图；
2. 能准确识读总平面图；
3. 能准确识读建筑平、立、剖以及详图。

1. 养成依法依规执业的职业素养；
2. 提升创新意识和创造能力；
3. 提高查找资料、查阅规范的能力。

任务一　建筑施工图目录及首页图的识读

【任务描述及分析】

在施工图的编排中，将图纸目录、建筑设计总说明、工程构造做法表和门窗表等编排在一张图纸上，并将其放在整套施工图的前面称为施工图首页图。图纸目录表明了工程图样的专业组成、各专业图样的名称、张数、编号等，由此绘制成表格，图纸目录是查阅图纸的主要依据。建筑首页图是建筑施工图除了目录外的第一页，它的内容一般包括：设计总说明、工程构造做法表、门窗表等。

【任务实施及知识链接】

一、图纸目录

（一）图纸目录内容

图纸目录一般有全套图纸的目录，包括建筑施工图目录、结构施工图目录、给水排水施工图目录、采暖通风施工图目录和建筑电气施工图目录。各个专业的图纸都有自己相应的目录。

（二）建筑施工图目录举例

建筑施工图目录中包括了序号、图号、图名、页数等内容，详见表3-1。

表 3-1　某工程建筑施工图目录

<table>
<tr><td colspan="5" rowspan="3">某市建筑设计有限公司</td><td colspan="2">工程号 20XX-154(Z)</td></tr>
<tr><td>专　业</td><td>建施</td></tr>
<tr><td>设　计</td><td></td></tr>
<tr><td colspan="2" rowspan="3">图纸目录</td><td rowspan="2">建设单位</td><td colspan="2" rowspan="2">某市人民法院</td><td>校　对</td><td></td></tr>
<tr><td>审　核</td><td></td></tr>
<tr><td>项目/子项名称</td><td colspan="2">某市人民法院某人民法庭诉讼服务中心</td><td>日　期</td><td>20XX.XX</td></tr>
<tr><td rowspan="2">序号</td><td rowspan="2">图别图号</td><td rowspan="2">图纸名称</td><td rowspan="2">图纸尺寸</td><td colspan="2">采用标准图或重复使用图</td><td rowspan="2">备注</td></tr>
<tr><td>图集编号或工程编号</td><td>图别图号</td></tr>
<tr><td>01</td><td>建施-1</td><td>建筑设计说明(一)</td><td>A2</td><td></td><td></td><td></td></tr>
<tr><td>02</td><td>建施-2</td><td>建筑设计说明(二)</td><td>A2</td><td></td><td></td><td></td></tr>
<tr><td>03</td><td>建施-3</td><td>节能设计专篇（一）</td><td>A2</td><td></td><td></td><td></td></tr>
<tr><td>04</td><td>建施-4</td><td>节能设计专篇（二）</td><td>A2</td><td></td><td></td><td></td></tr>
<tr><td>05</td><td>建施-5</td><td>一层平面图</td><td>A2</td><td></td><td></td><td></td></tr>
<tr><td>06</td><td>建施-6</td><td>二层平面图</td><td>A2</td><td></td><td></td><td></td></tr>
<tr><td>07</td><td>建施-7</td><td>屋顶平面图</td><td>A2</td><td></td><td></td><td></td></tr>
<tr><td>08</td><td>建施-8</td><td>南立面图、北立面图</td><td>A2</td><td></td><td></td><td></td></tr>
<tr><td>09</td><td>建施-9</td><td>东立面图、西立面图、防水节点大样</td><td>A2</td><td></td><td></td><td></td></tr>
<tr><td>10</td><td>建施-10</td><td>1-1剖面图、2-2剖面图、老虎窗详图</td><td>A2</td><td></td><td></td><td></td></tr>
<tr><td>11</td><td>建施-11</td><td>门窗表、门窗详图、屋脊大样图</td><td>A3</td><td></td><td></td><td></td></tr>
<tr><td>12</td><td>建施-12</td><td>墙身大样图</td><td>A3</td><td></td><td></td><td></td></tr>
<tr><td>13</td><td>建施-13</td><td>卫生间预留洞尺寸图、卫生间平面布置图</td><td>A3</td><td></td><td></td><td></td></tr>
<tr><td>14</td><td>建施-14</td><td>楼梯平（剖）面详图、室内楼梯栏杆大样图</td><td>A3</td><td></td><td></td><td></td></tr>
</table>

二、识读建筑首页图

（一）设计总说明

设计总说明是对图样中无法表达清楚的内容用文字加以详细说明，其主要内容有：设计依据、建筑规模、建筑物标高、装修做法和对该建筑的施工要求等。

下面是某四层框架结构公寓楼建筑设计总说明。

建筑设计总说明

一、工程概况：

本工程为四层框架结构公寓楼，共有建筑面积 2431.04 平方米，建筑高度为 14.85 米，层高均为 3.60 米，抗震设防烈度为 6 度，冻土深度为 0.82 米，设计使用年限为 50 年，屋面防水等级为二级，耐火等级为二级，室内环境污染控制类为一类，宿舍类别为三类。

二、工程设计依据的技术准则：

1. 建设单位提供的设计委托书及我方提供并经建设单位认可签定的各层功能平面配置图。

2.《建筑制图标准》（GB/T 50104—2010）

3.《建筑设计防火规范》（GB 50016—2006）

4.《民用建筑设计通则》（GB 50352—2005）

5.《砌体结构设计规范》（GB 50003—2011）

6.《工程建设标准强制性条文 房屋建筑部分》（2009 年版）

7.《无障碍设计规范》（GB 50763—2012）

8.《建筑抗震设计规范》（GB 50011—2010）

9.《湿陷性黄土地区建筑规范》（GB 50025—2004）

10.《宿舍建筑设计规范》（JGJ 36—2005）

11.《屋面工程技术规范》（GB 50345—2012）

12.《中小学校设计规范》（GB 50099—2011）

13. 关于印发《关于加强“5.12”汶川地震后我省城乡规划编制及房屋建筑和市政基础设施抗震设防工作的意见》的通知（甘建设〔2008〕249 号）。

14.《甘肃省住房和城乡建设厅甘肃省公安厅关于规范我省建筑外墙保温材料燃烧性能的通知》（甘建设〔2013〕454 号）。

三、施工要求：

1. 一层所有外窗雨篷上方二层外窗均可做可开启式防盗栏，做法见甘 02J03-70 页 -5.

2. 本工程四周做 1500 款散水，做法见甘 02J01-19 页 - 散 3（3：7 灰土厚 300），坡度为 5%，散水四角双向，1500 范围内加配双向单层 ϕ 6@200 钢筋。

3. 卫生间及盥洗间地坪做 1% 的坡度向地漏找坡，最高处比楼层低 20 mm，墙根部做 200 高 C15 混凝土条带。

4. 所有预埋铁件均除锈后刷防锈漆两道、银粉漆两道。

5. 所有预埋木件均作防腐处理。

6. 施工时各工种应相互配合，参照各专业图纸，做好预留洞及预埋件工作。

四、本项目交付使用与维护说明：

本工程采用的节能措施：

1. 墙体材料采用 300 厚非承重黏土空心砖，外做 60 厚膨胀玻化微珠，采取措施后传热系数为 0.54 W/（m^2•k）。

2. 钢筋混凝土屋面采用 120 岩棉板；采取措施后传热系数为 0.42 w/（m^2•k）。

3. 外窗均选用断桥隔热铝合金中空玻璃（6 中透 +12A+6 透）节能窗，窗气密性应大于等于 4 级，水密性大于等于 3 级，抗风压大于等于 5 级，隔声性能大于等于 3 级，遮阳系数南向小于等于 0.70，采取措施后传热系数为 2.04 w/（m^2•k）。

4. 室内地面在原土夯实的基础上加做 200 厚 1∶8 水泥炉渣保温层，采取措施后热阻为 1.74 k/W。

（二）工程构造做法表

在建筑工程中，对于建筑各部位的构造做法，常采用表格的形式加以详细说明，这种表格称为工程构造做法表。

1. 工程构造做法表表示方法一

工程构造做法的表示方法之一，往往由两个表格组成，很多室内装饰装修做法经常使用这种方法进行表示。通常，第一个表格包括各个房间、装修部位及做法表示，如表 3-2 所示。第二个表格将做法表示和具体做法列明，如表 3-3 所示。

表 3-2　某办公楼装修做法表

层号	房间名称	地面（楼面）	踢脚	墙面	天棚
1	大厅	地 19	踢 11C	内墙 5D2	棚 7B
	办公室	地 9	踢 11C	内墙 5D2	棚 7B
	走廊	地 16	踢 10C1	内墙 5D2	棚 7B
	厕所	地 9F		内墙 38C-F	棚 27
2	办公室	楼 8C	踢 10C1	内墙 5D2	棚 7B
	会议室	楼 15D	踢 10C1	内墙 5D2	棚 7B
	走廊	楼 8C	踢 10C1	内墙 5D2	棚 7B
	厕所	楼 8F2		内墙 38C-F	棚 27

表 3-3　某办公楼装修做法明细

编号	装修名称	用料及分层做法
地 19	花岗石楼面	1.20 厚磨光花岗石板（正 / 背面及四周边满涂防污剂），灌稀释泥浆（或掺色）擦缝 2. 撒素水泥面（撒适量轻清水） 3.30 厚 1∶3 干硬性水泥砂浆粘结层 4. 素水泥浆一道（内掺建筑胶） 5.50 厚 C10 混凝土 6.150 厚 5-32 卵石灌 M2.5 混合砂浆，平板振捣器振捣密实（或 100 厚 3 ∶ 7 灰土） 7. 素土夯实，压实系数 0.90

编号	装修名称	用料及分层做法
地 9	铺地砖地面	1.5~7 厚铺地砖，稀水泥浆（或彩色水泥浆）擦缝 2.6 厚建筑胶水泥砂浆粘结层 3.20 厚 1 ： 3 水泥砂浆找平 4. 素水泥结合层一道 5.50 厚 C10 混凝土 6.150 厚 5-32 卵石灌 M2.5 混合砂浆，平板振捣器振捣密实（或 100 厚 3 ： 7 灰土） 7. 素土夯实，压实系数 0.90
地 16	大理石地面	1.20 厚大理石板（正 / 背面及四周边满涂防污剂），灌稀释泥浆（或彩色水泥浆）擦缝 2. 撒素水泥面（撒适量轻清水） 3.30 厚 1 ： 3 干硬性水泥砂浆粘结层 4. 素水泥浆一道（内掺建筑胶） 5.50 厚 C10 混凝土 6.150 厚 5-32 卵石灌 M2.5 混合砂浆，平板振捣器振捣密实（或 100 厚 3 ： 7 灰土） 7. 素土夯实，压实系数 0.90
地 9F	铺地砖地面	1.5-7 厚铺地砖，稀水泥浆（或彩色水泥浆）擦缝 2.6 厚建筑胶水泥砂浆粘结层 3.35 厚 C15 细石混凝土随打随抹 4.3 厚高聚物改性沥青涂膜防水层（材料或按工程设计） 5. 最薄处 30 厚 C15 细石混凝土，从门口处向地漏找 1% 坡 6.150 厚 5-32 卵石灌 M2.5 混合砂浆，平板振捣器振捣密实（或 100 厚 3 ： 7 灰土） 7. 素土夯实，压实系数 0.90
楼 8C	铺地砖楼面	1.5-7 厚铺地砖，稀水泥浆（或彩色水泥浆）擦缝 2.6 厚建筑胶水泥砂浆粘结层 3. 素水泥浆一道（内掺建筑胶） 4.34-39 厚细石混凝土找平层 5. 素水泥浆一道（内掺建筑胶） 6. 钢筋混凝土楼板

2. 工程构造做法表表示方法二

这种表示方法跟方法一的区别在于将施工部位名称、做法明细全部在一个表中表示。如表 3-4 中采用标准图集中的做法，应注明标准图集的代号、详图编号等内容。

表 3-4　某工程装修做法表

编号	名称		施工部位	工程做法	备注
1	外墙面	干粘石墙面	见立面图	05J103 外 16	
		涂料墙面	见立面图	05J103 外 18	
2	内墙面	乳胶漆墙面	用于除厨房、卫生间、阳台外的房间内墙	05J103 内 23	
		瓷砖墙面	用于厨房、卫生间、阳台内墙面	05J103 内 42	规格和颜色由甲方定
3	踢脚	水泥砂浆踢脚	除了厨房卫生间不做外，其他房间都做	05J103 踢 48	

续表

编号	名称		施工部位	工程做法	备注
4	楼地面	水泥砂浆楼地面	用于楼梯间	05J103 楼 11	规格和颜色由甲方定
		陶瓷地砖楼地面	用于厨房、卫生间	05J103 楼 12	
		铺地砖楼地面	用于客厅、餐厅、卧室	05J103 楼 14	
5	顶棚	乳胶漆顶棚	所有顶棚	05J103 棚 9	
6	台阶		用于楼梯间入口	05J103 台 2	
7	散水			05J103 散 3	宽度 1 000 mm

（三）门窗表

将建筑物中所有不同类型、大小、数量的门窗进行统计后，以表格的形式来反映这些门窗的类型、大小、数量等，这种表格就称为门窗表，见表 3-5。如采用标准图集中的门窗类型，应在门窗表中注明标准图集的代号、详图编号等。

表 3-5　门窗表

类别	设计编号	洞口尺寸		采用标准图集及编号		备注
		宽	高	图集代号	编号	
门	M-1	900	2 100	05J02	M5	
	M-2	700	2 100	05J02	M16	
	M-3	1 200	2 300	05J02	甲方订货	防盗门
窗	C-1	1 800	1 800	05J02	C7	
	C-2	2 100	1 800	05J02	C12	
	C-3	2 400	1 800	05J02	C16	
	C-4	1 200	1 800	05J02	C3	

任务二　总平面图的识读

【任务描述及分析】

总平面图是建筑项目的纲领性文件，涵盖项目所有（原有和新建）建构筑物外形尺寸、坐标，道路，功能区域，各点标高等信息。总平面图可用于计算各种经济指标、单体工程放线、制作设备管线综合布置的依据、报批报建等。

【任务实施及知识链接】

一、总平面图的认知

(一)总平面图的形成

建筑总平面图是指建筑物、构筑物和其他设施在一定范围的基地上总体布置情况的水平投影图,即假设在建设区的上空向下投影所得的水平投影图,简称总平面图。其主要表示基地的形状、大小、地形、地貌、标高、新建建筑物的位置和朝向、占地范围、新建筑与原有建筑物的关系、建筑物周围道路、绿化及其他新建设施的布置情况等。

建筑总平面图可作为新建房屋定位、施工放线、土方施工以及绘制水、暖、电等管线总平面图和施工总平面图的依据。

(三)总平面图的图示方法

总平面图是按一定的比例用正投影的原理绘制的图样。总平面图常用的比例有 1∶500、1∶1 000、1∶2 000 等。因区域面积大,故采用小比例,房屋只用外围轮廓线的水平投影表示。总平面图中的图形主要以图例的形式表示,采用图例来表明新建建筑、扩建建筑等的总体布置,表明各建筑物及构筑物的位置、道路、广场、室外场地和绿化、河流、池塘等的布置情况以及各建筑物的层数等。画图时应严格执行《总图制图标准》(GB/T 50103—2010)规定的图例符号,总平面图常用图例符号如表 3-6 所示。

表 3-6 建筑总平面图常用图例

名称	图例	说明	名称	图例	说明
新建建筑物	8 ▲	(1)需要时,可用▲表示出入口,可在图形内右上角用点或数字表示层数 (2)建筑物外形(一般以±0.00 高度处的外墙定位轴线或外墙面线为准)用粗实线表示。需要时,地面以上建筑用中粗实线表示,地面以下建筑用细虚线表示	新建的道路	5 45.00 R8 50.00	"R8"表示道路转弯半径为 8 m,"50.00"为路面中心控制点标高,"5"表示 5%,为纵向坡度,"45.00"表示变坡点间距离
原有的建筑物		用细实线表示	原有的道路		
计划扩建的预留或建筑物		用中粗虚线表示	计划扩建的道路		
拆除的建筑物		用细实线表示	拆除的道路		
坐标	X115.00 Y300.00	表示测量坐标	桥梁		(1)上图表示铁路桥,下图表示公路桥 (2)用于旱桥时应注明
	A135.50 B255.75	表示建筑坐标			

续表

名称	图例	说明	名称	图例	说明
围墙及大门		表示测量坐标	桥梁		(1)边坡较长时，可在一端或两端局部表示 (2)下边线为虚线时，表示填方
		表示建筑坐标			
台阶		箭头指向表示向下	挡土墙		被挡的土在“突出”的一侧。
铺砌场地			挡土墙上围墙		

(三)建筑总平面图表达的内容

建筑总平面图中主要包括以下几个方面。

1. 建筑红线

地方国土管理部门在提供给建设单位的地形蓝图上，用红色笔勾画出建设单位土地使用范围的线称为建筑红线。任何建筑物在设计和施工中均不能超过此线，如图 3-1 所示。

2. 区分新旧建筑物

在总平面图中，建筑物可分成：新建筑物、原有建筑物、拟建建筑物和将要拆除的建筑物。在阅读总平面图时，要根据图例符号区分不同的建筑物种类。建筑物的层数可用小圆点或阿拉伯数字标注在建筑物图形的右上角，如图 3-1 所示。

总平面图

3. 新建筑物的定位

新建筑物的定位方式有两种：一是按原有建筑物或原有道路与新建筑物之间的距离来定位；二是利用坐标定位。

坐标定位又分为测量坐标定位和施工坐标定位，具体内容如下。

(1)测量坐标定位：在总平面图中，用细实线画成交叉十字线的坐标网，南北向的轴线为 X，东西方向的轴线为 Y，这样的坐标称为测量坐标。坐标网常采用 100 m×100 m 或 50 m×50 m 的方格网。建筑物一般采用标注其两个墙角点的坐标来定位。

(2)施工坐标定位：当建筑朝向与测量坐标不一致时，可用施工坐标来定位。将建筑区域内某一点定为“0”点，采用 100 m×100 m 或 50 m×50 m 的方格网，沿建筑物外墙方向用细实线画成方格网通线，竖线标为 A，横线标为 B，这种坐标称为施工坐标，如图 3-2 所示。

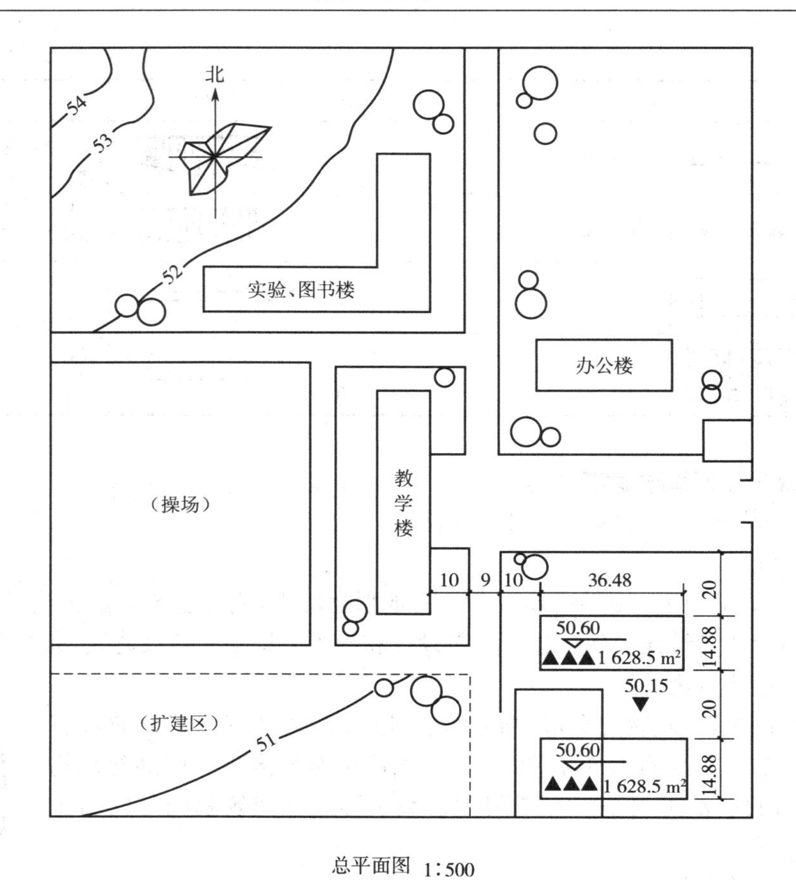

图 3-1　某校区总平面图

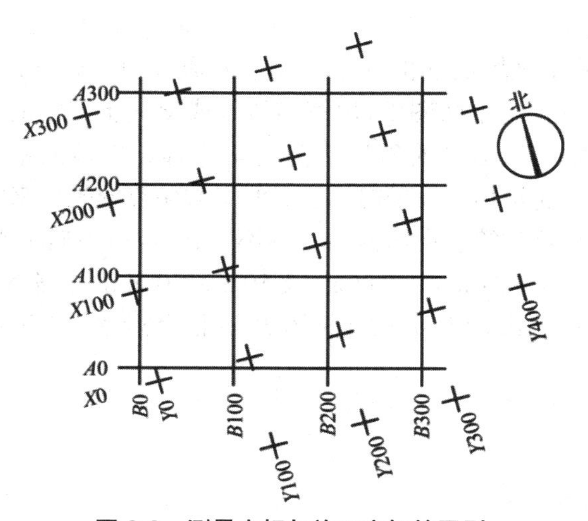

图 3-2　测量坐标与施工坐标的区别

4. 确定标高

标高数字以米为单位，在总平面图中，标高数字注写到小数点后两位。标高包括建筑物首层地面的绝对标高、室外地坪及道路的标高。表明土方挖填情况、地面坡度及雨水排除方向。标注标高要采用标高符号，标高符号的应用情况如图 3-3 所示。根据建筑制图规范要求，标高符号绘制要求如图 3-3 所示。

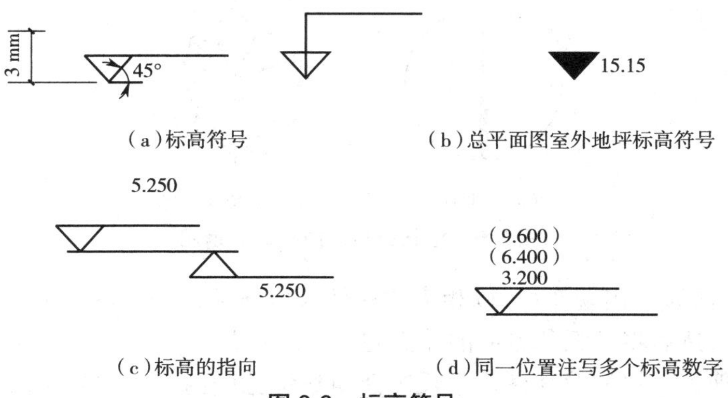

图 3-3　标高符号

5. 等高线

在建筑工程上，常用等高线来表示地面的形状，作图时，用一组等距离的水平面切割地面，其交线为等高线。从地形图上的等高线可以分析出地形的起伏情况。等高线间距越大，地面起伏越平缓；相反，等高线间距越小，地面起伏越陡峭，等高线的应用情况如图 3-4 所示。

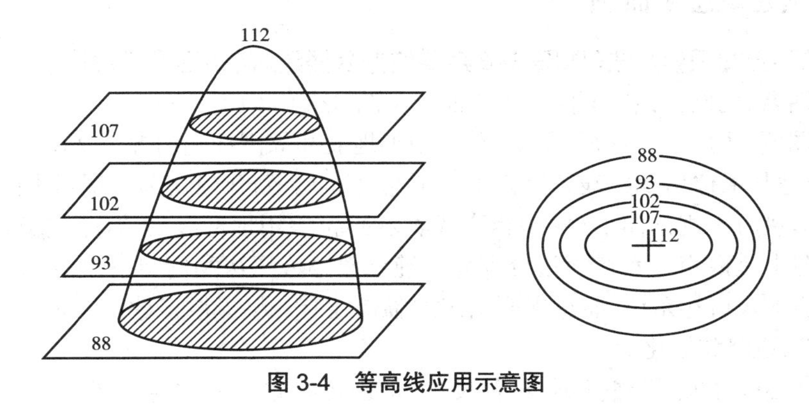

图 3-4　等高线应用示意图

6. 道路

在总平面图中，由于比例较小，道路仅表示与建筑物的位置关系，不能作为道路施工的依据。需标注出道路中心控制点，以表明道路的标高和平面位置。

7. 朝向和风向

用指北针表示房屋的朝向或用风向频率玫瑰图表示当地常年各方位吹风频率和房屋的朝向，如图 3-5 所示。其中指北针常用来表示建筑物的朝向。指北针外圆直径为 24 mm，采用细实线绘制，圆内画一箭头指针，指针尾部的宽度宜为 3 mm，指针头部应注明“北”或“N”字。

风向玫瑰图是根据某一地区气象台观测的风向资料绘制出的图形，因图形似玫瑰花朵而得名。风向玫瑰图表示风向的频率，风向频率是在一定时间内各种风向出现的次数占所有观察次数的百分比。

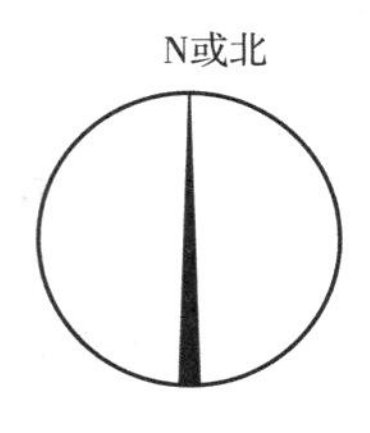

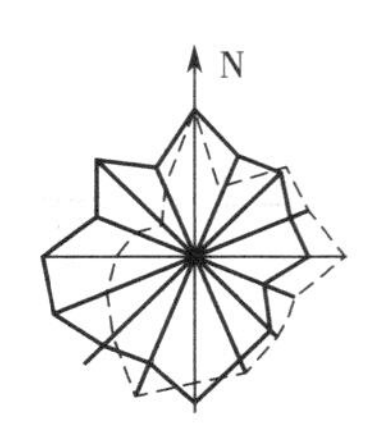

（a）指北针　　（b）风向频率玫瑰

图 3-5　指北针与风向频率玫瑰图

根据各个方向风的出现频率，以相应的比例长度按风向中心吹，描在用 8 个或 16 个方位所表示的图上，然后将各相邻方向的端点用直线连接起来，绘制成一个宛如玫瑰的闭合折线，就是风向玫瑰图。风向玫瑰图用于反映建筑场地范围内常年主导风向（用实线表示）和夏季（6、7、8 三个月）的主导风向（用虚线表示），图中线段最长者即为当地主导风向，为城市规划、建筑设计和气候研究所常用。

8. 其他

总平面图中除以上内容外，一般还有管线综合、竖向设计、道路剖面、围墙、挡土墙、绿化等与工程有关的内容。

二、识读建筑总平面图

（一）总平面图识读方法（以图 3-6 某单位办公楼建筑总平面图为例）

（1）读图名、比例。该平面图为总平面定位图，比例为 1∶1 000。

（2）读图例，了解工程性质、用地范围、地形地貌和周围环境情况。从图中可知，该总平面图表示的是某单位用地红线范围内的平面总体布局，新建建筑为五层（图中 5F 表示）办公楼，平面形状为不规则图形（图中粗实线表示），位于用地红线南边，是临街建筑，靠路北边；总平面图中院内南边和东南边分别有一幢已建办公用房和门卫房（图中细线表示），均为一层，主要出入口在东边；靠总平面图东边临街还有一幢五层已建综合楼；院内还有小型环岛、绿化带、道路和绿化等。

（3）读尺寸，了解新建建筑平面尺寸和定位尺寸。新建综合楼的平面尺寸长为 30.84 m、宽为 13.04 m；定位尺寸以用地红线和原有建筑来定位，定位尺寸分别为 2.6 m、1.4 m、18.9 m。

（4）读标高，了解室内外地面的高差、地势的高低起伏变化和雨水排除方向。从图 3-6 中可以看出新建综合楼室内一层地面±0.00 相当于绝对标高 76.50 m；从室外地坪标高数据（如 76.20 m、76.05 m、75.90 m、75.75 m）可知，该地形相对来说比较平整，高差不是太大，南面地势稍高，北面地势稍低，排水应考虑从南向流向北向；南、北向室内外地面的高差分别为 0.15 m、0.30 m，室内外高差不大，不考虑无障碍设计，设一级和两级踏步即可。

（5）读指北针或风向频率玫瑰图，了解建筑物的位置、朝向和风向。图中新建综合楼位于用地红线南边，坐北朝南，全年主导风向以西北方向为主，明确风向有助于建筑构造的选用和材料堆场的布置以及其他一些注意事项。

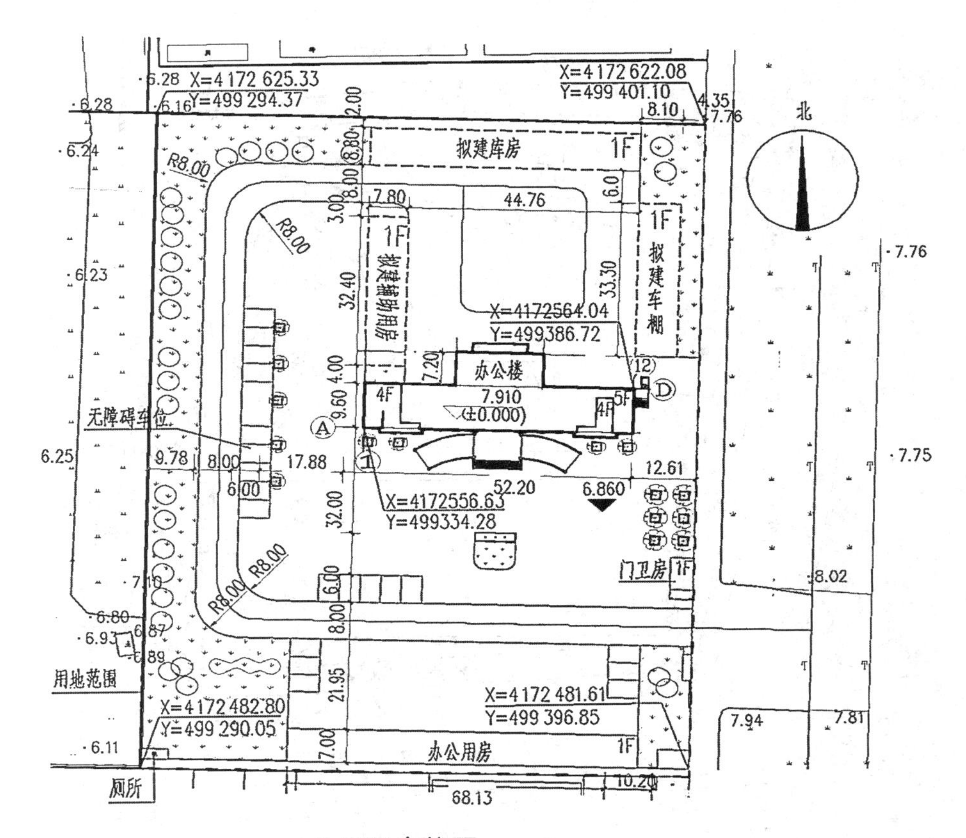

总平面定位图 1:1000

图 3-6　某单位办公楼建筑总平面图

(二)总平面图识图任务

识读如图 3-7 所示总平面图,完成以下识图记录。

(1)新建楼建筑物层数是(　　),原有建筑物的层数是(　　),新建建筑的长度是(　　),宽度是(　　　)。

(2)新建建筑物的定位是以(　　)为依据。

(3)表示风向的符号称为(　　　)。

(4)新建建筑的室外绝对标高是(　　),室内相对标高相当于绝对标高的(　　　),室内外高差是(　　　)。

(5)由等高线可以看出,该地区的地形(　　　),等高线越密集的地方表示地势变化越(　　　)。

施工图上标高一般采用相对标高。在总平面图上或设计说明中应注明相对标高与绝对标高的关系。总平面图上的标高尺寸及新建房屋的定位尺寸,均以 m 为单位。

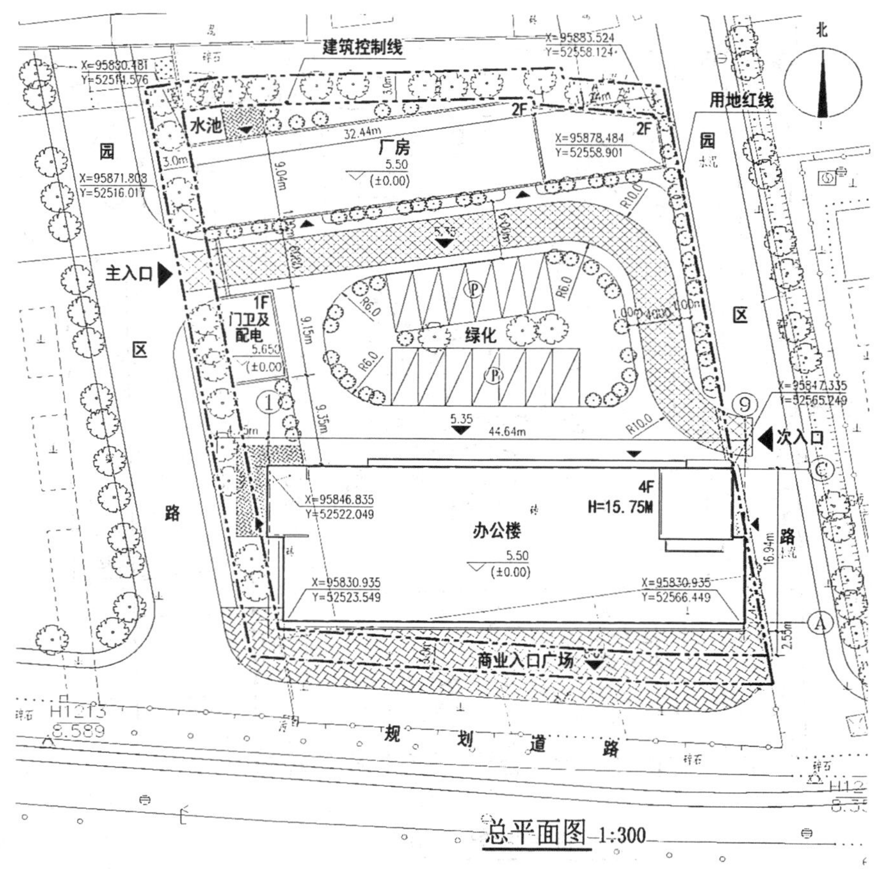

图 3-7 建筑总平面图

【项目实训】

识读校园规划总平面图（由教师提供），找出图纸设计与实际建筑不一致的地方，并完成如表 3-7 所示识图记录。

表 3-7 总平面图识图记录

问题 1	总建筑面积	
问题 2	容积率	
问题 3	绿化率	
问题 4	建筑密度	
问题 5	总平面图比例	
问题 6	建筑基底面积	
问题 7	新建建筑 ±0.00 所对应的绝对标高	
问题 8	最高建筑的层数	
问题 9	新建建筑物室外地面相对标高	
问题 10	新建建筑物室外地面绝对标高	

【实训指导】

1. 识图步骤

(1)看图名、比例和文字说明;

(2)看图例和技术指标;

(3)看各建筑名称(或编号)、总尺寸、层数、布置位置、周边道路及相邻建筑物之间的距离;

(4)看场地设施、河流位置、绿化、指北针或风向频率玫瑰图;

(5)看坐标、标高及其他细部。

2. 注意事项

(1)总平面图一般排在整套图纸的建筑设计说明之后,它是建筑定位放线的依据,看图时应先看总平面图,再看其他图;

(2)实际工程中有些图纸没有按照制图规范绘图,看图时应注意看图例。

【拓展阅读】清代样式雷图档

清代样式雷图档是指中国清代雷氏家族绘制的建筑图样、建筑模型、工程做法及相关文献。如图 3-8 所示,从雷金玉到雷献彩,雷氏家族共有 7 代 10 人先后任清廷样式房掌案,几十人供职样式房,负责皇家建筑、内檐装修及家具器物的设计,在建筑设计和工艺美术等多方面取得杰出成就,设计的建筑已有五项(故宫、颐和园、圆明园、承德避暑山庄、清东陵和西陵)入选世界文化遗产名录,是世界最伟大的建筑世家,被誉称“样式雷”。2003 年,清代样式雷图档入选《中国档案文献遗产名录》。随后,国家档案局推荐申报《世界记忆名录》。(来源网络:“大匠天工——清代‘样式雷’建筑图档荣登《世界记忆名录》特展”综述)

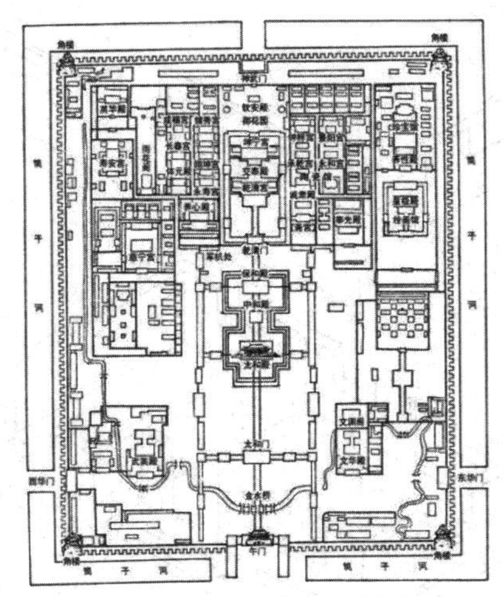

图 3-8　故宫平面图

任务三　建筑平面图的识读

【任务描述及分析】

建筑平面图主要表达房屋的平面形状、大小和房间的布置、墙或柱的位置、厚度、材料、门窗的位置、大小和开启方向等。作为施工时定位放线、砌墙、安装门窗、室内装修及编制预算等的重要依据，是施工图中的重要图纸。

【任务实施及知识链接】

一、建筑平面图的认识

（一）建筑平面图的形成

假想用一个水平剖切平面，沿各层门、窗洞口部位（指窗台以上、过梁以下的适当部位）的位置将整栋建筑进行水平剖切，对剖切平面以下的部分所作的水平投影图称为建筑平面图，简称平面图，如图 3-9 所示。

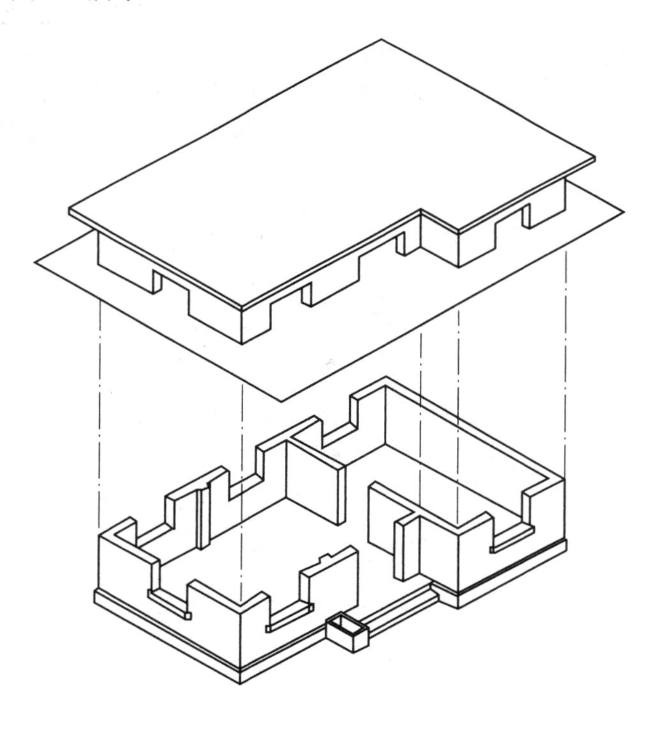

（a）

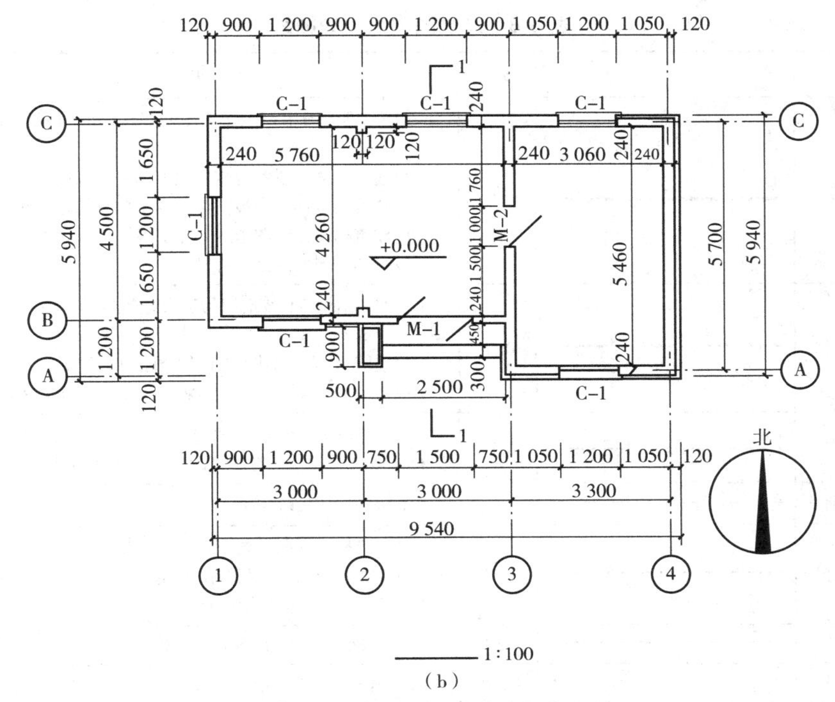

(b)

图 3-9　建筑平面图的形成

(二)平面图的作用

建筑平面图是建筑施工图中最基本的图样之一。它主要表示建筑物的平面形状、大小、房屋布局、门窗位置、楼梯、走道安排、墙体厚度及承重构件的尺寸等。它是施工放线、砌筑、安装门窗、作室内外装修以及编制预算、备料等的依据。

房屋的建筑平面图一般比较详细,通常采用较大的比例,如 1∶100、1∶50,并标出实际的详细尺寸。

(三)建筑平面图的表达方法及图例

建筑平面图常用的比例有 1∶50、1∶100、1∶200 等,凡被水平剖切到的墙、柱等断面轮廓线用粗实线(b)画出,门的开启线、门窗轮廓线、屋顶轮廓线等构配件用中粗实线($0.7b$)画出,其余可见轮廓线均用中实线($0.5b$)画出,图例填充线、家具线、纹样线用细实线($0.25b$)画出,如需表达高窗、通气孔、搁板等不可见部分,则应以中粗虚线或中虚线绘制,如表 3-8 所示。

由于房屋的体形很大,画图的比例通常较小,对于某些构造及配件不可能也没必要按真实投影画出,故可采用《建筑结构制图标准》(GB/T　50105—2010)规定的图例表示,如表 3-9 所示。

表 3-8　建筑图中采用的图线

名称		线　　型	线宽	用　　途
实线	粗		b	（1）平、剖面图中被剖切的主要建筑构造（包括构配件）的轮廓线 （2）建筑立面图或室内装立面图的外轮廓线 （3）建筑构造详图中被剖切的主要部分的轮廓线 （4）建筑构配件详图中的外轮廓线 （5）平、立、剖面的剖切符号
	中粗		$0.7b$	（1）平、剖面图中被剖切的次要建筑构造（包括构配件）的轮廓线 （2）建筑平、立剖面图中建筑构配件的轮廓线 （3）建筑构造详图及建筑构配件详图中的一般轮廓线
	中		$0.5b$	小于 $0.7b$ 的图形线、尺寸线、尺寸界限，索引符号、标高符号、详图材料做法、引出线、粉刷线、保温层线、地面、墙面的高差分界线
	细		$0.25b$	图例填充线、家具线、纹样线
虚线	中粗		$0.7b$	（1）建筑构造详图及建筑构件不可见的轮廓线 （2）平面图中的起重机（吊车）轮廓线 （3）拟建、扩建建筑物轮廓线
	中		$0.5b$	投影线、小于 $0.7b$ 的不可见轮廓线
	细		$0.25b$	图例填充线、家具线等
单点长画线	粗		b	起重机（吊车）轨道线
	细		$0.25b$	中心线、对称线、定位轴线
折断线	细		$0.25b$	部分省略表示时的断开界面
波浪线	细		$0.25b$	部分省略表示时的断开界线，曲线形构间断开界线，构造层次的断开界线

注：地平线宽可用 $1.4b$

表 3-9　构造及配件图例

序号	名称	图　例	备　注
1	墙体		（1）上图为外墙，下图为内墙 （2）外墙细线表示有保温层或有幕墙 （3）应加注文字或涂色或图案填充表示各种材料的墙体 4. 在各层平面图中防火墙宜着重以特殊图案填充
2	隔断		（1）加注文字或涂色或图案填充表示各种材料的轻质隔断 （2）适用于到顶与不到顶隔断
3	玻璃幕墙		幕墙龙骨是否表示由项目设计决定
4	栏杆		——

续表

序号	名称	图　例	备　注
5	楼梯	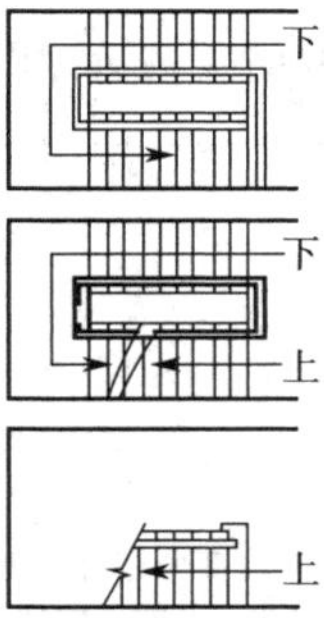 下 下 上 上	(1)上图为顶层楼梯平面，中图为中间层楼梯平面，下图为底层楼梯平面 (2)需设置靠墙扶手或中间扶手时，应在图中表示
6	坡道	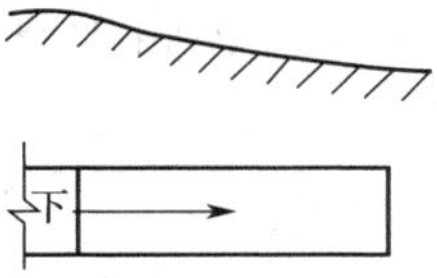 下	长走道
		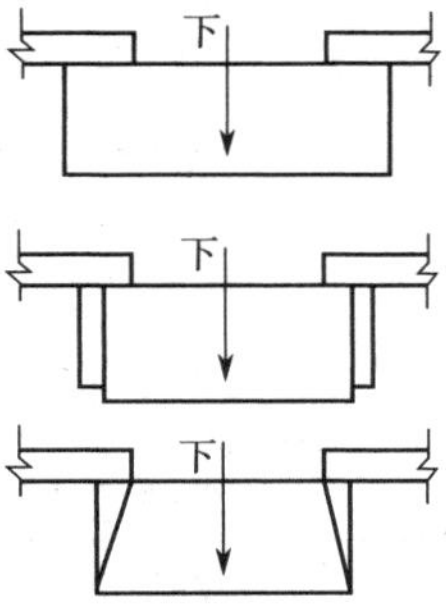 下 下 下	上图为两侧垂直的门口坡道，中图为有挡墙的门口坡道，下图为两侧找坡的门口坡道
7	台阶	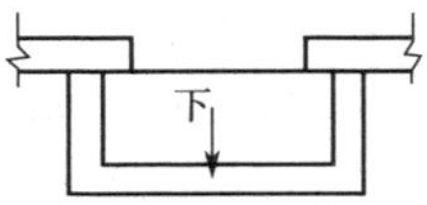 下	——
8	平面高差	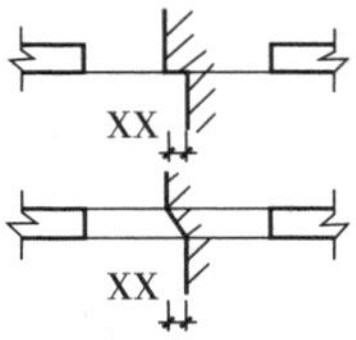 XX XX	用于高差小的地面或楼面交接处，并应与门的开启方向协调
9	检查孔		左图为可见检查孔 右图为不可见检查孔
10	孔洞		阴影部分亦可填充灰度或涂色代替
11	坑槽		——
12	墙预留洞、槽	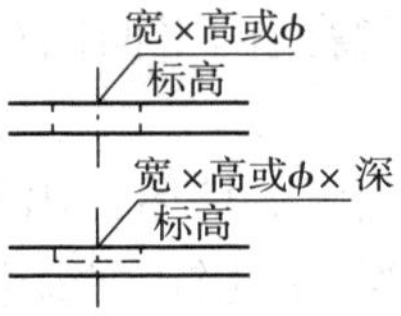 宽×高或ϕ 标高 宽×高或ϕ×深 标高	(1)上图为预留洞，下图为预留槽 (2)平面以洞(槽)中心定位 (3)标高以洞(槽)底或中心定位 (4)宜以涂色区别墙体和预留洞(槽)

续表

序号	名称	图　例	备　注
13	地沟	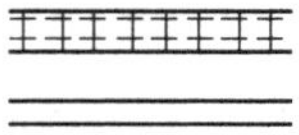	上图为有盖板地沟，下图为无盖板明沟
14	烟道	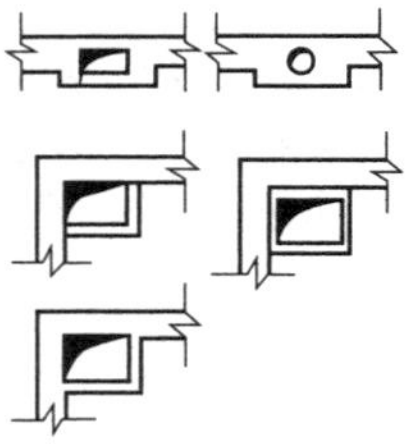	(1)阴影部分亦可填充灰度或涂色代替 (2)烟道、风道与墙体为相同材料，其相接处墙身线应断开 (3)烟道、风道根据需要增加不同材料的内衬
15	风道	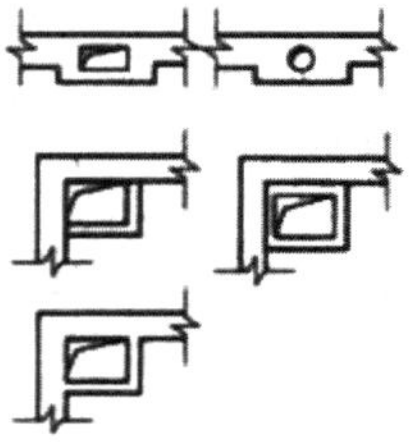	
16	新建的墙和窗	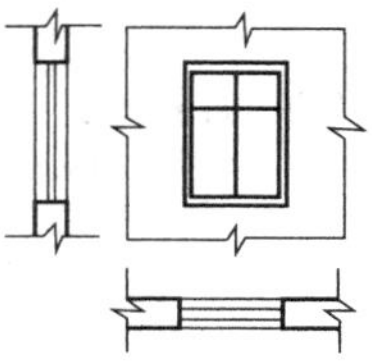	—
17	改建时保留的墙和窗	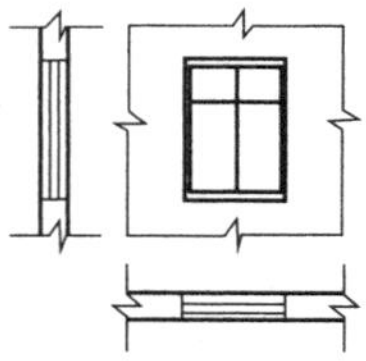	只更换窗，应加粗窗的轮廓线
18	拆除的墙	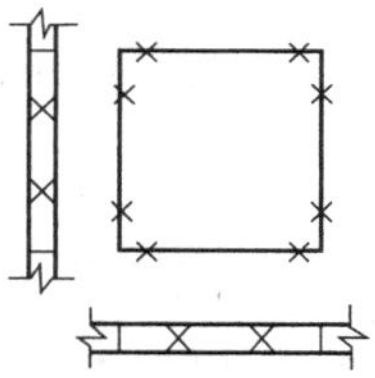	—

(三)建筑平面图的图示内容

建筑平面图有底层平面图、二层平面图、顶层平面图和屋顶平面图。

(1)底层平面图是指沿底层门窗洞口剖切开得到的平面图(又称首层平面图或一层平面图)。

底层平面图表示底层房间的平面布置、用途、名称、房屋的出入口、走道、楼梯等的位置，门窗类型、水池、空调板等，室外台阶、散水、雨水管、指北针、轴线编号、剖切符号、索引符号、门窗编号等内容。

（2）二层平面图是指沿二层门窗洞口剖切开得到的平面图。在多层和高层建筑中，往往中间几层剖开后的图形是一样的，只需要画一个平面图作为代表层即可，这个作为代表层的平面图称为标准层平面图。

二层平面图的图示内容和方法与底层平面图基本相同，不同之处在于：在楼层平面图中，不必再画出底层平面图中已表示的指北针、剖切符号，以及室外地面上的台阶、花池、散水或明沟等。但应该按投影关系画出在下一层平面图中未表达的室外构配件和设施，如下一层窗顶的可见遮阳板、出入口上方的雨篷等。楼梯间上行的梯段被水平剖断，绘图时用45°倾斜折断线分界。

（3）顶层平面图是指沿最上一层的门窗洞口剖切开得到的平面图。顶层平面图的图示内容与标准层平面图基本相同，楼梯间的梯段均为下行梯段，平台临空一侧应设置栏杆扶手。

（4）屋顶平面图是指将房屋直接从上向下进行投射得到的平面图。

屋顶平面图应在屋面以上俯视，主要表示屋顶的平面布置情况，如屋面排水方向、坡度、雨水管的位置以及隔热层、上人孔等出屋顶的构件布置。

二、识读底层平面图

（一）底层平面图识读方法

下面以某法院办公楼底层平面图为例说明底层平面图的识读方法，如图3-10所示。

（1）读图名、比例。可知是哪一层平面，在平面图下方应注出图名和比例，建筑平面图常用的比例是1∶50、1∶100或1∶200，从图中可知是某法院办公楼首层平面图，比例为1∶100，凡被剖切到的墙、柱断面轮廓线用粗实线画出，没有剖到的部分如室外台阶、散水、楼梯等可见轮廓线用中实线画出。尺寸线、尺寸界线、引出线、图例线、索引符号、标高符号等用细实线画出，轴线用细单点长画线画出。

（2）读建筑物朝向及建筑结构类型。通过识读指北针，了解建筑物的方位和朝向，图中所示建筑正面朝东南，背面朝西北。建筑的结构类型参考图纸说明，为框架结构建筑。

（3）读定位轴线及编号。了解各承重墙、柱的位置。在建筑工程施工图中，房间的大小、走廊的宽窄、墙或柱的位置等均用轴线来确定，凡是承重的墙、柱，都必须标注定位轴线，定位轴线用细单点长画线表示，并按顺序予以编号，编号注写在轴线端部的ϕ 8~10的细线圆内。按照顺序从左至右，用阿拉伯数字进行横向轴线标注；从下向上，用大写拉丁字母进行纵向轴线标注，如图3-10所示，但编号不用I、O、Z三个字母，以免与阿拉伯数字0、1、2混淆。图3-10所示某法院办公楼底层平面图中有8根横向定位轴线，有4根纵向定位轴线。

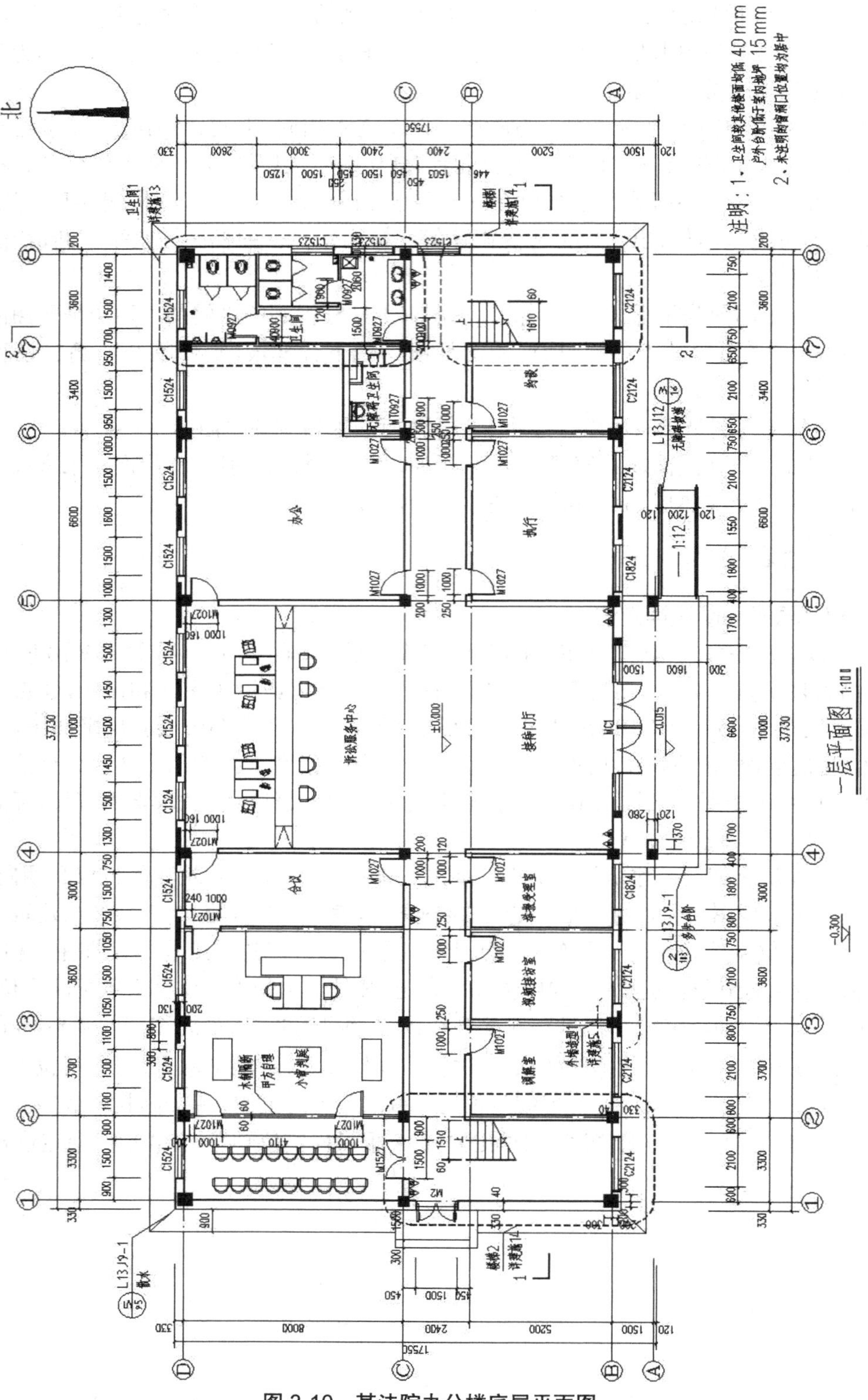

图 3-10　某法院办公楼底层平面图

在建筑工程施工图中用轴线来确定房间的大小、走廊的宽窄和墙的位置，主要的墙、柱、梁的位置都要用轴线来定位，如图 3-11（a）所示。除了标注主要轴线之外，非承重墙、隔墙等编为附加轴线（又称分轴线），编号用分数表示，如图中的“1/B”。分母表示前一轴线的编号，如“B”；分子表示附加轴线的编号，用阿拉伯数字顺序编写。如图 3-11（b）所示。一个详图适用于几根轴线时，应同时注明各有关轴线的编号，如图 3-11（c）所示。

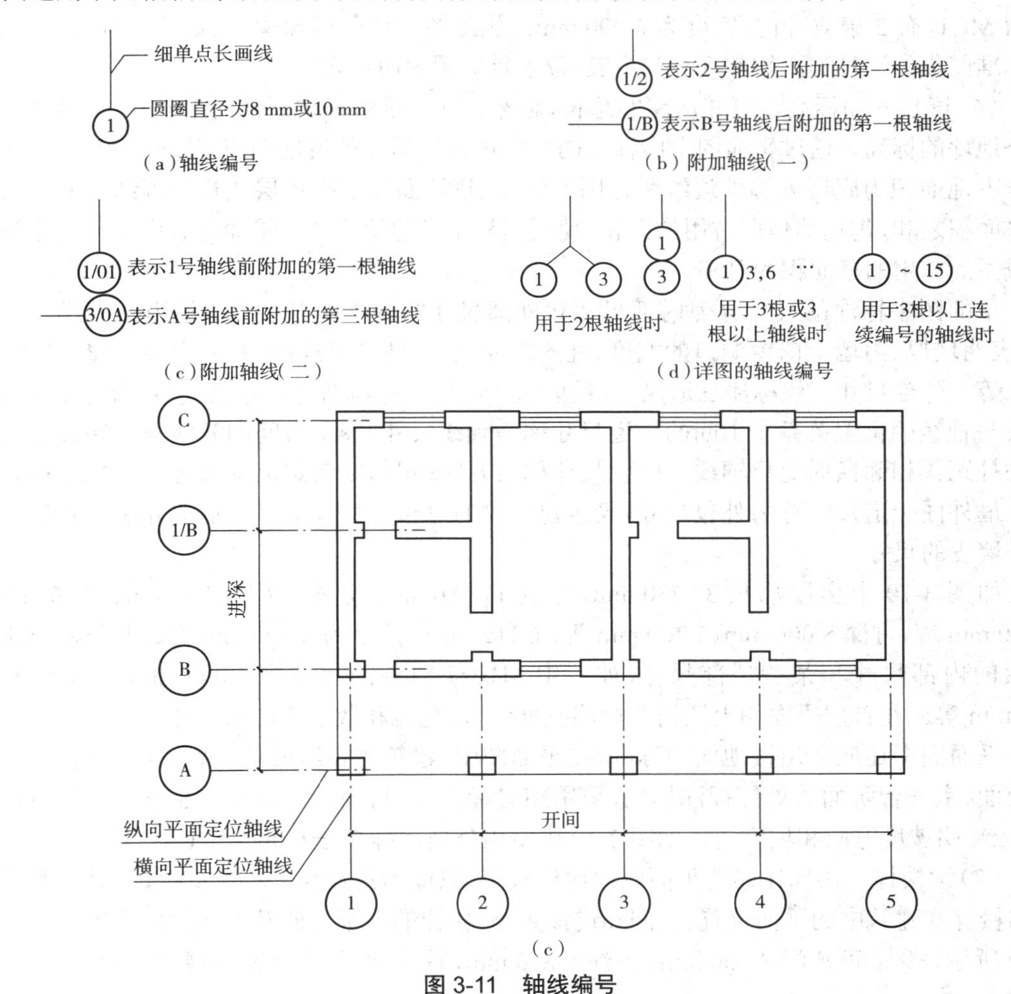

图 3-11　轴线编号

（4）读建筑的内部平面布置、外部设施及线形。了解房间的分布、用途、数量及相互关系。图中平面形状为一矩形，为一内廊式建筑。主要出入口大门和门厅在南侧，次出入口位于走廊西侧；楼梯间位于走廊东南及西南侧，上行的梯段被水平剖切面剖断，用 45° 倾斜折断线表示；男女卫生间及盥洗室设在楼梯间对面，其余用房分别为调解室、合议庭、举报受理室等。主要出入口处设门厅及门斗两道门来分割空间，室外台阶设有 3 级踏步，次要出入口室外台阶也设有 3 级踏步，房屋四周设有散水，散水宽度为 900 mm，主要出入口还有无障碍设计的坡道和栏杆。首层平面图应为水平剖面图，凡被剖切到的墙、柱断面轮廓线用粗实线画出，没有剖到的部分如室外台阶、散水、楼梯等可见轮廓线用中实线画出。尺寸线、尺寸界线、引出线、图例线、索引符号、标高符号等用细实线画出，轴线用细单点长画线画出。

（5）读墙体厚度（或柱的断面）、门、窗及其他构配件的图例和编号。了解它们的位置、类型和数量等情况。建筑物中墙、柱是承受垂直荷载的重要构件，墙体又起着分隔房间和抵抗水平剪力的作用。为抵抗水平剪力而设置的墙，称为剪力墙。框架结构中的柱为框架柱。如图 3-10 所示，外墙墙体厚度 370 mm，内墙墙体厚度 240 mm，柱子的断面尺寸为 400 mm×400 mm。门、窗代号分别为 M、C（汉语拼音首写字母大写），图中大门编号为门联窗 MC1，有 2 扇双开门，宽度为 6 000 mm。施工图中对于门窗型号、数量、洞口尺寸及选用标准图集的编号等一般都列有门窗表，位于首页图中门窗表中。

（6）读尺寸和标高。可知房屋的总长、总宽、开间、进深和构配件的型号、定位尺寸及室内外地坪的标高。通过平面图上所标注的尺寸可计算房屋的占地面积、建筑面积、使用面积等。占地面积为底层外墙外边线所包围的面积；建筑面积是指各层建筑外墙结构所包围的水平面积之和，包括墙体所占用的面积；使用面积是指建筑物各层平面布置中可直接作为生产或生活使用的净面积的总和。

平面图中标注的尺寸分为内部尺寸和外部尺寸两种。内部尺寸一般用一道尺寸线表示，表明墙厚、内墙上门窗洞口的宽度、柱的断面大小、柱与轴线的关系、内墙门窗与轴线的关系等。外部尺寸一般标注三道尺寸，最里面一道尺寸称为细部尺寸，表示外墙门窗的大小及其与轴线的位置关系。中间的一道尺寸称为轴线尺寸，表示房间的开间与进深尺寸或柱子的柱距。相邻横向定位轴线之间的尺寸称为开间；相邻纵向定位轴线之间的尺寸称为进深。最外面一道尺寸称为外包尺寸，表示建筑物的总长、总宽，即从一端的外墙皮到另一端的外墙皮的尺寸。

如图 3-10 中房屋总长 37 730 mm，总宽 17 550 mm；房间开间 3 300 mm、3 700 mm、3 600 mm 等，进深 8 000 mm、5 200 mm 等；C2124 窗的尺寸为 2 100 mm 等。此外还应注出必要的内部尺寸和某些局部尺寸，如图中 M1027 门洞的尺寸为 1 000 mm，墙体厚度为 240 mm 等。在首层平面图上还需要标注室外台阶、花池和散水等局部尺寸。

平面图中还应注出楼地面的标高，在平面图中，建筑物各组成部分如室内外地面、楼梯平台面、室外台阶面等处应标注标高，采用相对标高，注写到小数点后第 3 位数字。如有坡道，应注明坡度方向和坡度值。如图 3-10 中室内外地面标高 ±0.000、-0.030 等。

（7）读楼梯。楼梯在建筑平面图中比例较小，只能示意楼梯的投影情况，一般仅要求表示出楼梯在建筑中的平面位置、开间和进深大小，楼梯的上下方向及上一层楼的步数。如图 3-10 所示，楼梯间开间 3 600 mm，进深 5 200 mm，首层平面图中仅体现第一个梯段剖切情况。

（8）读剖切符号与索引符号。一般在底层平面图中应标注剖面图的剖切位置线和投影方向，并注出编号；凡套用标准图集或另有详图表示的构配件、节点，均需画出详图索引符号，以便对照阅读。了解剖切平面的位置和编号及投影方向；读索引符号，了解详图的编号和位置。在图样中的某一局部或构件，如需另见详图，常常用索引符号注明详图的位置、详图的编号以及详图所在的图纸编号。图中 1-1 剖切位置在 A~B 轴间，剖切后向上投影；2-2 剖切位置在⑦~⑧轴间，剖切后向左投影；图中还画出了索引符号，分别表示台阶、入口坡道栏杆、散水、楼梯、卫生间等，构件的做法见详图或图集。

（二）底层平面图识图任务

识读图 3-12 所示某教学楼首层建筑平面图，完成以下识图记录。

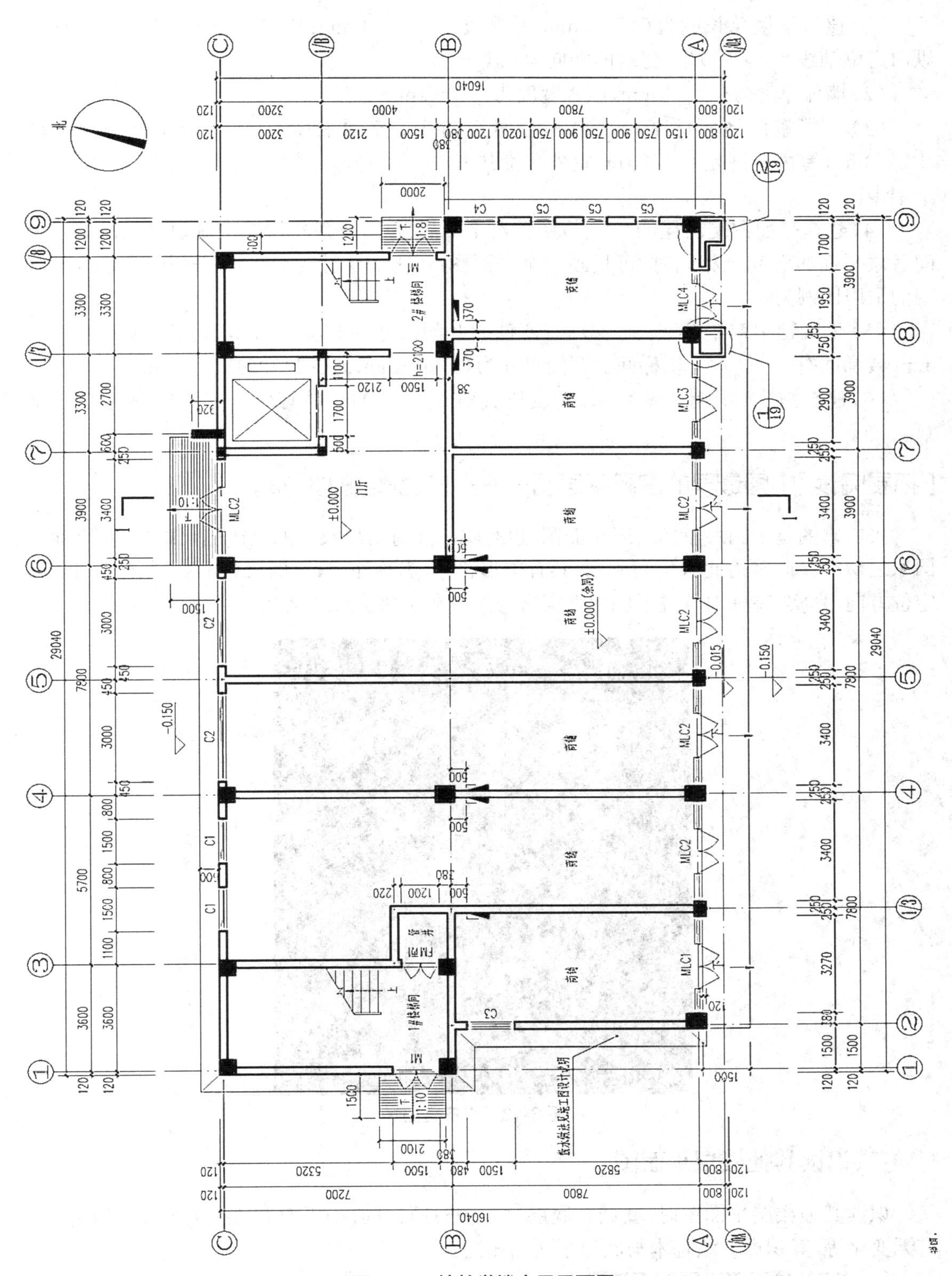

图 3-12　某教学楼底层平面图

（1）该教学楼总长度为（　　）mm，总宽度为（　　）mm；横向定位轴线有（　　）根，纵向定位轴线有（　　）根，建筑的朝向为（　　）。

（2）墙体厚度为（　　）mm，散水宽度为（　　）mm。

（3）一层室内地面标高（　　）m，室外台阶平台表面标高（　　）m，室外地坪标高（　　）m，室内外高差（　　）m，室外台阶共有（　　）种，分别为（　　）级踏步和（　　）级踏步。

（4）建筑平面图是房屋的（　　）图。对于多层楼房，一般每层都应画出平面图。当中间各层平面布置完全相同时，可只画一个平面图，该平面图称为（　　）平面图。建筑平面图的常用比例为（　　）。

（5）建筑物中商铺共有（　　）间，商铺的开间尺寸为（　　）mm，进深尺寸为（　　）mm；楼梯间有（　　）个，楼梯间的开间尺寸为（　　）mm，进深尺寸为（　　）mm。

（6）建筑物的窗共有（　　）种，宽度依次是（　　）；门共有（　　）种，宽度依次是（　　）。

【拓展阅读】中国最早的宫殿平面图——兴庆宫图（图3-13）

兴庆宫图是中国最早的宫殿平面图，也是唯一注有折地尺寸的大比例尺碑刻图，堪称为国家之瑰宝。此碑为北宋年间所刻，具有象形符号、名称注记、比例尺（每六寸折地一里）和定位方向，真实、完整地再现了唐代兴庆宫楼阁宫殿宏伟建筑之全貌。

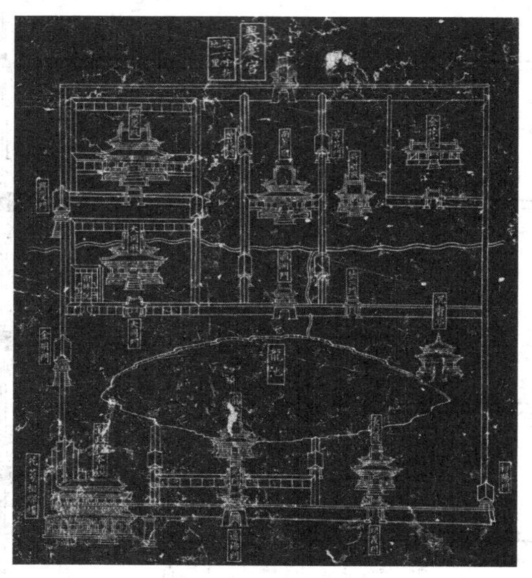

图3-13　兴庆宫图

三、识读其他楼层平面图

识读其他楼层平面图时，要结合底层平面图对照异同，如平面布置有无变化、楼梯图例有无变化等，其识读方法基本与底层平面图相同。

（一）其他楼层平面图的识读方法

其他楼层平面图的形成与底层平面图的形成相同。为了简化作图，已经在底层平面图上表示过的某些内容，在其他楼层平面图上不再表示。如在二层平面图上不再画散水、明沟、室外台阶等，如图 3-14 所示。平面图读图顺序为：先底层，后上层，先墙外，后墙内。

（1）房间布置。识图内容：其他各层房间布置、尺寸，及其他构件、标高。二层为顶层时应注意楼梯的布置。

（2）墙体的厚度。识图内容：其他各层墙体的厚度，墙体的厚度或柱的截面尺寸有变化，变化的高度位置一般在楼板的下侧。

（3）墙面及楼地面装饰材料，详情一般在建筑设计总说明中提及。

（4）门与窗。其他楼层的门和窗与底层不完全一样。识图内容：其他各楼层窗和门的情况，主要是位置、型号、数量等。

此外，平面图中还综合反映其他工种如水、暖、电、煤气等对土建工程的要求：各工种要求的水池、地沟、配电箱、消火栓、预埋件、墙或楼板上的预留洞等在平面图中需标明其位置和尺寸。

图 3-14 为某办公楼二层平面图，二层平面图的图示内容和方法与一层平面图有些内容相同。不同之处有以下几点。

（1）在二层平面图中，不必再画出底层平面图中已显示的指北针、剖切符号，以及室外地面上的散水、台阶、坡道、空调搁板等。

（2）应按投影关系画出下一层平面图中未表达的室外构配件和设施，如出入口上方的雨篷、空调搁板等。表达二层房屋的内部平面布置和外部设施。如图 3-14 中该平面组合是一内廊式建筑，建筑两侧分别设置楼梯间及卫生间、盥洗室，二层盥洗室的布局及功能与一层相比略有不同，二层房间设置情况为办公、调解室、执行、约谈等，出入口上方设置雨篷，雨篷平面布局、尺寸及排水方式均在二层平面图中有体现。

（3）二层平面图中门窗编号、尺寸和标高等与底层平面图有不同的地方，如图中室内地面标高为 3.900 m，门窗可结合门窗表对照识读。

（4）二层平面图中，楼梯间为完整下行的梯段。

（二）其他楼层平面图识图任务

识读图 3-15 和图 3-16 所示某办公楼二至四层建筑平面图，完成以下识图记录：

（1）该办公楼二层与一层平面布局的区别是（　　）。

（2）办公楼二层地面标高为（　　）m，卫生间标高为（　　）m，雨篷的排水坡度为（　　）。

（3）办公楼二层窗共有（　　）种，宽度依次是（　　　）；门共有（　　）种，宽度依次是（　　　）。

（4）该办公楼四层与二、三层平面布局的区别是（　　）。

（5）办公楼四层地面标高为（　　）m，学生休息平台标高为（　　）m。

（6）办公楼四层窗共有（　　）种，宽度依次是（　　　）；门共有（　　）种，宽度依次是（　　　）。

（7）该办公楼四层与三层平面布局的区别是（　　）。

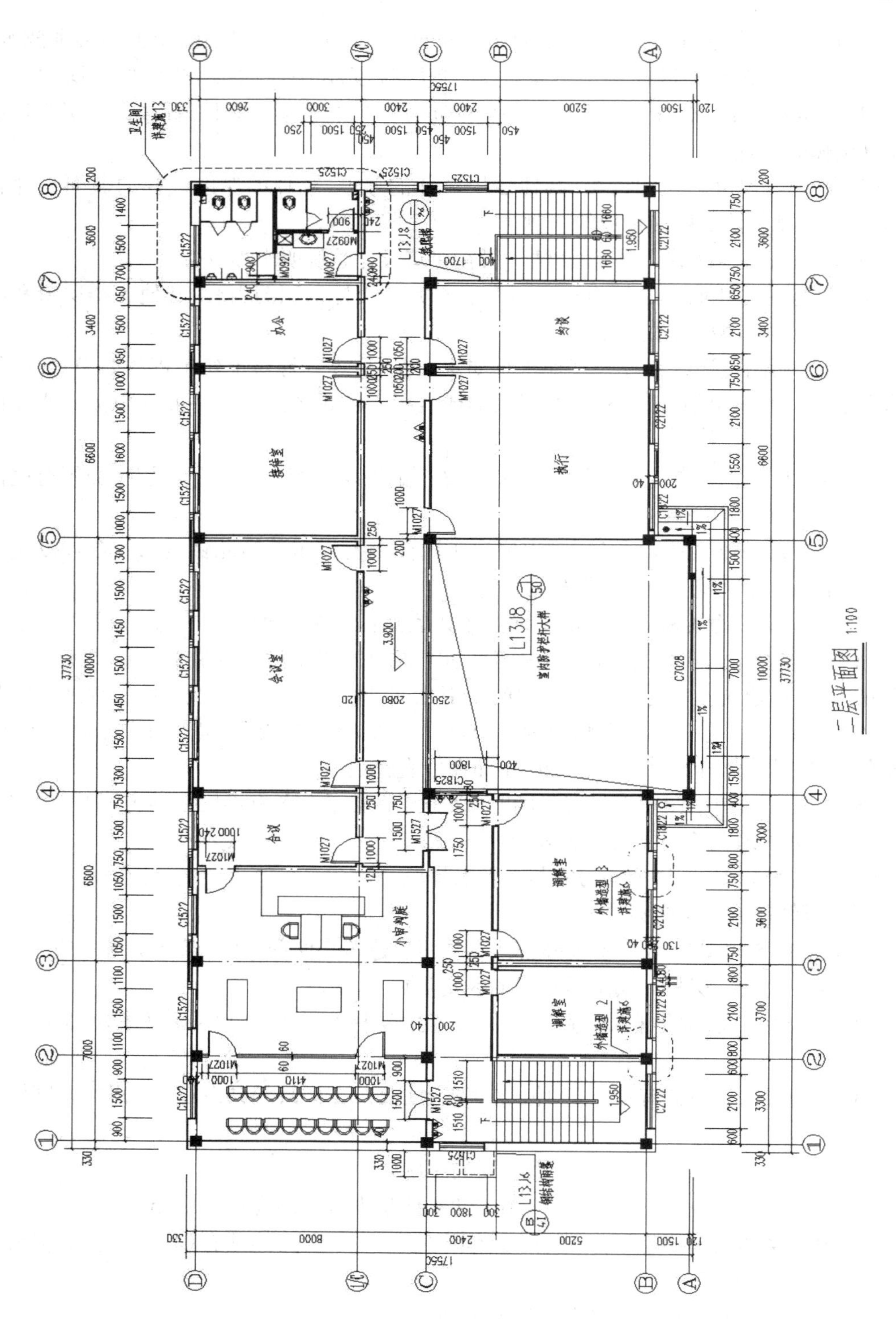

图 3-14 某办公楼二层平面图

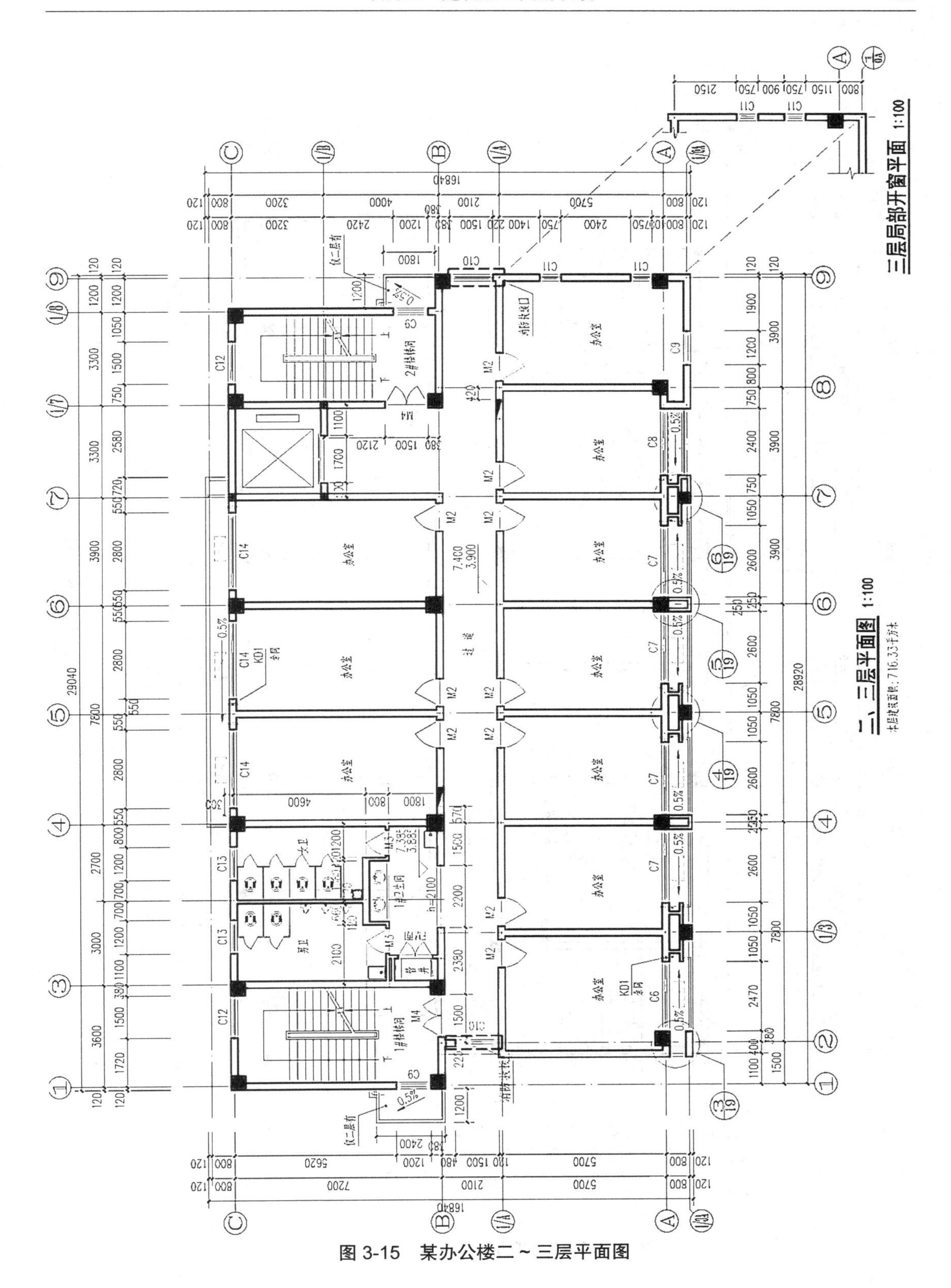

图 3-15　某办公楼二～三层平面图

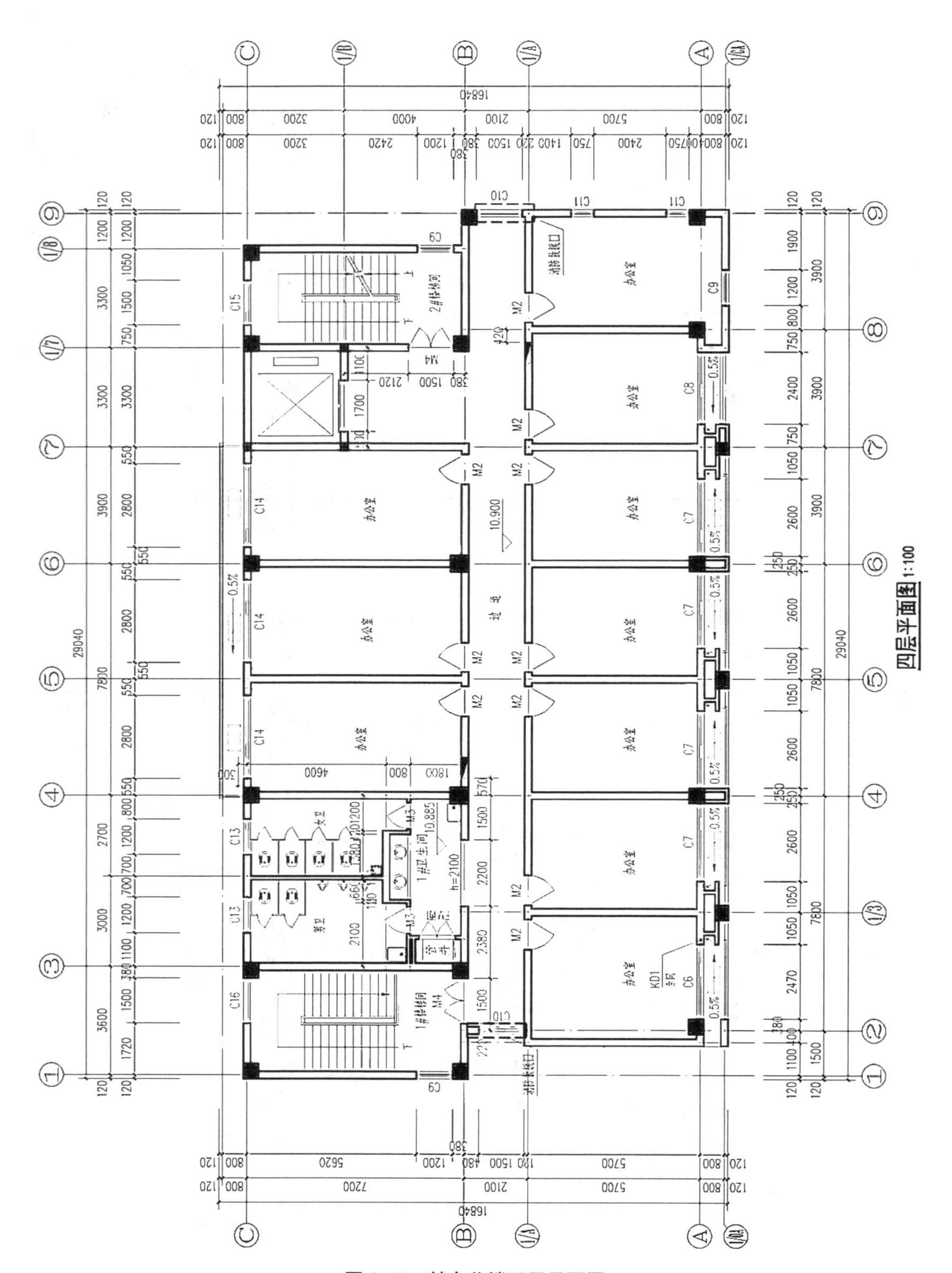

图 3-16 某办公楼四层平面图

四、识读屋顶平面图

屋顶平面图主要表明屋顶的形状，屋面排水方向、排水坡度和屋面排水分区等，女儿墙、檐沟、雨水口、变形缝等的位置，屋脊线、落水口、上人孔、水箱及其他构筑物的位置和索引符号等。

（一）屋顶平面图的识读方法

屋顶平面图是将高于屋顶的楼梯间水平剖切后（剖切平面高于屋顶），用 1∶100 比例绘出的屋顶俯视图。

在屋顶平面图中，一般表明突出屋顶的楼梯间、电梯机房、水箱、管道、烟囱、上人孔等的位置和屋面排水方向（用箭头表示）及坡度、女儿墙、雨水口的位置等。图 3-17 所示为某办公楼屋顶平面图，图中屋面为坡屋顶，屋顶设挑檐，排水形式为挑檐外排水，屋顶设四面排水坡，排水坡度为 1%，设有两个老虎窗，屋顶标高为 11.800 m。

（二）屋顶平面图识图任务

识读图 3-18 所示某商业办公楼屋顶平面图，完成以下识图记录。

（1）局部屋顶层中楼板的标高是多少？

（2）局部屋顶层中柱网是如何分布的，柱距分别是多少？

（3）天沟位于屋顶平面图中的哪个部位？排水坡度是多少？雨水口的数量是多少？

（4）屋顶的形式为？屋顶的标高是多少？

（5）屋顶平面图中屋面有变形缝吗？在哪个位置？

（6）屋面的排水坡度为多少？排水形式是什么？

（7）屋顶平面图中屋檐挑出尺寸是多少？

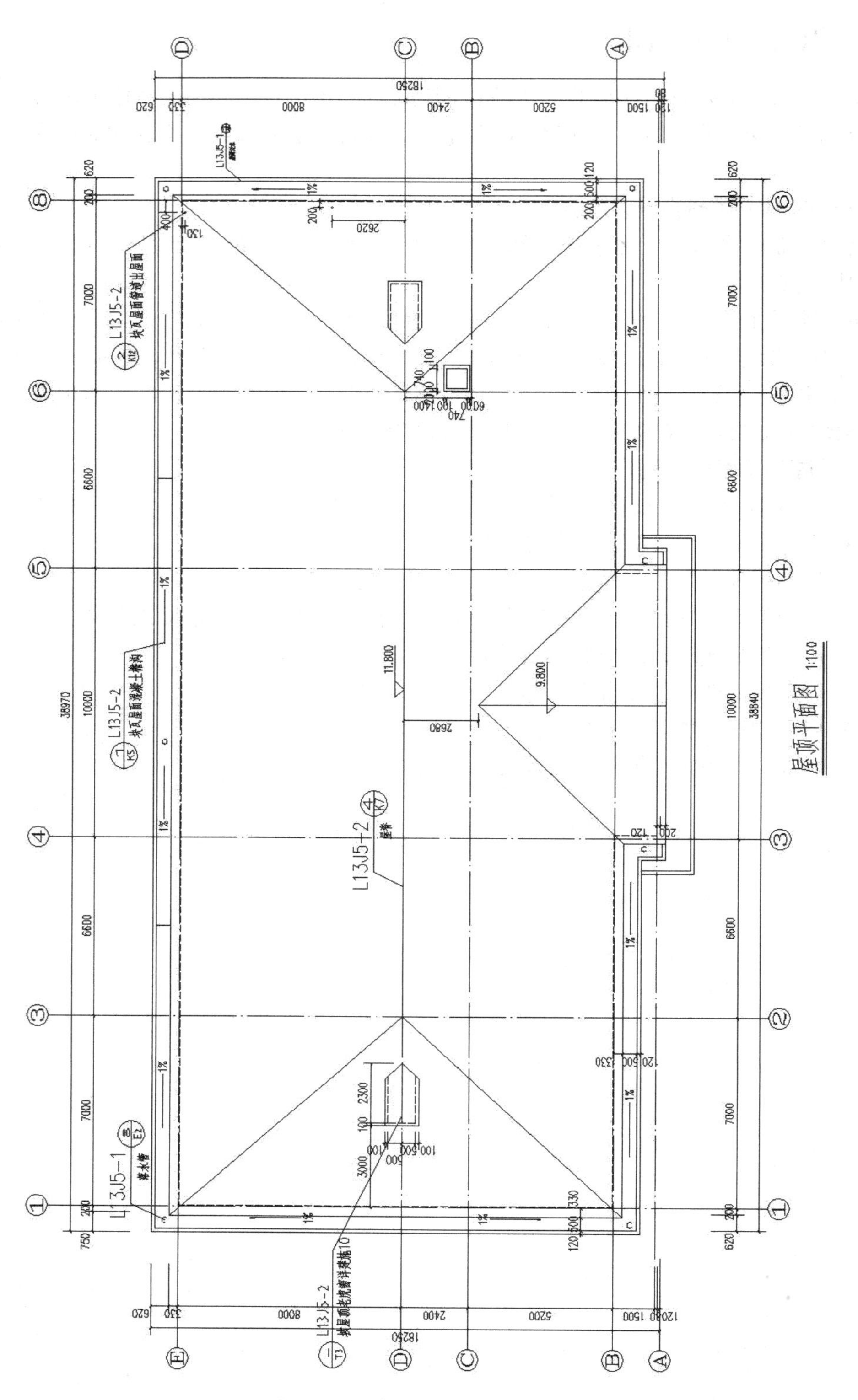

图 3-17 某办公楼屋顶平面图

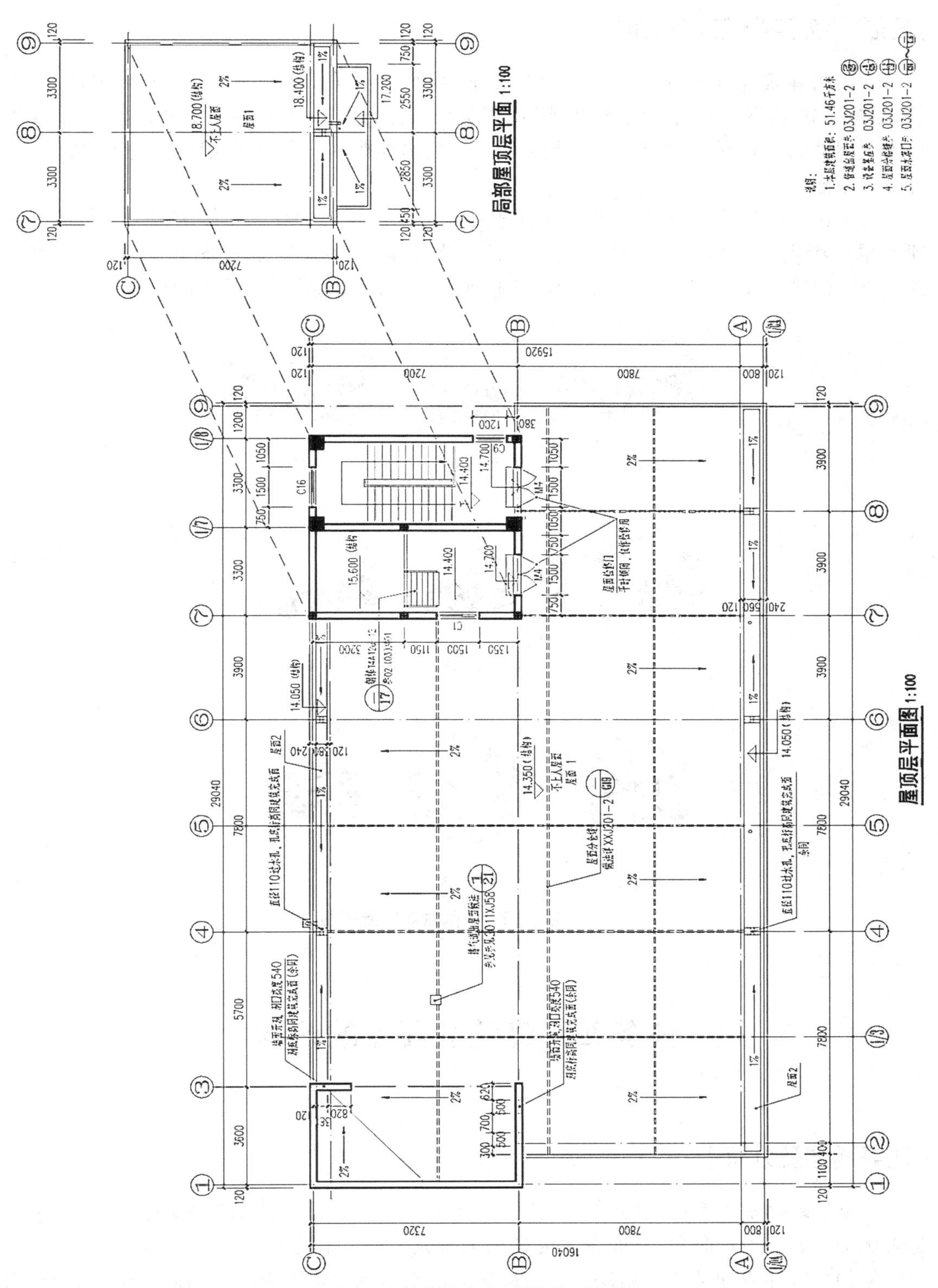

图 3-18　某商业办公楼屋顶平面图

【拓展阅读】中国古建筑屋顶

中国古建筑屋顶可分为以下几种形式：庑殿顶、歇山顶、悬山顶、硬山顶、攒尖顶、盝顶等，如图 3-19 所示。其中庑殿顶、歇山顶、攒尖顶又分为单檐（一个屋檐）和重檐（两个或两个以上屋檐）两种，歇山顶、悬山顶、硬山顶可衍生出卷棚顶。古建筑屋顶除功能性外，还是等级的象征。

其等级大小依次为：重檐庑殿顶 > 重檐歇山顶 > 重檐攒尖顶 > 单檐庑殿顶 > 单檐歇山顶 > 单檐攒尖顶 > 悬山顶 > 硬山顶 > 盝顶。此外，除上述几种屋顶外，还有扇面顶、万字顶、盔顶、勾连搭顶、十字顶、穹窿顶、圆券顶、平顶、单坡顶、灰背顶等特殊的形式。

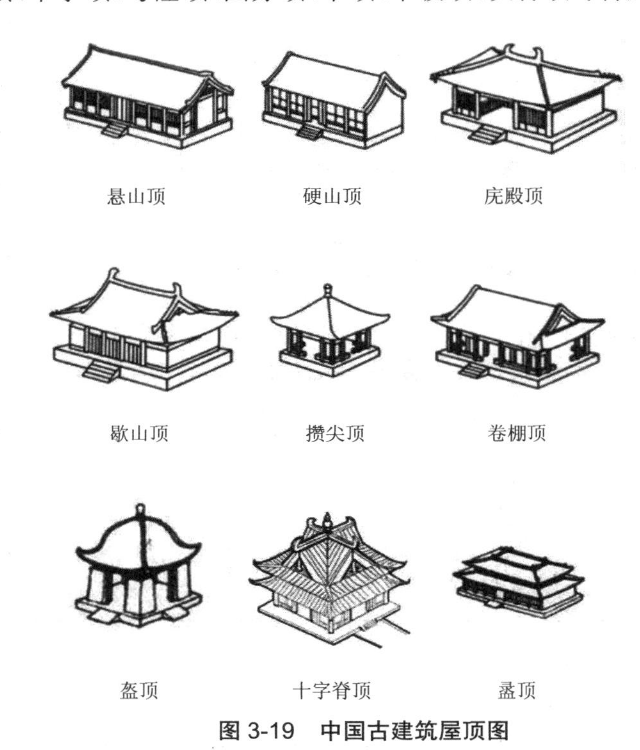

图 3-19　中国古建筑屋顶图

任务四　建筑立面图的识读

【任务描述及分析】

一座建筑物是否美观，很大程度上取决于它在主要立面上的艺术处理，包括造型与装修是否优美等。在设计阶段，立面图主要是用来研究这种艺术处理的，在施工图中，它主要反映房屋的外貌和立面装修的做法。在与房屋立面平行的投影面上所作房屋的正投影图，称为建筑立面图。

【任务实施及知识链接】

一、建筑立面图的认知

（一）建筑立面图形成和作用

建筑立面图是在与房屋立面平行的投影面上所作的房屋正投影图，简称立面图，如图3-20所示。立面图反映建筑的体型、高度、层数、外貌、门窗、窗台、雨篷、阳台、台阶、雨水管、烟囱、屋顶檐口等以及立面装修的做法，它是表达房屋建筑图的基本图样之一，是确定门窗、檐口、雨篷、阳台等的形状和位置及指导房屋外部装修施工和计算有关预算工程量的依据。

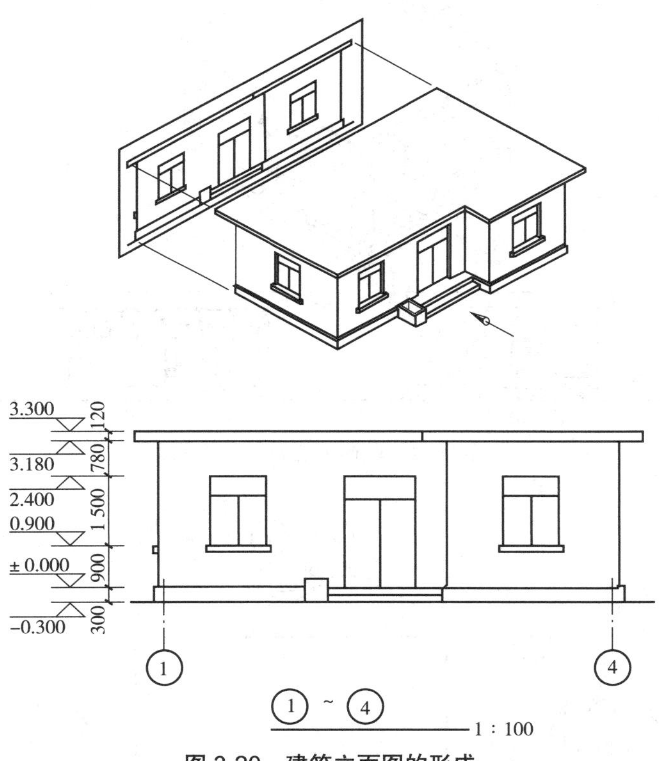

图3-20　建筑立面图的形成

（二）立面图的命名方式及图线表达

1. 命名方式

一般建筑物都有前、后、左、右四个立面，所以，建筑立面图相应也有四个。立面图的命名方式有三种，每套施工图只能采用其中一种方式。

1）以外貌特征命名

将表示建筑物主要出入口或比较重要的外观特征的那一面正投影图称为正立面图；与正立面相对的立面正投影图称为背立面图；表示建筑物左、右侧立面特征的正投影图，分别称为左侧立面图和右侧立面图。

2）以朝向命名

以建筑物立面所面对的方向来命名，如建筑物立面面向南方，该立面图称为南立面图，面向北面，称为北立面图；其余两个立面图分别称为东立面图和西立面图。如图 3-21 所示。

3）以首尾轴线命名

建筑立面图的名称可以根据两端的定位轴线编号来确定，图 3-22 所示的立面图也可称为①～⑦立面图。

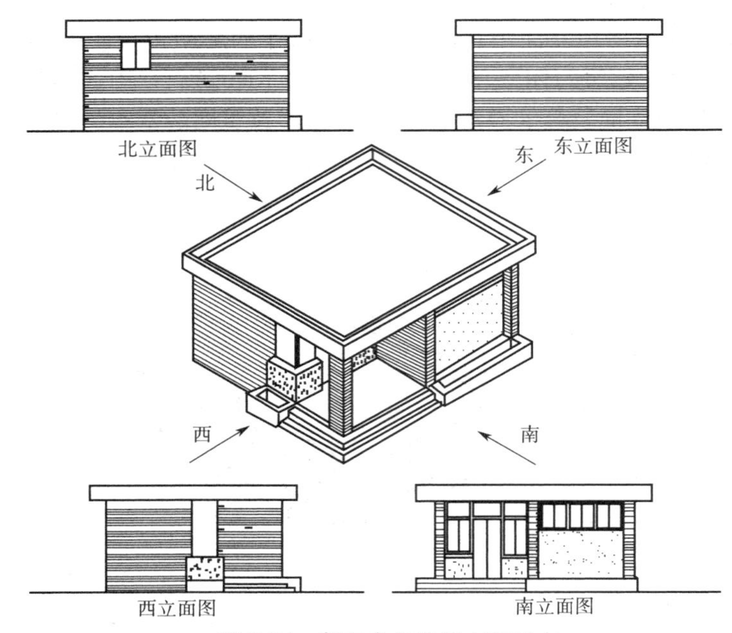

图 3-21 朝向命名建筑立面图

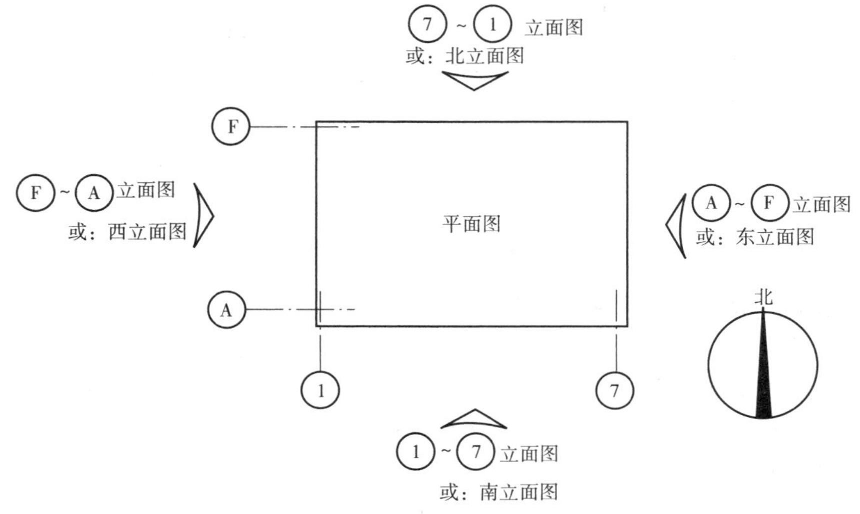

图 3-22 建筑立面图命名方式

2. 图线表达

建筑立面图的比例一般与平面图一致。通常用特粗线表示地坪线，用粗实线表示外墙的最外轮廓线，墙上构配件阳台、门窗、窗台、雨篷、勒脚、台阶、花台等轮廓线用中粗实线；其余细部如门窗分格线、墙面装饰分格线、栏杆等用中线；图例线、说明引出线等用细实线。

当建筑物立面呈弧形、折线形、曲线形等形状时，可将立面展开使其平行于投影面，然后用正投影法，画出展开后的立面投影图，这种立面图应在图名后注写“展开”二字。

（三）立面图的图示内容

（1）表明建筑物外部造型，主要有房屋的勒脚、台阶、门窗、雨篷、阳台、墙面分格线、雨水管、檐口、屋顶等的形状和位置。

（2）用标高表示建筑物外部各主要部位的相对高度，如室外地面标高、各层门窗洞口的标高、各楼层标高和檐口的标高等。一般注在图形外侧，标高符号要求大小一致，整齐地排列在同一竖线上。

（3）外墙面装修包括外墙的装修与做法、要求、材料和色泽，窗台、勒脚、散水等的做法。用文字说明外墙面装修的材料，装修的具体做法一般用索引符号索引出详图表示或采用标准图集里的做法。

（4）标注建筑物立面两端的定位轴线及其编号。

（5）建筑物立面中的尺寸表示建筑高度方向，用尺寸线和标高两种方式表达。

当用尺寸线表示时，一般用三道尺寸线。最外面一道表示室外地坪到檐口女儿墙高度；中间一道表示层高；最里面一道表示门窗洞口的高度与楼地面的相对位置。

二、识读建筑立面图

（一）建筑立面图的识读方法

下面以某法院办公楼立面图为例说明立面图的识读方法，如图 3-23 所示。

（1）从图名、比例及轴线编号，了解该图是哪一向立面图。如图中为①～⑧轴南立面图，对照一层平面图的指北针可知是南向立面，比例为 1∶100。

（2）读房屋的层数、外貌、门窗和其他构配件。图中房屋层数为两层，采用坡屋顶。将立面图与各层平面图结合起来，可知该立面图表达的是一至二层 A 轴墙面的外貌，设有通风百叶、雨篷、挑檐、门窗、台阶、坡道、雨水管等，主要出入口大门位于房屋中部，出入口处上方有雨篷。

（3）读外墙装修做法、装饰节点详图的索引符号。外墙面各部位（如墙面、雨篷、百叶、窗台、坡道、台阶等）的装修做法（包括用料和色彩），在立面图中常用引出线引出文字说明。立面图上有时标出各部分构造、装饰节点详图的索引符号。图 3-23 中东西两侧外墙面采用蓝色立邦漆涂料，中间外墙面采用驼色真石漆网格，墙身节点采用详图索引。

（4）读室外地坪、各层、檐墙、屋脊等完成面标高和竖向尺寸等。从图 3-23 中可知室外地坪标高为 −0.300 m，二层标高为 3.900 m，屋顶标高为 11.800 m。

（5）识读立面图一定要注意其与建筑平面图之间的对应关系，将平面图与立面图相互对照来看。

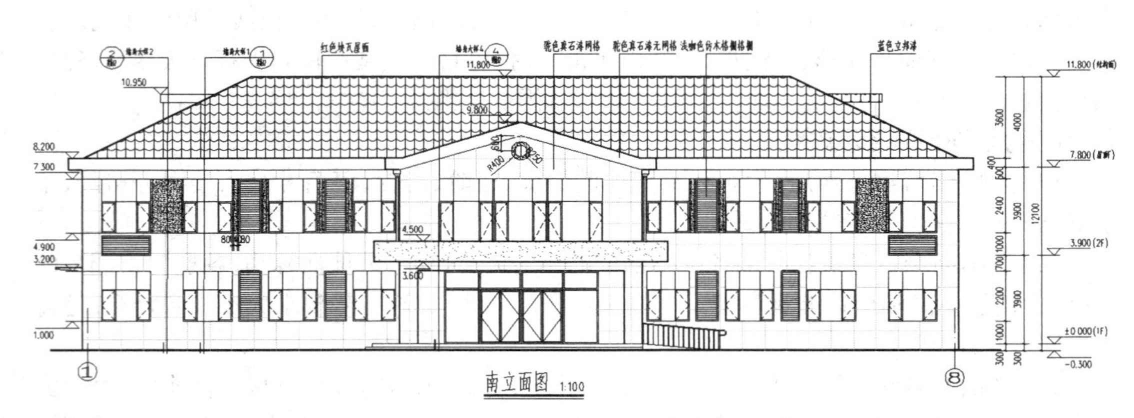

图 3-23 某法院办公楼立面图

(二)建筑立面图的识图任务

识读如图 3-24 所示商业办公楼建筑立面图,完成以下识图记录。

(1)立面图一般用四种不同粗细的实线表示:整幢房屋的外形轮廓用(　　)线表示;墙上构配件阳台、门窗、窗台、雨蓬、勒脚、台阶、花池等轮廓线用(　　)线表示;门窗分格线、墙面装饰分格线等用(　　)线表示;室外地坪线用(　　)表示。

(2)建筑立面图的命名方式有(　　)、(　　)、(　　)。本图中应用的是(　　)。

(3)图中建筑物共有(　　)层,室外地面标高为(　　)m,二层至顶层标高为(　　)m、(　　)m、(　　)m,檐口标高为(　　)m。

(4)西南侧房间上方窗的高度为(　　)mm,窗台高为(　　)mm。

(5)建筑屋顶为(　　)形式,屋顶标高为(　　)m。

(6)外立面饰面材料有(　　),分别应用在(　　)部位。

(7)该立面图中有(　　)根排水立管,其屋面排水方式为(　　)。

(8)请说出该立面图与建筑平面图之间的对应关系有哪些。

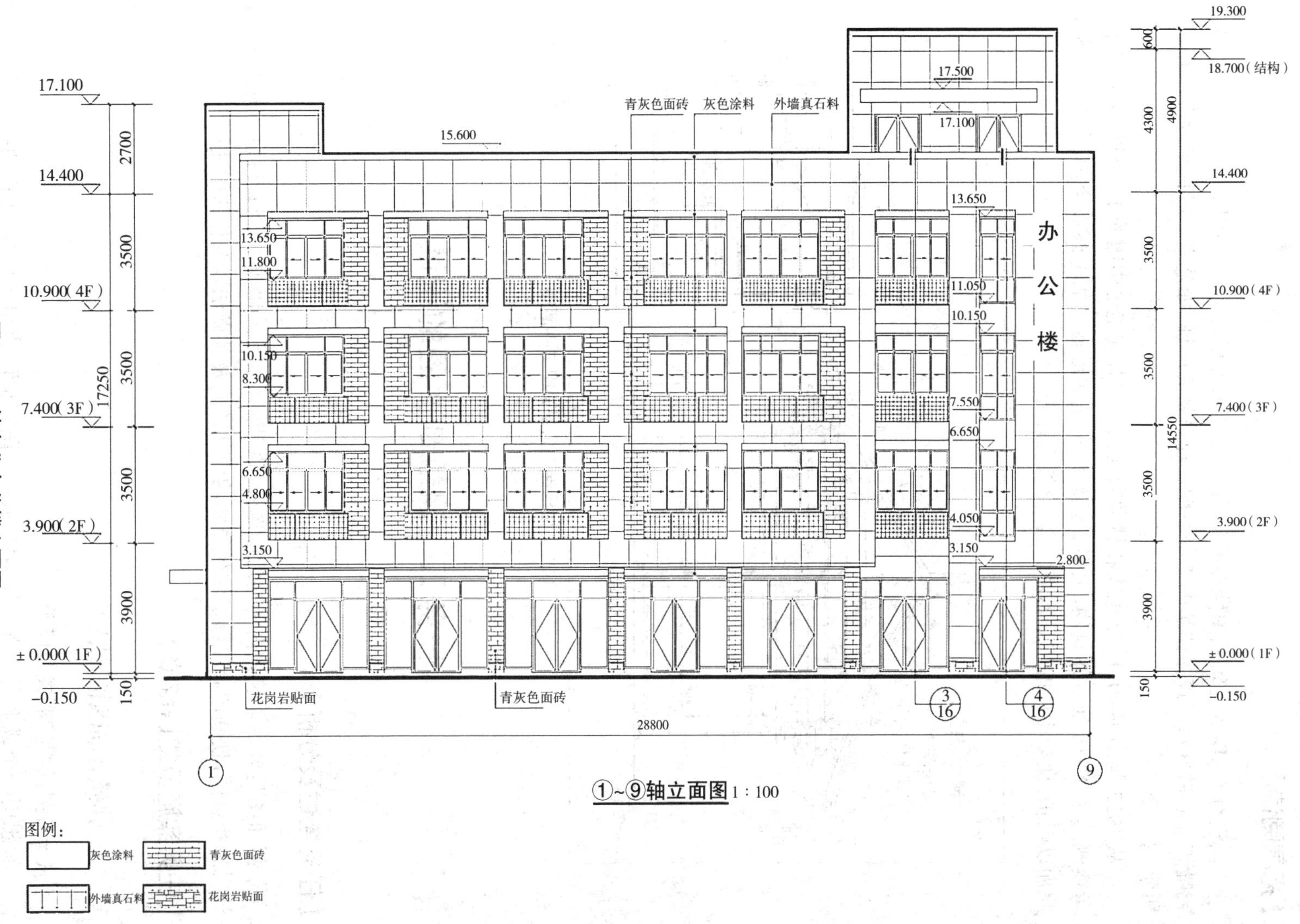

图 3-24　某商业办公楼立面图

【拓展阅读】

在没有 CAD 等建筑制图软件的年代里，建筑大师梁思成先生仿佛“行走的 CAD”般用鸭嘴笔细心做好每一篇古建筑的工程制图。篇篇精美严谨，如艺术品般惊艳世人，如图 3-25 所示。

从 1932 年到 1940 年，梁思成和林徽因夫妇二人共同走过中国的 15 个省、190 多个县、考察测绘了 2 738 处古建筑物，很多古建筑物都是通过他们的考察被全国、全世界了解，从此加以保护，比如山西的应县木塔、五台山佛光寺等。

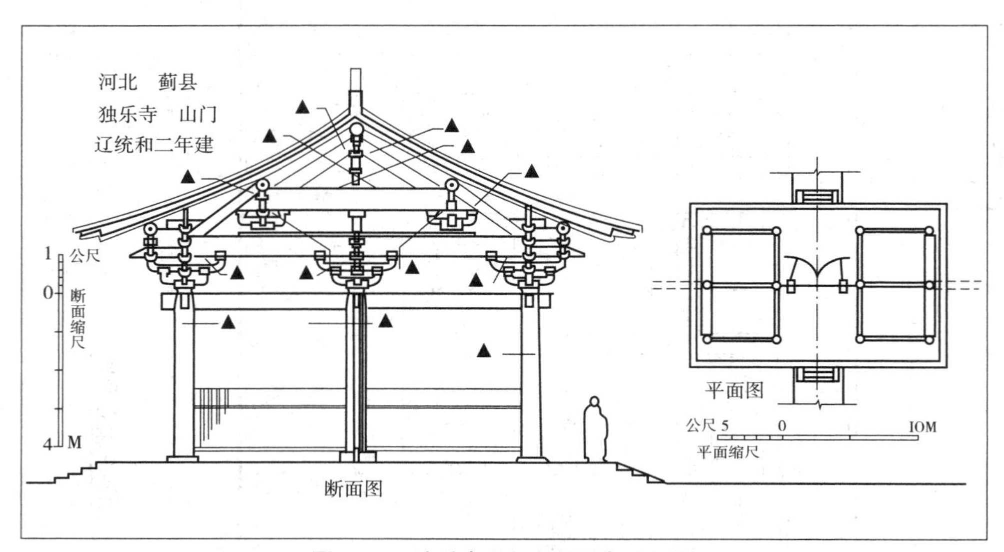

图 3-25　独乐寺山门剖面图与平面图

任务五　建筑剖面图的识读

【任务描述及分析】

剖面图是展示建筑物内部构造的图形，设计人员通过剖面图的形式可以更好地表达设计思想和意图，使阅图者能够了解建筑物的内部结构及其做法以及材料的使用。

【任务实施及知识链接】

一、建筑剖面图的认知

（一）剖面图的形成及作用

假想用一个或多个垂直于外墙轴线的铅垂剖切面，将房屋剖开，所得的投影图，称为建筑剖面图，简称剖面图。建筑剖面图是整幢建筑物的垂直剖面图。剖面图用来表达建筑物内部的结构形式、材料、分层情况、层高、各楼层地面及屋顶的构造等，它与建筑平、立面图互相配合作为建筑施工、概预算及备料的重要依据。

剖面图一般不画基础，图形比例及线型要求同平面图。剖面图的数量及其剖切位置应根据建筑物的复杂程度和施工实际需要决定，一般剖切位置选择房屋的主要部位或构造较为典型的部位，并应尽量使剖切平面通过门窗洞口，剖面图的图名应与底层平面图上所标注的剖切位置线的编号一致。剖切符号可用阿拉伯数字、罗马数字或拉丁字母编号，如图 3-26 所示。

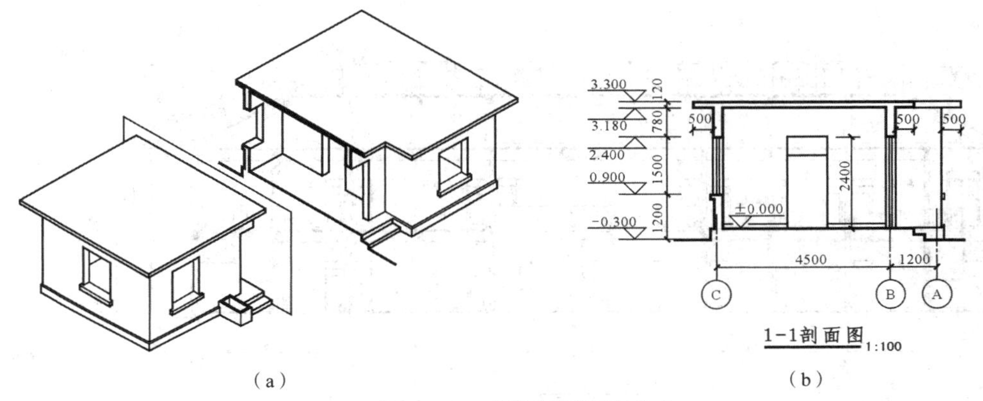

图 3-26　建筑剖面图的形成

（二）剖面图的图示内容及图线表达

（1）表示被剖切到的墙、梁及其定位轴线。

（2）表示室内外地面、散水、台阶、防潮层、室内各楼层地面、屋顶、门窗、楼梯、阳台、雨篷等的高度，凡是被剖切到的或是用直接正投影法能看到的部分都应表示清楚。

（3）表明建筑物各主要承重构件间的相与关系，各层梁、板及其与墙、柱的关系，屋顶结构及天沟构造形式等。

（4）表示室内吊顶，室内墙面和地面的装修做法、要求、材料等各项内容。

（5）标注尺寸与标高。标注被剖切到的建筑物外墙门窗洞口的标高，室外地面、室内各楼层地面、檐口、女儿墙顶的标高。标注建筑物门窗洞口、层间高度和建筑物总高三道尺寸。室内应标注内墙体上门窗洞口的高度及内部设施的定位和定形尺寸。

（6）表示建筑物各楼层地面、屋顶的构造。一般用引出线说明建筑物各楼层地面、屋顶的构造做法。屋顶分为平屋顶和坡屋顶：屋面坡度在 5% 以内的屋顶称为平屋顶；屋面坡度大于 10% 的屋顶称为坡屋顶。这些构造做法如需另画详图，则在剖面图上用索引符号引出说明。

在建筑施工图中，剖面图的绘图比例与平面图、立面图的比例一致，因比例较小，所以在剖面图中一般不画材料图例，被剖切到的墙、梁、板等的轮廓线用粗实线表示，没有被剖切到但正投影时可以看见的构配件轮廓线用细实线绘制。当比例比较大时，如大于等于 1∶50 时，剖面图中被剖切到的构配件应画上截面材料图例；当比例小于 1∶50 时，可简化材料图例，钢筋混凝土断面应涂黑。

二、识读建筑剖面图

（一）建筑剖面图的识读方法

下面以某办公楼剖面图为例说明剖面图的识读方法，如图 3-27 所示。

（1）读图名、比例、定位轴线，与平面图对照，了解剖切位置、剖视方向。从图中可知，该图是 1-1 剖面图、比例为 1∶100，对照底层平面图中的剖切符号及其编号可知该剖面图是在 *A* 轴与 *B* 轴之间剖切后向上投影所得到的横剖面图。剖面图应结合底层平面图来阅读，将剖面图与平面图相互对照，加强对房屋内部的空间感。

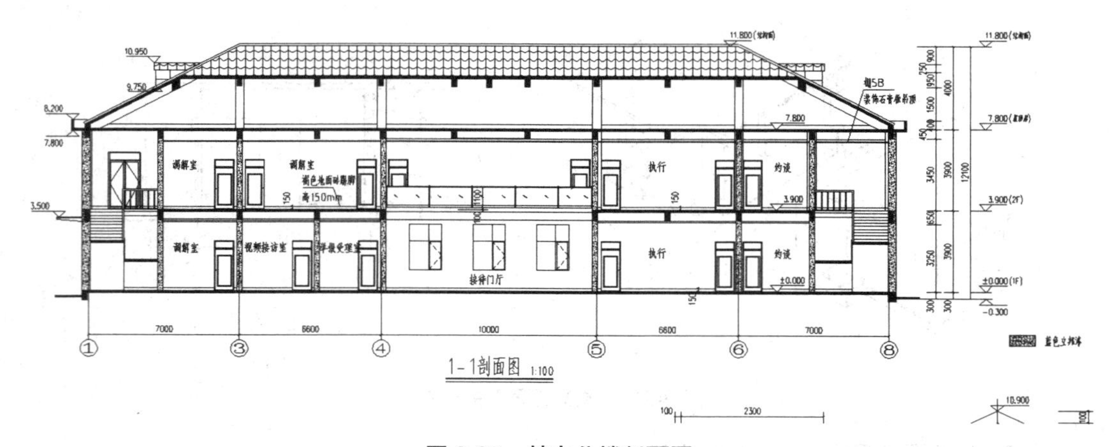

图 3-27　某办公楼剖面图

（2）读剖切到的部位和构配件，在剖面图中应画出房屋室内外地坪以上被剖切到的部位和构配件的断面轮廓线。与平、立面图对照，1-1 剖面图中一层平面图被剖切到的部位有：楼梯间、调解室、视频接访室、举报受理室、接待门厅、执行、约谈等几个房间，被剖切到的构配件有墙体、楼梯；二层平面图中被剖切到的部位有：楼梯间、调解室、执行、约谈等几个房间，被剖切到的构配件有墙体、楼板；屋顶平面图中被剖切到的部位有：坡屋顶和挑檐，被剖切到的构配件有墙体、屋面板。其中，剖切到的钢筋混凝土楼板、屋顶、梁等构件均用涂黑的方式来表示。

（3）读未剖切到的可见部分，图中有门窗、栏杆、梁、柱等。

（4）读尺寸和标高。在剖面图中，一般应标注剖切部分的一些必要尺寸和标高，图中标注了室内外地面、楼层、雨篷、檐口、屋脊等标高以及门窗、窗台高度等，同时还注写了轴线间的尺寸。了解各部位的高度，如门窗洞口的高度，各楼层地面的标高、建筑总高等，注意卫生间与同层楼地面的关系。

（5）读索引符号、图例等，了解节点构造做法、楼地面构造层次。阅读剖面图时，应结合建筑设计总说明或材料及装修一览表，查阅地面、楼面、墙面等的装修做法。结合屋顶平面图和建筑设计总说明或材料及装修一览表，查阅屋面坡度、屋面防水、屋面保温与隔热的做法。

（二）建筑剖面图的识图任务

识读如图 3-28 所示某商业办公楼建筑剖面图，完成以下识图记录。

（1）该剖面图的比例为（　　），剖切符号标注在（　　）中，剖切的位置主要是通过（　　），本图中剖切的位置通过（　　）。

（2）结合本书中建筑平面图商业办公楼建筑各层平面图，观察剖面图中各层被剖切到的构件有哪些，未剖切到的可见构件有哪些？

（3）图中建筑物的层高为（　　）m，梁高为（　　）m，屋面板标高为（　　）m。

（4）建筑物室内外高差为（　　）m。

（5）屋顶的排水形式为（　　）。

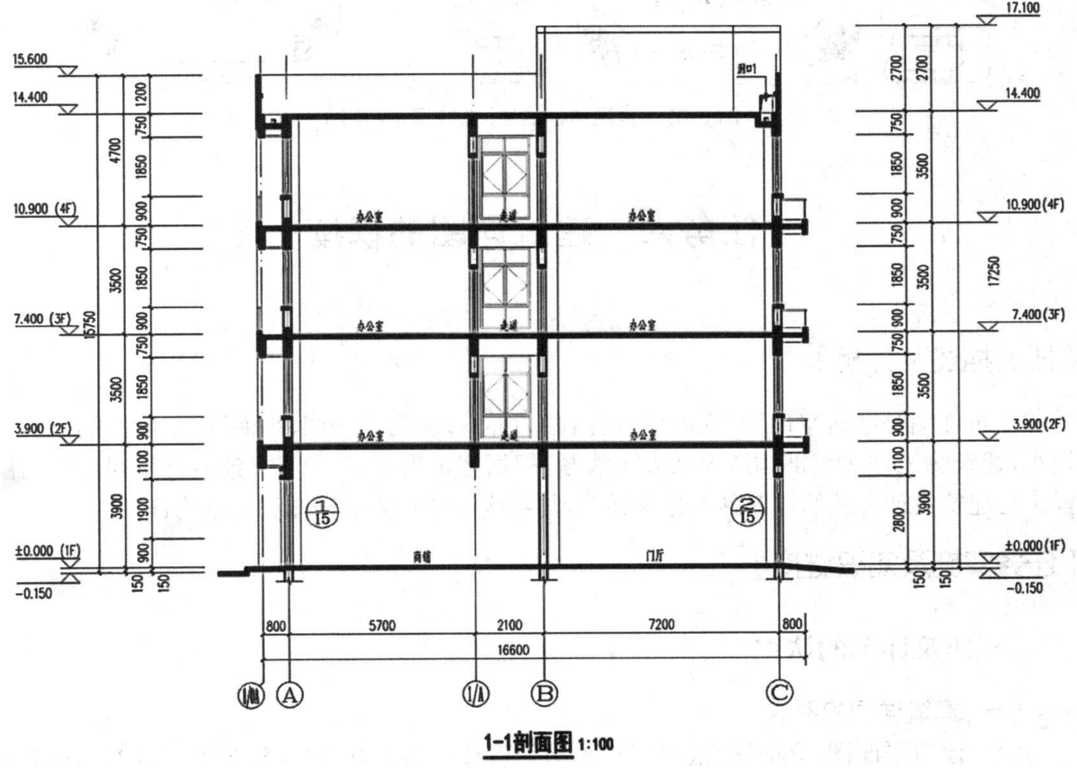

图 3-28　某商业办公楼剖面图

【拓展阅读】北京第一高楼——中国尊

中国尊，如图 3-35 所示。总建筑面积约 43.7 万平方米，地上 108 层，地下 7 层，是北京第一高楼。该建筑位于北京 CBD 核心区内编号为 Z15 的地块正中心，西侧与国贸三期对望，建筑总高 528 米，是中国中信集团总部大楼。在施工阶段，项目所有专业技术全部采用 BIM 技术开展深化设计。基于 BIM 的深化设计是用于形成和验证深化设计成果合理性的 BIM 应用。项目把 BIM 技术深入应用于建设过程中，实现工程的全关联单位共构、全专业协同、全过程模拟、全生命期应用。

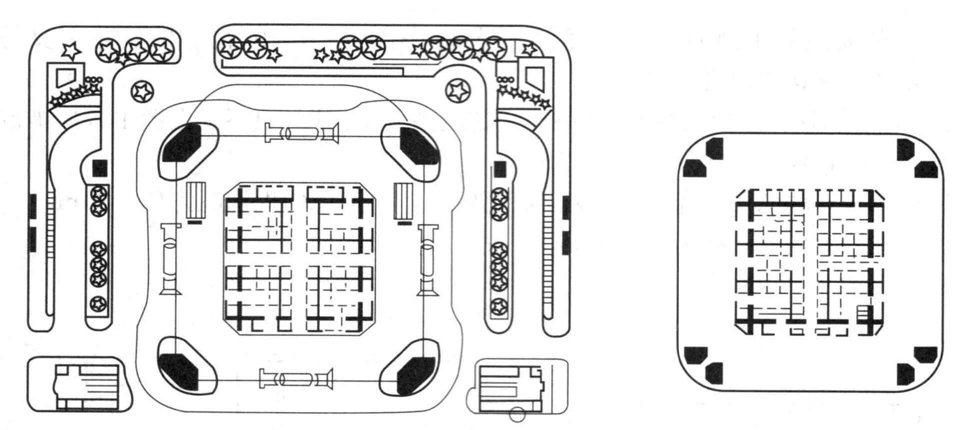

图 3-35 首层和标准层(低楼层)平面图

任务六 建筑详图的识读

【任务描述及分析】

建筑详图是建筑平面图、立面图、剖面图的补充，因为立面图、平面图、剖面图的比例尺较小，建筑物上许多细部构造无法表示清楚，根据施工需要，必须另外绘制比例尺较大的图样。与建筑设计有关的详图称为建筑详图，与结构设计有关的详图称为结构详图。

【任务实施及知识链接】

一、建筑详图的认识

(一)建筑详图的形成

由于建筑平面图、立面图、剖面图一般均采用较小的比例绘制，建筑中许多细部构造和某些剖面节点的形状、详细尺寸、材料和做法等都无法表达清楚，为了满足施工要求，对这些在建筑平面图、立面图、剖面图中无法表达清楚的建筑细部构造，应采用较大的比例详细地绘制出其图样，这种图样称为建筑详图，简称详图，或者称为大样图。因此，建筑详图是建筑细部的施工图。详图常用的比例有 1∶1、1∶2、1∶5、1∶10、1∶20、1∶50 等。

(二)建筑详图的特点和作用

(1)特点：一是比例大，二是图示内容详尽清楚，三是尺寸标注齐全、文字说明详尽。

(2)作用：建筑详图是建筑细部的施工图，是对建筑平面图、立面图、剖面图等基本图样的深化和补充，是建筑工程的细部施工、建筑构配件的制作及编制预算的依据。

(3)索引符号与详图符号。

在施工图中，若要详细表示某些重要局部，需要另绘制其详图进行表达。一般用索引符号注明画出详图的位置、详图的编号以及详图所在的图纸编号。索引符号和详图符号内的详图编号与图纸编号应对应一致。当索引符号用于索引剖面详图时，应在被剖切的部位绘制剖切位置线，引出线所在一侧应为投射方向。如表 3-10 所示。

表 3-10　索引符号与详图符号

名称	符号	说明
详图的索引符号	5/— 详图的编号；详图在本张图纸上 5/— 局部剖面详图的编号；剖面详图在本张图纸上	细实线单圆圈直径应为 10 mm、详图在本张图纸上、剖开后从上往下投影
	5/4 详图的编号；详图所在的图纸编号 5/4 局部剖面详图的编号；剖面详图所在的图纸编号	详图不在本张图纸上、剖开后从下往上投影
详图的索引符号	J103 5/4 标准图册编号；标准详图编号；详图所在的图纸编号	标准详图
详图的符号	5 详图的编号	粗实线单圆圈直径应为 14 mm、被索引的在本张图纸上
详图的符号	5/2 详图的编号；被索引的图纸编号	被索引的不在本张图纸上

(三)建筑详图的种类和数量

1. 建筑详图的种类

建筑详图可分为节点构造详图和构配件详图两类。

(1)表达房屋某一局部构造做法和材料组成的详图称为节点构造详图(如外墙身详图、楼梯详图、檐口详图等)。

(2)表明构配件本身构造的详图，称为构件详图或配件详图(如门窗详图等)。

2. 建筑详图的数量

详图的数量和图示内容与房屋的复杂程度及平面图、立面图、剖面图的内容和比例有关。

(1)对于套用标准图或通用图的建筑构配件和节点，只需注明所套用图集的名称、型号或页次即可，可不必另画详图。

(2)对于节点构造详图，应在详图上注出详图符号或名称，以便对照查阅。

(3)对于构配件详图，可不注索引符号，只在详图上写明该构配件的名称或型号即可。

一幢房屋施工图通常需绘制：外墙墙身详图、楼梯详图、门窗详图及室内外一些构配件的详图。

(四)建筑详图的主要内容

建筑详图的主要内容包括以下几方面。

(1)图名(或详图符号)、比例。

(2)表达出构配件各部分的构造连接方法及相对位置关系。

(3)表达出各部位、各细部的详细尺寸。

(4)详细表达构配件或节点所用的各种材料及其规格。

(5)有关施工要求、构造层次及制作方法说明等。

二、识读外墙墙身详图

外墙是房屋的主要部件之一,外墙墙身详图通常与建筑平面图、剖面图配合起来作为墙身施工的依据。

(一)外墙墙身详图的识读方法

1. 外墙墙身详图的认知

外墙墙身详图是由被剖切墙身的各主要部位的局部放大图组成的,因此又称为墙身剖面节点详图,也称为外墙大样图。其剖切位置一般设在门窗洞口部位。外墙墙身详图主要表达外墙与地面、楼面、屋面的构造连接情况以及檐口、门窗顶、窗台、勒脚、散水、明沟的尺寸、材料、做法等构造情况。

在墙身剖面详图上,应根据各构件分别画出所用材料图例,并在屋面、楼面和墙面画出抹灰线,表示粉刷层的厚度。对于屋面和楼地面的构造做法,一般用文字加以说明,被说明的地方均用引出线引出。凡引用标准图的部位,如勒脚、散水和窗台等其他构配件,均可标注有关的标准图集的索引编号,而在详图上只画出其简略的投影或图例来表示,并合理标注各部位的定形、定位尺寸,这是保证正确施工的主要依据。多层房屋中,若各层的构造情况一样,可只表达底层、中间层(楼层)、屋顶三个墙身节点的构造。常用比例为1∶50,如图3-29所示。

2. 外墙墙身详图的识读

(1)读详图编号和墙身轴线编号,结合建筑立面图,了解剖切位置。如图3-29所示,外墙剖面详图编号为1号详图,墙身轴线编号为B轴,外墙的剖切位置位于一层平面图中的B轴线上,结合立面图部分中某法院办公楼建筑立面图中的剖切符号,发现该详图位于建施12中的详图1,可知外墙墙身详图所表示的范围。

(2)读外墙墙身的建筑材料、墙厚、墙与轴线的关系。如图3-29所示,外墙墙体材料为加气混凝土砌块,墙体外侧设保温层,墙厚240 mm,轴线与墙体关系为偏心轴线。

(3)读各层楼中梁、板的位置。如图3-29所示,该建筑的楼面、屋面采用的是现浇钢筋混凝土梁、板,板与梁现浇成一个整体,具体做法应参照相应的结构施工图阅读。

(4)读屋面、楼面、地面等的构造层次和做法。如图3-29所示,图中屋面具体做法参考首页图中营造做法表中屋面301C得知:屋面为块瓦坡屋面,屋面结构层为现浇钢筋混凝土楼板,板内预埋板锚筋,ϕ 10@900×900深入持钉层25 mm,结构层上是保温层,保温层上为20厚1∶25水泥砂浆找平层,找平层上为防水(垫)层,防水层上为0.4厚聚乙烯膜一层。坡面结构层为35厚C20细石混凝土持钉层内配ϕ 4@100×100钢筋网,结构层上铺顺水条40×20 h,中距500,顺水条上铺挂瓦条30×30,中距按瓦规格,挂瓦条上铺块瓦。图中还表达了墙面的构造做法,具体均可参考营造做法表。

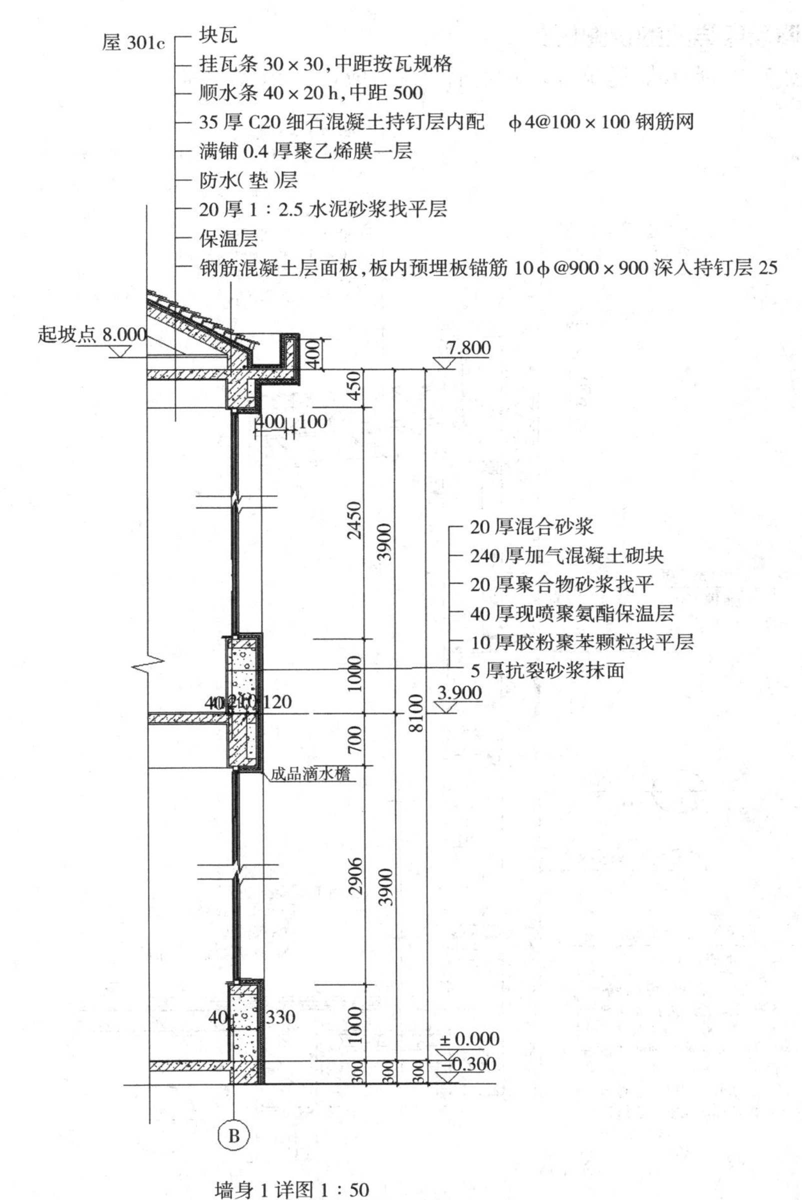

图 3-29　某法院办公楼外墙墙身详图

（5）读内、外墙装修、各部位的细部构造做法及排水形式。细部构造包括勒脚、防潮层、踢脚、窗台、女儿墙、压顶等。如图 3-29 所示，门窗过梁为钢筋混凝土矩形过梁，窗台做成斜坡以利排水。屋顶采用女儿墙外排水的排水形式。

（6）读各部分标高和墙身细部的具体尺寸。墙身剖面应标注室内外地坪、各层楼面、屋面等处的标高，以及墙身、散水、勒脚、窗台、檐口等细部的具体尺寸。如图 3-29 所示，一层窗台的高度为 1 000 mm，二层窗台高 1 000 mm，一层窗洞口高度为 2 906 mm，二层窗洞口高度为 2 450 mm，挑檐向外悬挑 400 mm，女儿墙高度 400 mm，楼层标高为 3.900 m、7.800 m，坡屋面起坡标高为 8.000 m。

(二)外墙墙身详图的识图任务

识读如图 3-30 所示某建筑外墙墙身详图，完成以下识图记录。

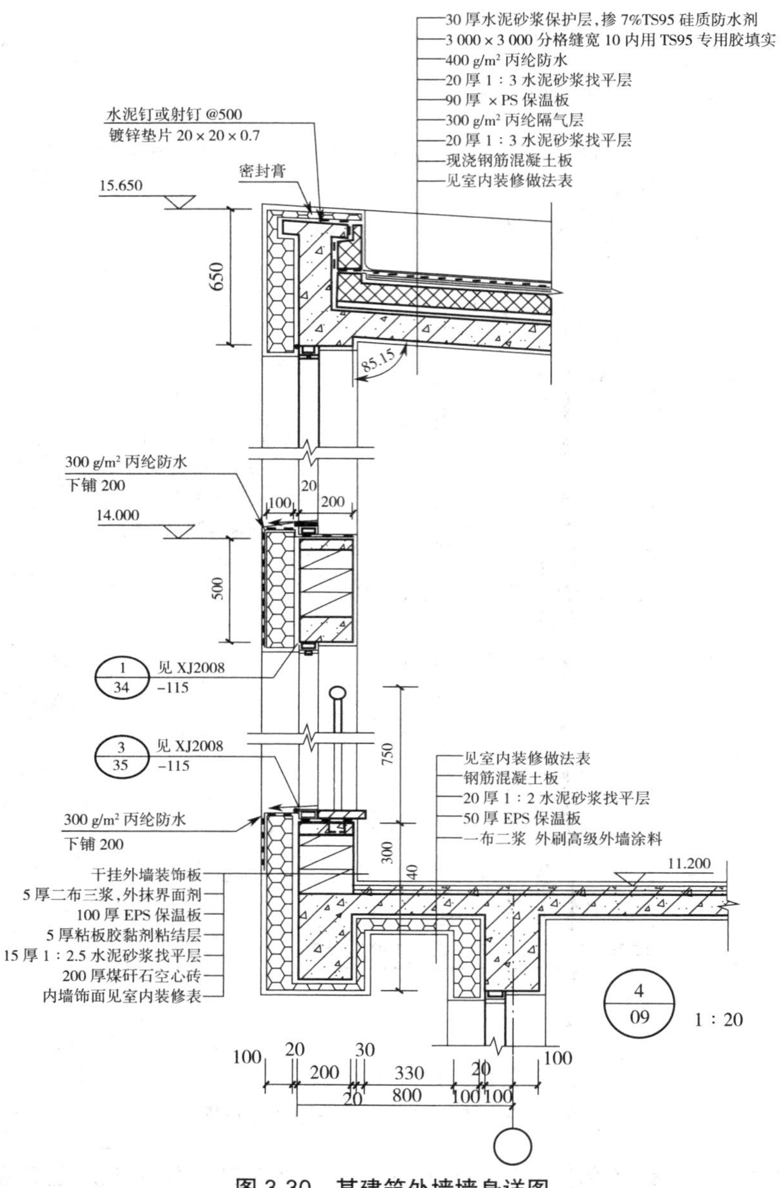

图 3-30 某建筑外墙墙身详图

(1)外墙面的做法是(　　)，屋面的做法是(　　)。

(2)窗台高度为(　　)，宽度为(　　)，窗台构造做法是(　　)。

(3)窗顶部的滴水宽度为(　　)，窗上部过梁的形式是(　　)。

(4)窗和墙的位置关系为(　　)，墙体为(　　)材料，圈梁和过梁为(　　)材料。

(5)楼板结构层为(　　)材料，厚度为(　　)，构造做法为(　　)，内墙抹灰厚度及做法为(　　)。

（6）女儿墙压顶为（　　）材料。

三、识读楼梯详图

楼梯详图包括楼梯平面图、剖面图以及更大比例的详图，这些图组合起来将楼梯的类型、结构形式、材料尺寸及装修做法表达清楚，以满足楼梯施工放样的需要。识读楼梯详图应将多图对照，把每一个细节尺寸、构造弄清楚。

（一）楼梯详图的认知

楼梯是建筑物中联系上下楼层的主要垂直交通设施，它既能满足人流通行及疏散需求，还具有足够的坚固耐久性，楼梯是由梯段（包括踏步和斜梁）、平台（包括平台梁和平台板）、栏杆（或栏板）等三个主要部分组成的，如图 3-31 所示。楼梯详图主要表示楼梯的类型、结构形式、各部位尺寸及做法，是楼梯施工的主要依据。

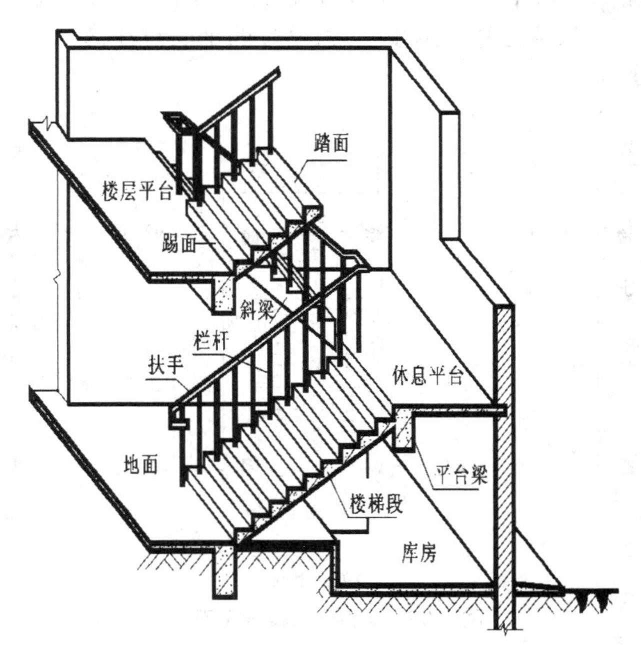

图 3-31　楼梯的组成

在建筑施工图中，建筑平面图及剖面图的比例较小，而构造形式较复杂的楼梯在这些图纸中无法表达清楚，因此需另外绘制楼梯详图。详图中应表示出楼梯的平面形式、结构形式、各部分的构造、尺寸以及装修材料等。楼梯详图一般包括三部分内容，即楼梯平面图、楼梯剖面图和楼梯踏步、栏杆、扶手等节点详图，并尽可能把它们画在同一张图纸内。楼梯平面图及剖面图一般用 1∶50 的比例画出，节点详图一般采用 1∶20 或 1∶10 的比例画出。楼梯详图分为建筑详图和结构详图两类，分别编入“建施”和“结施”中，当构造和装饰较简单时，其建筑与结构详图可合并画出。

（二）楼梯详图的识读

现以某办公楼钢筋混凝土板式楼梯为例说明楼梯详图的内容和表达形式。

1. 楼梯平面图

楼梯平面详图是建筑平面图中楼梯间部分的局部放大图。多层房屋的楼梯，当中间各层的楼梯位置、梯段数、踏步数、踏步尺寸均相同时，一般只表达一层、二层、中间层和顶层楼梯平面详图，如图 3-32 所示，比例为 1∶50，当楼梯为双跑楼梯时，楼梯平面图是沿双跑楼梯之间的休息平台的下部作水平剖切后，并向下投影而得。按《建筑制图标准》(GB/T 50104—2010)的规定，应在楼梯底层、中间层平面图上行的梯段中以 45° 细斜折断线表示水平剖切面剖断的投影，并表达该段楼梯的全部踏步数，图中箭头表示上或下的方向，并注明“上”或“下”字样，表示人站在该层的地面（或楼面）从该层往上或往下走。为便于阅读、简化标注，通常将各楼梯平面详图画在同一张图纸内，互相对齐标出楼梯间的轴线，且在一层楼梯平面图标注楼梯剖面图的剖切位置线。读楼梯平面图时，应注意梯段最高一级的踏面与平台或楼面重合。因此在楼梯平面图中，每一梯段画出的踏面数，总比踢面及踏步级数少一个。楼梯平面图用轴线编号表明楼梯间在建筑平面图中的位置，注明楼梯间开间、进深的尺寸，踏步的宽度、每层楼梯间踏步步数、踏步的平面尺寸、休息平台的平面尺寸及标高等。

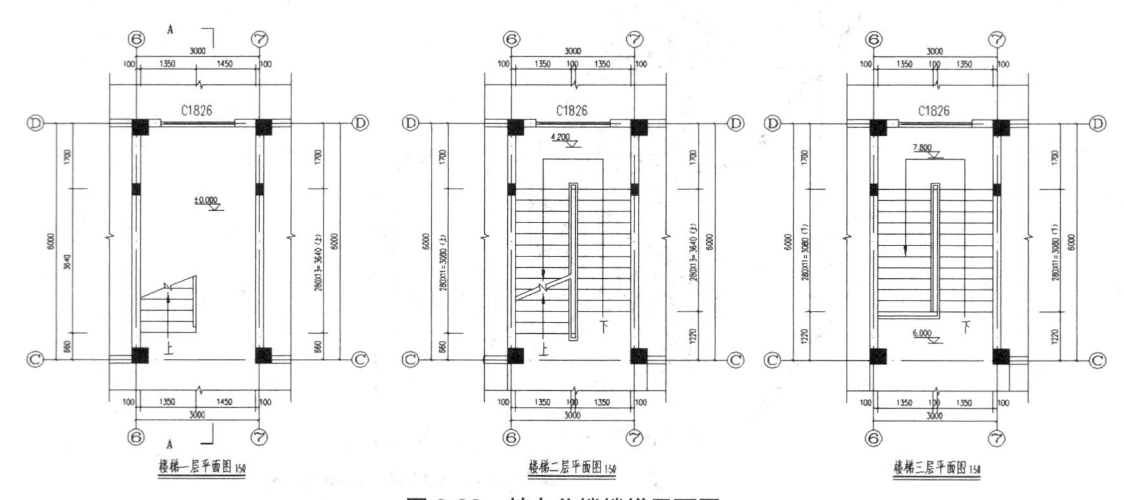

图 3-32　某办公楼楼梯平面图

楼梯底层平面图一般从第一个平台下方剖切，将第一跑梯段断开，断开处用折断线表示。折断线本应平行于踏步轮廓线，为了与踏步的投影区分，《建筑制图标准》(GB/T 50104—2010)规定用倾斜 45° 的细折断线表示。因此，楼梯底层平面图只画半个梯段，用箭头表示上的方向。图中楼梯平面图，除注出楼梯间的开间和进深尺寸、楼地面和平台面的标高尺寸外，还需标注出各细部的详细尺寸。通常把梯段长度尺寸与踏面数、踏面宽的尺寸合并写在一起。如图 3-32 所示，图中一层楼梯平面图中的 280×13=3 640，表示该梯段有 13 个踏面，每一个踏面宽为 280 mm，梯段长为 3 640 mm。

（2）中间相同的几层楼梯平面图同建筑平面图一样，可用一个楼梯平面图来表示，这个平面图称为楼梯标准层平面图。楼梯标准层平面图从中间层楼梯间窗台上方剖切，既应画出被剖切的上行部分楼梯段，还要画出该层下行的部分楼梯段及休息平台。用箭头表示上、下行方向。如图 3-32 所示，图中楼梯二层平面图为中间层，无其他标准层。三层楼梯平面图中上行方向的 280×11=3 080，表示该梯段有 11 个踏面，每一个踏面宽为 280 mm，梯段长为 3 080 mm。而其梯段踏步数量应比踏面数量多一个，为 12 级踏步。二层楼梯平面图中下行方向 280×13=3 640，表示该梯段有 13 个踏面，每一个踏面宽为 280 mm，梯段长为 3 640 mm，而其梯段踏步数量应比踏面数量多一个，为 14 级踏步。

（3）在楼梯顶层平面图中，假想的剖切平面是从顶层楼梯间窗台上方的位置剖切的，没有剖切到楼梯段（出屋顶楼梯间除外），平面图中应画出完整的两跑楼梯段及休息平台，并用箭头表示下行方向。如图 3-32 所示，图中与其他层楼梯平面图的不同之处在于，标高为三层楼梯平台的高度，平台挑空处设置水平栏杆扶手。

2. 楼梯剖面图

楼梯剖面详图是假想用一铅垂面通过房屋各层的一个梯段和门窗洞口将楼梯剖开，向另一未剖切到的梯段方向投影所作的剖面图。它应能完整、清晰地表示出各层楼梯踏步步数、踏面的宽度、踢面的高度、休息平台的标高、各种构件的搭接方法、楼梯栏杆的形式及高度、楼梯间各层门窗洞口的标高、尺寸及构造方式。如图 3-33 剖面详图所示，比例同楼梯平面详图一样，为 1∶50，是一现浇钢筋混凝土板式楼梯，表达了地面、平台、楼面、门窗洞、屋面等处的标高以及梯段、栏杆扶手的高度尺寸，梯段的高度尺寸是用踏步高与梯段踏步级数的乘积表示的，图 3-33 中一层到二层的梯段均标注 150×14=2 100，表示该梯段有 14 个踢面，每一个踢面高为 150 mm，梯段高为 2 100 mm；图中二层到三层的梯段均标注的 150×12=1800，表示该梯段有 12 个踢面，每一个踢面高为 150mm，梯段高为 1 800 mm。平台、梯段面层的构造做法根据索引符号可查找说明中的营造做法，踏步防滑做法、扶手和栏杆等细部构造可根据索引符号查找标准设计图集（L13J8）中的通用详图，或者还可以另画详图，用更大的比例画出它们的型式、大小、材料以及构造情况。

在多层房屋建筑中，如果中间各层的楼梯构造完全相同，可以只画出底层、中间层（标准层）和顶层楼梯间的剖面，中间以折断线断开，但应在标准层楼梯的楼面和平台面处以括号形式标注中间各层相应部位的标高。通常情况下，如果楼梯间的屋顶面无特殊之处，一般可不画。未被剖切到的梯段应画出其可见轮廓线。楼梯剖面图的线型要求与对应的建筑剖面图相同，如图 3-33 所示。

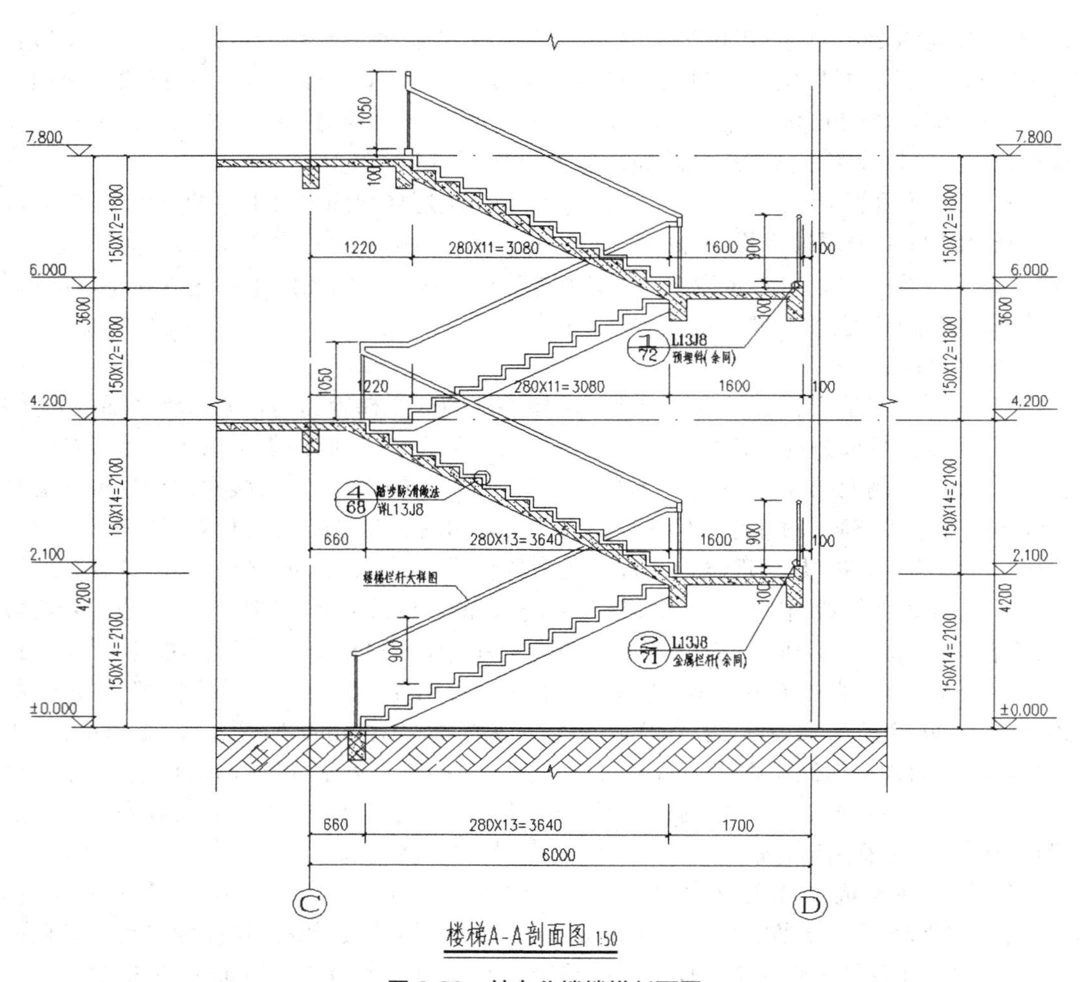

图 3-33 某办公楼楼梯剖面图

3. 楼梯节点详图

在楼梯平面图、剖面图中未能表达清楚的细部，如踏步、栏杆、扶手等，应另画详图表示，这种详图称为节点详图。楼梯节点详图一般包括踏步、扶手、栏杆详图和梯段与平台处的节点构造详图。依据所画内容的不同，详图可采用不同的比例，以反映它们的断面型式、细部尺寸、所用材料、构件连接及面层装修做法等。楼梯节点详图常用的绘图比例有 1∶1、1∶2、1∶5、1∶10、1∶20 等，如采用标准图集里的细部做法，则可直接引注标准图集代号。图 3-34 所示为某办公楼楼梯栏杆节点详图。

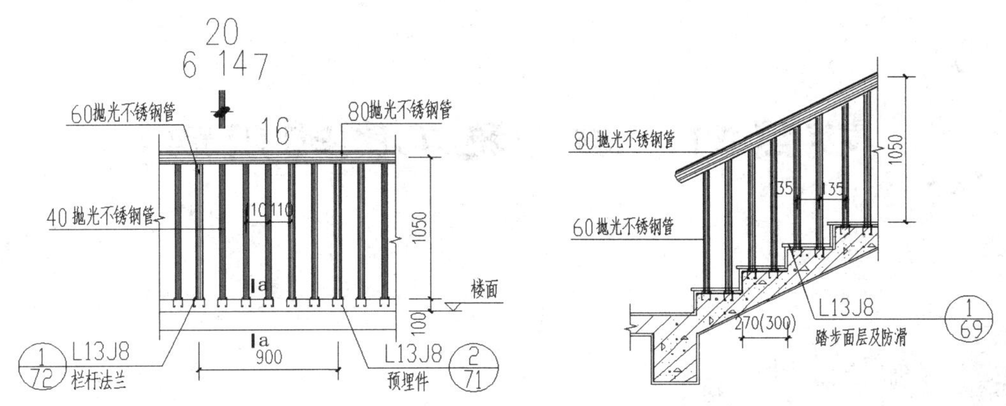

图 3-34　某办公楼楼梯栏杆详图

识读楼梯详图的方法与步骤总结如下。

（1）查明轴线编号，了解楼梯在建筑中的平面位置和上下方向。

（2）查明楼梯各部位的尺寸，包括楼梯间的大小、楼梯段的大小、踏面的宽度、休息平台的平面尺寸等。

（3）按照平面图上标注的剖切位置及投射方向，结合剖面图阅读楼梯各部位的高度，包括地面、休息平台、楼面的标高及踢面、楼梯间门窗洞口、栏杆、扶手的高度等。

【思考】万丈高楼平地起，如何打好人生的基础

定位好自己的奋斗目标——肯定自己，努力奋斗，成就自己，荣耀母校。

党的二十大报告提出：“人与自然是生命共同体，无止境地向自然索取甚至破坏自然必然会遭到大自然的报复。我们坚持可持续发展，坚持节约优先、保护优先、自然恢复为主的方针，像保护眼睛一样保护自然和生态环境，坚定不移走生产发展、生活富裕、生态良好的文明发展道路，实现中华民族永续发展。”

新时代大学生应强化绿色低碳建造意识，深刻理解可持续发展内涵，以营造绿色、健康、舒适的人居环境为己任，树立为国家生态文明建设做贡献的信念。

项目四 结构施工图的识读

1. 了解房屋结构的组成和分类；熟悉国家制图标准中对结构施工图的有关规定；
2. 了解结构施工图的组成内容和读图的一般方法步骤；
3. 熟悉砖混结构平面布置图的图示内容，熟悉楼梯构件详图的表示方法。

1. 能识别结构施工图中各种符号、图例的含义；
2. 能绘制和阅读结构施工图的方法和步骤；
3. 能正确绘制和阅读常见的钢筋混凝土结构构件（如梁、板、柱）的图样。

1. 培养诚实守信、吃苦耐劳的职业精神；
2. 养成谨慎、细致、精益求精的工作意识；
3. 养成一丝不苟、实事求是、严谨认真的学习态度。

任务一 结构施工图的认知

【任务描述及分析】

建筑施工图和结构施工图都是房屋设计与施工过程中不可缺少的图样，它们的相同之处是反映的物体都是房屋上的主要组成部分，不同的是建筑施工图主要反映房屋的整体情况和各构件间的材料连接及构造关系，以保证房屋的完整、舒适、美观等要求；结构施工图则是为了满足房屋建筑的安全与经济施工的要求，对组成房屋的承重构件，如基础、柱、梁、板等，依据力学原理和有关设计规程、规范进行计算，从而确定它们的形状、尺寸以及内部构造等，并将计算、选择结果绘成图样。结构施工图包含从下部结构（地基处理、基础设计）到上部结构（主体结构板、梁、柱等）的所有结构和构件的布置图和详图。

【任务实施及知识链接】

一、结构施工图的分类及内容

房屋建筑是由屋盖、楼板、梁、柱、墙、基础等构件组成的，这些构件是支撑房屋的骨架，各类荷载通过它们传至基础，因而称为承重构件。建筑结构施工图是根据建筑物的承重构件进行结构设计后绘出的图样。结构设计时要根据建筑要求选择结构类型，并进行合理布置，再通过力学计算确定构件的断面形状、构造、尺寸及材料。

结构施工图主要表达结构设计的内容，表示建筑物各承重构件（如基础、承重墙、柱、梁、板、屋架等）的布置、形状、大小、材料、构造及其相互关系的图样。它还要反映出其他各专业（如建筑、给排水、暖通、电气等）对结构的要求。

建筑结构施工图和建筑施工图一样，也是施工（主要是开挖、立模、绑扎钢筋、浇筑混凝土等施工过程）的依据，还是计算工程量、编制预算和施工组织计划的依据。

1. 结构设计说明

结构设计说明是带全局性的文字说明，是结构施工图的总体概述，主要内容有工程概况（结构部分）、结构设计依据、材料、基本结构构造和有关注意事项。结构设计说明通常单独编制，作为结构施工图的首页。如果内容不多，也可并入基础图，但必须放在首页。它包括以下几项内容：

（1）工程概况；

（2）选用材料、类型、规格、强度等级等情况；

（3）上部结构的构造要求；

（4）地基基础的情况；

（5）施工要求；

（6）选用的标准图集；

（7）其他必要的说明。

2. 结构平面布置图

结构平面布置图是表示房屋中各承重构件总体平面布置的图样。它包括以下几项内容：

（1）基础平面图，桩基础还包括桩位平面图，工业建筑还包括设备基础布置图；

（2）楼层结构布置平面图，工业建筑还包括柱网、吊车梁、柱间支撑布置图；

（3）屋盖结构平面图，工业建筑还包括屋面板、天沟、屋架、屋面支撑系统布置图。

基础施工图一般放在第二页，主要内容为基础的平面布置、基础构件组成及构件详图，采用图形表达方式。对于地基需要处理的情况（例如，地基土的承载力不足，地基土的土质不均匀)，需要增加地基处理图纸。

各层结构平面布置图、结构详图是表达建筑地面以上主体结构平面布置、构件组成及详细构造的图纸，可按楼层顺序依次编号放在基础施工图的后面。

3. 构件详图

构件详图包括以下几项内容：

(1)梁、柱、板及基础结构详图；

(2)楼梯结构详图；

(3)屋架结构详图；

(4)其他详图，如天窗、雨篷、过梁等。

在成套图纸中其具体内容和排列顺序是：结构设计说明、基础施工图、各层结构布置平面图、结构详图、其他结构详图。

二、结构施工图的主要规定

建筑结构图的绘制既要满足《房屋建筑制图统一标准》(GB/T 50001—2017)的规定，还应遵照《建筑结构制图标准》(GB/T 50105—2010)的相关要求。

《建筑结构制图标准》(GB/T 50105—2010)是针对建筑结构设计的具体专业制图标准，包含五个章节的内容，分别是总则、一般规定、混凝土结构，钢结构和木结构。

为了正确识读和绘制结构施工图，现对《房屋建筑制图统一标准》(GB/T 50001—2017)和《建筑结构制图标准》(GB/T 50105—2010)中的一般规定做一个详细的介绍。

1. 图线

建筑结构专业制图所用的图线线型和线宽，按照表4-1所示的规定执行。

表4-1 图线线型和线宽

名称		线型	线宽	一般用途
实线	粗	———————— b	b	螺栓、主钢筋线、结构平面图中的单线结构构件、钢木支撑及系杆线，图名下横线、剖切线
	中粗	————————	$0.5b$	结构平面图及详图中剖切到或可见的墙身轮廓线、基础轮廓线、钢、木结构轮廓线、钢筋线
	细	————————	$0.25b$	可见的钢筋混凝土轮廓线、尺寸线、标注引出线，标高符号，索引符号
虚线	粗	----------------------	b	不可见的钢筋、螺栓线，结构平面图中不可见的单线结构构件线及钢、木支撑线
	中粗	----------------------	$0.5b$	结构平面图中的不可见构件、墙身轮廓线及不可见钢、木结构构件线，不可见的钢筋线
	细	----------------------	$0.25b$	基础平面图中的管沟轮廓线，不可见的钢筋混凝土轮廓线
单点长画线	粗	—·—·—·—	b	柱间支撑、垂直支撑、设备基础轴线图中的中心线
	细	—·—·—·—	$0.25b$	定位轴线、中心线、对称线

续表

名称		线型	线宽	一般用途
双点长画线	粗	——·· —— ·· ——	b	预应力钢筋线
	细	——·· —— ·· ——	$0.5b$	原有结构轮廓图
波浪线		〜〜〜	$0.25b$	断开界线
折断线		—\/——\/—	$0.25b$	断开界线

注：在同一张图纸中，相同比例的各样图样，应选用相同的线宽组。

2. 比例

建筑结构制图中应根据绘制部分的用途和其复杂程度，选用表 4-2 所示的常用比例，特殊情况下也可选用可用比例。

当构件的纵横向断面尺寸相差悬殊时，纵横向可采用不同的比例绘制，轴线尺寸和构件尺寸也可选用不同的比例绘制。

表 4-2　常用比例

图名	常用比例	可用比例
结构施工图、基础平面图	1∶50、1∶100、1∶150、1∶200	1∶60、1∶200
圈梁平面图、总图中管沟、地下设施等	1∶200、1∶50	1∶300
详图	1∶10、1∶20、1∶50	1∶5、1∶25、1∶30

目前在很多结构设计师中流行的是：绘图时根据绘图习惯选择绘图比例，但在图纸中并不表明比例的大小，只是将所有的尺寸严格按实体标注。由此可以看出结构施工图主要是通过尺寸标注表达空间关系，对比例要求没有建筑施工图那么高。

3. 图样画法

（1）结构施工图应采用正投影法绘制，特殊情况下也可采用仰视或其他投影法绘制。

（2）结构平面布置图中，构件采用轮廓线表示，能单线表示清楚的可用单线表示；定位轴线应与建筑平面图或总平面图一致，不同平面高度处需要标注结构标高。

（3）结构平面布置图中若干部分相同时，可只绘制其中的一部分，其余部分用分类符号或构件代号表示。分类符号用在直径 8 mm 或 10 mm 的细实线圆圈里面标注大写拉丁字母表示。

（4）构件的名称采用代号表示，代号后面采用阿拉伯数字标注构件的型号或编号，也可为顺序号，顺序号为不带角标的连续数字，如 L1 、L2 ，而不是 L_1 、L_2 ，常用的构件代号如表 4-3 所示。

表4-3 常用构件代号

名称	代号	名称	代号	名称	代号
板	B	吊车梁	DL	基础	J
屋面板	WB	圈梁	QL	设备基础	SJ
空心板	KB	过梁	GL	桩	ZH
槽形板	CB	连系梁	LL	柱间支撑	ZC
折板	ZB	基础梁	JL	垂直支撑	CC
密肋板	MB	楼梯梁	TL	水平支撑	SC
楼梯板	TB	檩条	LT	梯	T
盖板或沟盖板	GB	屋架	WJ	雨篷	YP
挡雨板或檐口板	YB	托架	TJ	阳台	YT
吊车安全走道板	DB	天窗架	CJ	梁垫	LD
墙板	QB	框架	KJ	预埋件	M
天沟板	TGB	刚架	GJ	天窗端壁	TD
梁	L	支架	ZJ	钢筋网	W
屋面梁	WL	柱	Z	钢筋骨架	G

（5）桁架式结构的几何尺寸图可采用单线图表示。杆件的轴线长度尺寸应标注在杆件的上方。

（6）结构平面图中的剖面图、断面详图的编号顺序宜按下列顺序编排：外墙按顺时针方向从左下角开始编号；内横墙从左至右，从上至下编号；内纵墙从上至下，从左至右编号。

（7）构件详图中，当纵向较长（或纵、横向都较长）、重复较多时，可用折断线断开，绘制保留部分，适当省去重复部分，以使图纸简化。

【拓展阅读】空中造楼机

空中造楼机是中国自主研发的设备平台及配套建造技术，是智能控制的大型组合式机械设备平台，是质量优良、周期可控、成本经济、绿色环保的现浇装配式建造技术。

“空中造楼机”外形看起来是一个用蓝色幕布包裹的大平台，环着大楼一圈，内部则形成一个封闭、安全的作业空间，工人在造楼机内进行各个模块施工。造楼机与楼体通过一个个提前布好的支点链接。一层楼建造完成后，工程师在控制后台进行操控，“空中造楼机”整体顶升，以便工人继续往上建楼。空中造楼机具有施工速度快、安全性高、机械化程度高、节省劳动力等多项优点。

任务二　识读钢筋混凝土构件图

【任务描述及分析】

构件详图是制作构件时安装模板、钢筋加工和绑扎等工序的依据。钢筋混凝土构件详图一般包括模板图、配筋图、预埋件详图及钢筋表（或材料用量表）。而配筋图又分为立面图、断面图和钢筋详图。在图中，主要表明构件的长度、断面形状与尺寸、钢筋的形式与配置情况，也可表示模板尺寸、预留孔洞与预埋件的大小和位置、轴线和标高。一般情况下主要绘制配筋图，对较为复杂的构件才画出模板图和预埋件详图。在钢筋混凝土结构中，具有代表性的构件是梁、板、柱，识读钢筋混凝土构件图应特别注意这些。

【任务实施及知识链接】

一、钢筋混凝土基础知识

钢筋混凝土是由钢筋和混凝土两种材料组合而成的。混凝土是用水泥、砂子、石子和水四种材料按一定的配合比拌和在一起，经硬化而成的建筑材料。混凝土在力学性质上具有抗压强度大但抗拉强度低的特点。

（一）钢筋混凝土结构

钢筋混凝土结构是配有钢筋的普通混凝土结构，广泛用于各种受弯、受压、受拉的构件及结构，如梁、板、柱、基础、墙体等。

钢筋混凝土结构是混凝土结构中最具代表性的一种结构，由钢筋和混凝土两种物理力学性能不同的材料组成。根据混凝土的抗压强度，建筑结构中的混凝土的强度等级有C15、C20、C25、C30、C35、C40、C45、C50、C55、C60、C65、C70、C75和C80十四个等级。混凝土受拉时易开裂使构件产生裂缝；而钢筋的抗拉和抗压性能都很高，两种材料组合在一起能充分发挥各自所长，协同工作，共同承担外力。

图4-1展示了钢筋混凝土简支梁受力示意图，其在荷载作用下产生弯曲变形。如果没有钢筋，下部将产生断裂破坏，如图4-1（a）所示。配置钢筋后，上部为受压区，由混凝土承受压力，下部为受拉区，由梁内钢筋承受拉力，从而保证安全使用。组合后在荷载作用下的状态如图4-1（b）所示。

（二）钢筋的作用和分类

钢筋混凝土中的钢筋，有的是因为受力需要而配置的，有的则是因为构造需要而配置的，这些钢筋的形状及作用各不相同，一般分为以下几种。

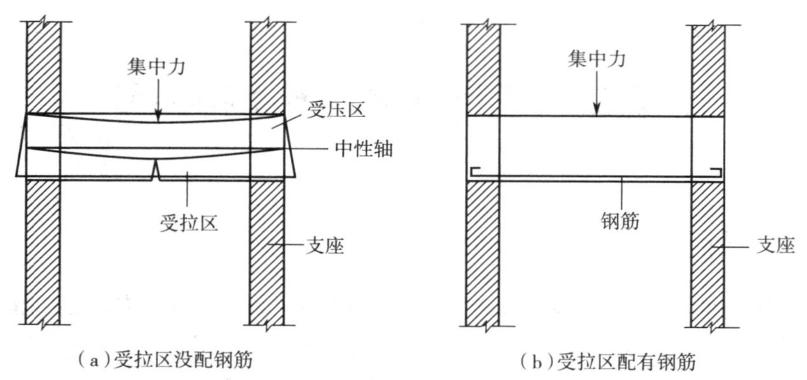

图 4-1 钢筋混凝土简支梁受力示意图

（1）受力钢筋（主筋）：在构件中以承受拉应力和压应力为主的钢筋称为受力筋，受力筋用于梁、板、柱等各种钢筋混凝土构件中。

（2）箍筋：作为固定受力筋、架立筋的位置所设的钢筋称为箍筋，箍筋一般用于梁和柱中。

（3）架立钢筋：又叫架立筋，用以固定梁内钢筋的位置，把纵向的受力钢筋和箍筋绑扎成骨架。

（4）分布钢筋：简称分布筋，用于各种板内，其作用是将承受的荷载均匀地传递给受力筋。

（5）其他钢筋：除以上常用的四种类型的钢筋外，还会因构造要求或者施工安装需要而配制构造钢筋，如腰筋、吊筋。

常见的钢筋的形式及在梁、柱、板中的位置及形状如图 4-2 所示。

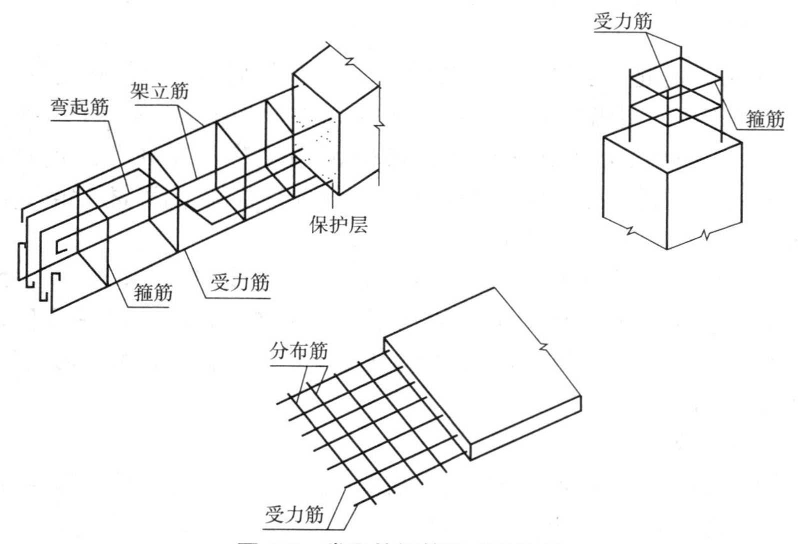

图 4-2 常见的钢筋形式及位置

（三）钢筋的保护层、弯钩及箍筋

为了防止钢筋受到空气、水、土质影响而生锈、腐蚀，同时保证钢筋与混凝土的黏结力，钢筋必须全部包裹在混凝土内，并保证钢筋的外边缘与混凝土表面留有一定的厚度，此厚度通常称为保护层。

为使钢筋与混凝土黏结良好，光圆钢筋两端需要做弯钩，以加强钢筋与混凝土的黏结力，避免钢筋在受拉区滑动。弯钩的形式有半圆弯钩、直弯钩等。

根据箍筋在构件中的作用不同，箍筋分为封闭式、开口式和抗扭式三种。封闭式和开口式箍筋弯钩的平直部分长度同半圆弯钩一样，取 $3d$（d 代表钢筋直径）。抗扭式箍筋弯钩的平直部分长度按设计确定，一般为 $10d$。现在，有抗震设计要求的箍筋也采用抗扭箍筋。常见的箍筋形式及画法如图 4-3 所示。

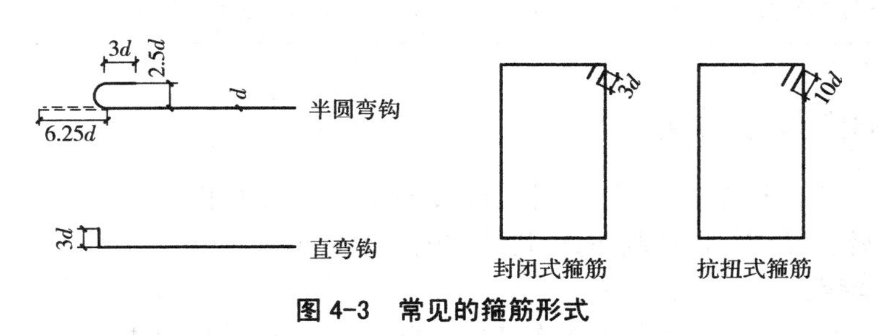

图 4-3　常见的箍筋形式

(四)钢筋的表示方法

根据《建筑结构制图标准》(GB/T　50105—2010)的规定，钢筋在图中的表示方法应符合表 4-4 的规定画法。

表 4-4　钢筋在图中的表示方法

编号	名称	图例	说明
1	钢筋断面图		—
2	钢筋断面图		下图表示长、短钢筋投影重叠时，可在短钢筋的端部用 45° 短线表示
3	带半圆形弯钩的钢筋端部		—
4	带直钩的钢筋端部		—
5	带丝扣的钢筋端部		—
6	无弯钩的钢筋搭接		—
7	带半圆弯钩的钢筋搭接		—
8	带直钩的钢筋搭接		—
9	套管接头(花篮螺丝)		—

(五)常用钢筋代号

我国目前钢筋混凝土和预应力钢筋混凝土中常用的钢筋和钢丝主要有热轧钢筋、冷拉钢筋和热处理钢筋、钢丝四大类。其中热轧钢筋和冷拉钢筋又按其强度由低到高分为Ⅰ、Ⅱ、Ⅲ、Ⅳ四级。不同种类和级别的钢筋、钢丝在结构施工图中用不同的符号表示，详见表 4-5。

表 4-5 钢筋的种类和符号

钢筋种类	钢筋代号	钢筋种类	钢筋代号
Ⅰ级钢筋（如 Q235 光圆钢筋）	Φ	冷拉Ⅰ级钢筋	$Φ^l$
Ⅱ级钢筋（如 16 锰钢钢筋）	Φ	冷拉Ⅱ级钢筋	$Φ^l$
Ⅲ级钢筋（如 25 锰硅钢筋）	Φ	冷拉Ⅲ级钢筋	$Φ^l$
Ⅳ级钢筋（如光圆或螺纹钢筋）	Φ	冷拉Ⅳ级钢筋	$Φ^l$

二、构件图的图示方法

钢筋混凝土构件详图由模板图（外轮廓线的投影图）、配筋图、钢筋明细表和预埋件详图等组成，它是钢筋加工、构件制作、用料统计的重要依据。

（一）图示特点

为了清楚地表示构件中钢筋的配置情况，可以将混凝土假想为透明体，用细实线画出构件的外轮廓，用粗实线表示钢筋（用黑圆点表示钢筋的横断面，重叠时用圆圈）。一般不需要三视图，只需画出构件的立面图、断面图、配筋图（也称钢筋结构图）或列出配筋表即可。

（二）钢筋编号和尺寸标注形式

用于不同情况下的标注形式主要有下列两种。

（1）标注钢筋的根数和直径，如梁、柱内的受力筋和梁内的架立筋，如图 4-4（a）所示。

（2）标注钢筋的直径和间距，例如梁、柱内的箍筋和板内的各种钢筋，如图 4-4（b）所示。

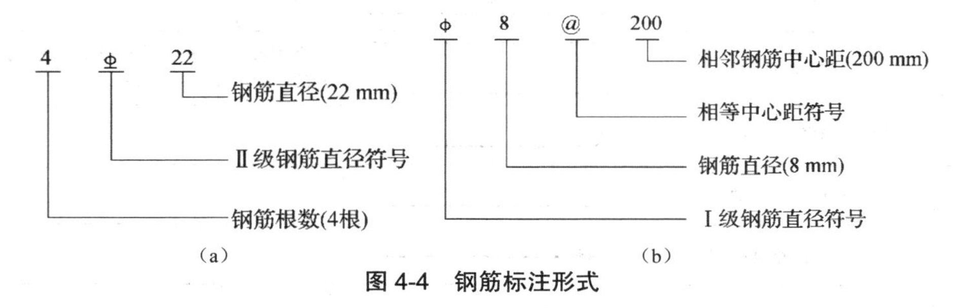

图 4-4 钢筋标注形式

（三）模板图

模板图实际上就是构件的外轮廓线投影图，主要用来表示构件的形状、外形尺寸、预埋件和预留孔洞的位置和尺寸。当构件的外形比较简单时，模板图可以省略不画，一般情况只要在配筋图中标注出有关尺寸即可。但对于比较复杂的构件，为了便于施工中模板的制作安装，必须单独画出模板图。模板图通常用中粗线或细实线绘制。

（四）配筋图

配筋图也叫钢筋的布置图，主要表示构件内部各种钢筋的强度等级、直径大小、根数、弯截形状、尺寸及其排放布置。对各种钢筋混凝土构件，应直接将构件剖切开来，并假定混凝土是透明的，将所有钢筋绘出并加以标注。

对于所有纵筋必须标注出钢筋的根数、强度等级、直径大小和钢筋的编号，箍筋和板中的钢筋网必须标注出钢筋的强度等级、直径、间距（钢筋中心到钢筋中心）和钢筋的编号（有时钢筋编号可以省略）。某钢筋混凝土梁的结构详图如图 4-5 所示。

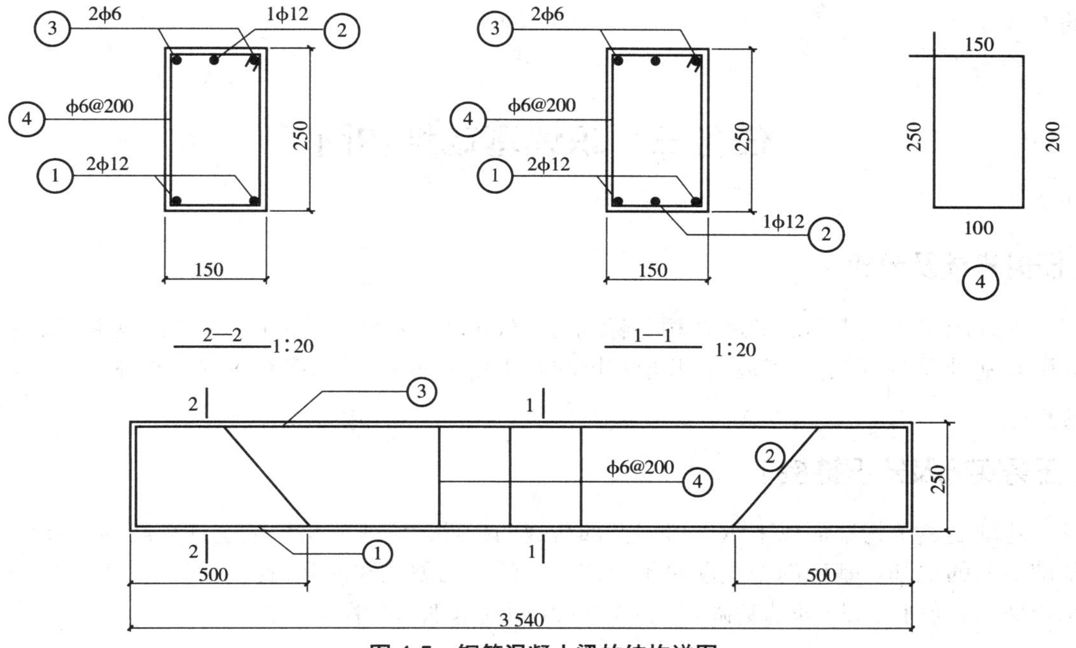

图 4-5　钢筋混凝土梁的结构详图

（五）钢筋明细表

有时为了方便钢筋的加工安装和编制工程预算，通常在构件配筋图旁边列出钢筋明细表。钢筋明细表的内容有构件代号、钢筋编号、简图、规格、长度、数量、总长、总重等，如表 4-6 所示。这里需要说明的是，在钢筋明细表中，钢筋简图上标注的钢筋长度并不包含钢筋弯钩的长度，而在“长度”一栏内的数字则已加上了弯钩的长度，是钢筋加工时的实际下料长度。

表 4-6　钢筋明细表

构件名称	构件数	编号	规格	简图	单根长度 /mm	根数	累计质量 /kg
L1	1	1	12		3 640	2	7.41
		2	12		4 204	1	4.45
		3	6		3 490	2	1.55
		4	6		650	18	2.60

（六）预埋件详图

在某些钢筋混凝土构件的制作中，有时为了安装、运输的需要，在构件中设有各种预埋件，例如吊环、钢板等，应在模板图附近画出预埋件详图。

【思考】钢筋混凝土梁的受力与做人

人生也要经受得起拉、压、弯、剪、扭，给自己的内心配好“受力钢筋”，做一个心理强大的人。

任务三 识读基础结构图

【任务描述及分析】

基础图主要是表示建筑物在相对标高 ±0.000 以下基础结构的图纸，通常包括基础平面图和基础详图，它是施工放线、开挖基坑和基础施工的依据，识读时应首先掌握相关基础知识。

【任务实施及知识链接】

基础是建筑物地面以下承受房屋全部荷载的构件。它承受房屋的全部荷载，并传递给基础下面的地基。基础的型式取决于上部承重结构的型式和地基情况。在民用建筑中，常见的型式有条形基础（即墙基础）和独立基础（即柱基础），如图 4-6 所示。

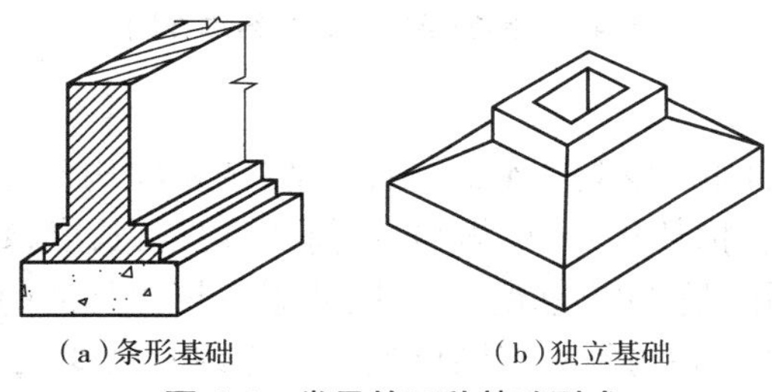

（a）条形基础　　（b）独立基础

图 4-6 常见的两种基础型式

条形基础埋入地下的墙称为基础墙。当采用砖墙和砖基础时，在基础墙和垫层之间做成阶梯形的砌体，称为大放脚。基础底下天然的或经过加固的土壤叫地基。基坑（基槽）是为基础施工而在地面上开挖的土坑。坑底就是基础的底面，基坑边线就是放线的灰线。防潮层是防止地下水对墙体侵蚀而铺设的一层防潮材料，如图 4-7 所示。

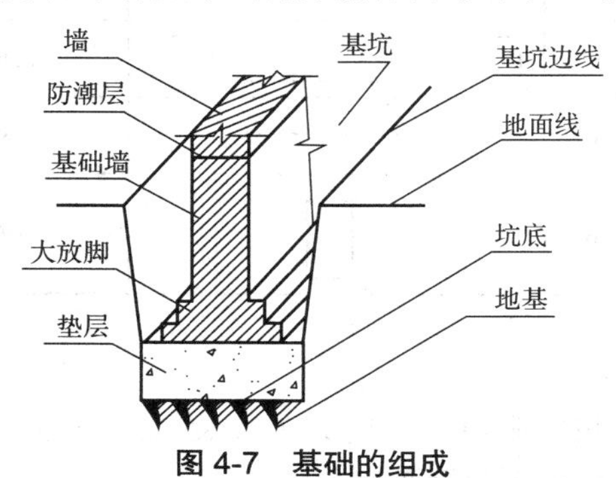

图 4-7 基础的组成

一、基础平面图

基础平面图是表示基础平面布置的图样。它是假想用一个平面在建筑物室内地面以下剖切后，移去上部房屋和基坑内的泥土所作的水平剖面图。基础平面图主要表示基础的平面布置以及墙、柱与轴线的关系。

(一)基础平面图的画法

在基础平面图中，只要求画出基础墙、柱的断面以及基础底面的轮廓线，基础的细部投影可以省略。

细部详图将具体反映在基础详图中。基础墙和柱的外形线是剖切线剖到的轮廓线，应画成粗实线。由于基础平面图通常采用1∶100的比例绘制，故材料图例的表示方法与建筑平面图相同，即剖到的基础墙可不画出砖墙图例，钢筋混凝土柱涂成黑色。条形基础和独立基础的底面外形线是可见的轮廓线，则画成中实线。在基础内留有孔、洞及管沟位置时则用细虚线画出，如图4-8所示。

当基础中设基础梁和地圈梁时，用粗单点长画线表示其中心线的位置。

(二)基础平面图的尺寸标注

在基础图中，绘图的比例、轴线编号及轴线间的尺寸必须同建筑平面图一样。基础平面图的尺寸标注分内部尺寸和外部尺寸两部分。外部尺寸只标注定位轴线的间距和总尺寸。内部尺寸应标注各道墙的厚度、柱的断面尺寸和基础底面的宽度等。平面图中的轴线编号、轴线尺寸均应与建筑平面图相吻合。

这些尺寸可直接标注在基础平面图上，也可以辅以文字说明。基础的定位尺寸即基础墙、柱的轴线尺寸（应使柱的定位轴线及其标号必须与建筑平面图相一致）。不同类型的基础、柱分别用代号J1、J2……和Z1、Z2……表示。

(三)基础平面图的剖切符号

凡基础宽度、墙厚、大放脚、基底标高、管沟做法不同时，均应以不同的断面图表示，所以在基础平面图中应注出各断面图的剖切符号及编号，以便对照查阅。

(四)基础平面图的识读

基础平面图识读的步骤如下。

(1)了解图名、比例。

(2)与建筑平面图对照，了解基础平面图的定位轴线。

(3)了解基础的平面布置，结构构件的种类、位置、代号。

(4)了解剖切符号，通过剖切符号了解基础的种类、各类基础的平面尺寸。

(5)阅读基础设计说明，了解基础的施工要求、用料。

(6)结合基础平面图与设备施工图，了解设备管线穿越基础的准确位置，洞口的形状、大小以及洞口上方的过梁要求。

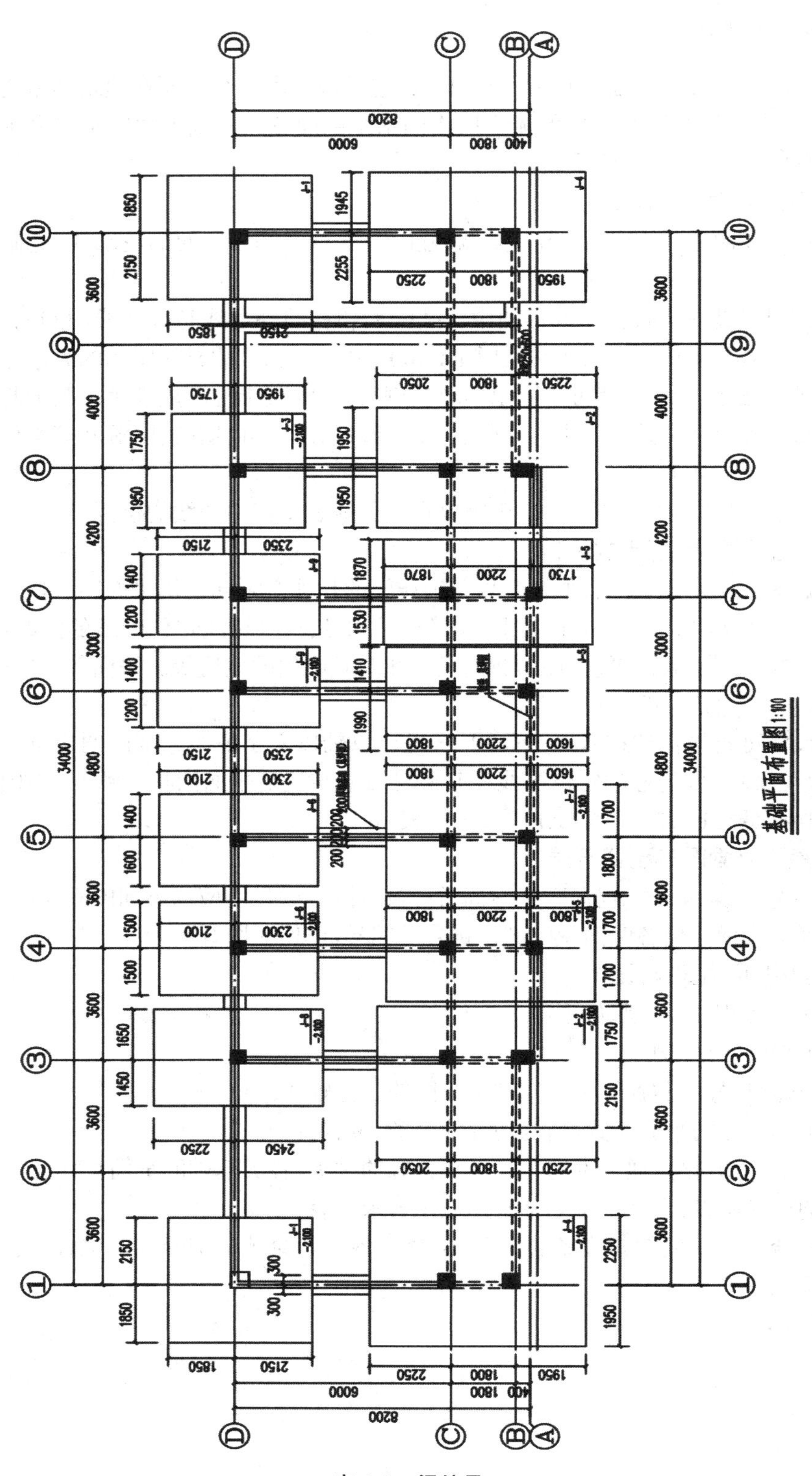

表 4-8 梁编号

二、基础详图

基础详图是在基础的某一处用铅垂剖切平面切开基础所得到的断面图，常用 1∶10、1∶20、1∶50 的比例绘制。基础详图表示了基础的断面形状、大小、材料、构造、埋深及主要部位的标高等，是基础施工的重要依据。

（一）基础详图的特点与内容

（1）不同构造的基础应分别画出其详图。当基础构造相同，而仅部分尺寸不同时，也可用一个详图表示，但需标出不同部分的尺寸。基础断面图的边线一般用粗实线画出，断面内应画出材料图例。若是钢筋混凝土基础，则只画出配筋情况，不画出材料图例。

（2）一般的基础详图仅用断面图即可，对较为复杂的独立基础详图，有时需补充平面图，即基础详图由平面图和剖面图组成。

（二）基础详图的识读

图 4-9 是独立基础详图，该详图由平面图和剖面图组成，其识读的方法如下。

（1）了解图名与比例。因基础的种类往往比较多，读图时，将基础详图的图名与基础平面图的剖切符号、定位轴线对照，了解该基础在建筑中的位置。

（2）了解基础的形状、大小与材料。

（3）了解基础各部位的标高，计算基础的埋置深度。

（4）了解基础的配筋情况。

（5）了解垫层的厚度尺寸与材料。

（6）了解基础梁的配筋情况。

（7）了解管线穿越洞口的详细做法。

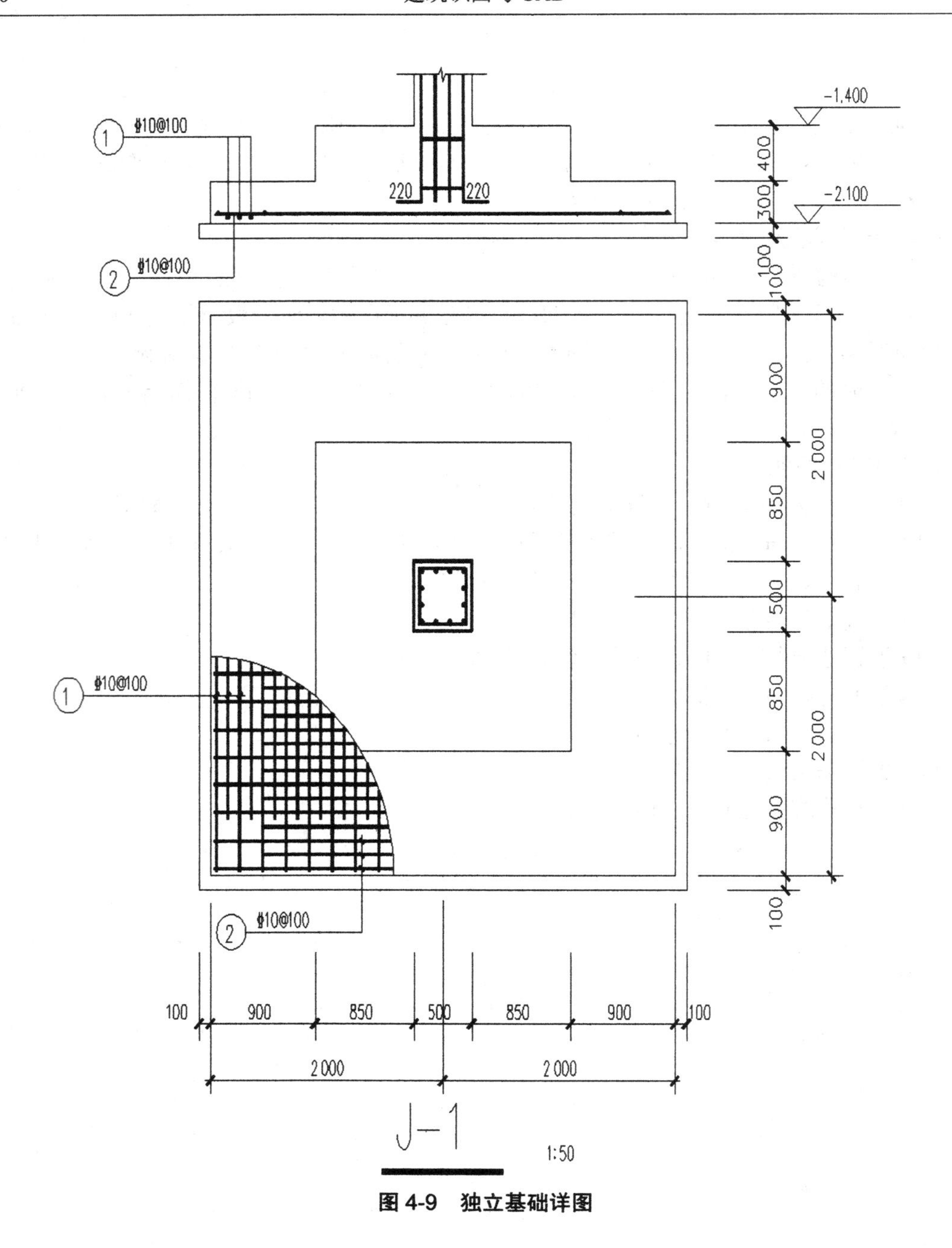

图 4-9 独立基础详图

【任务实训】

识读图 4-10 所示某社区办公楼的基础平面布置图。

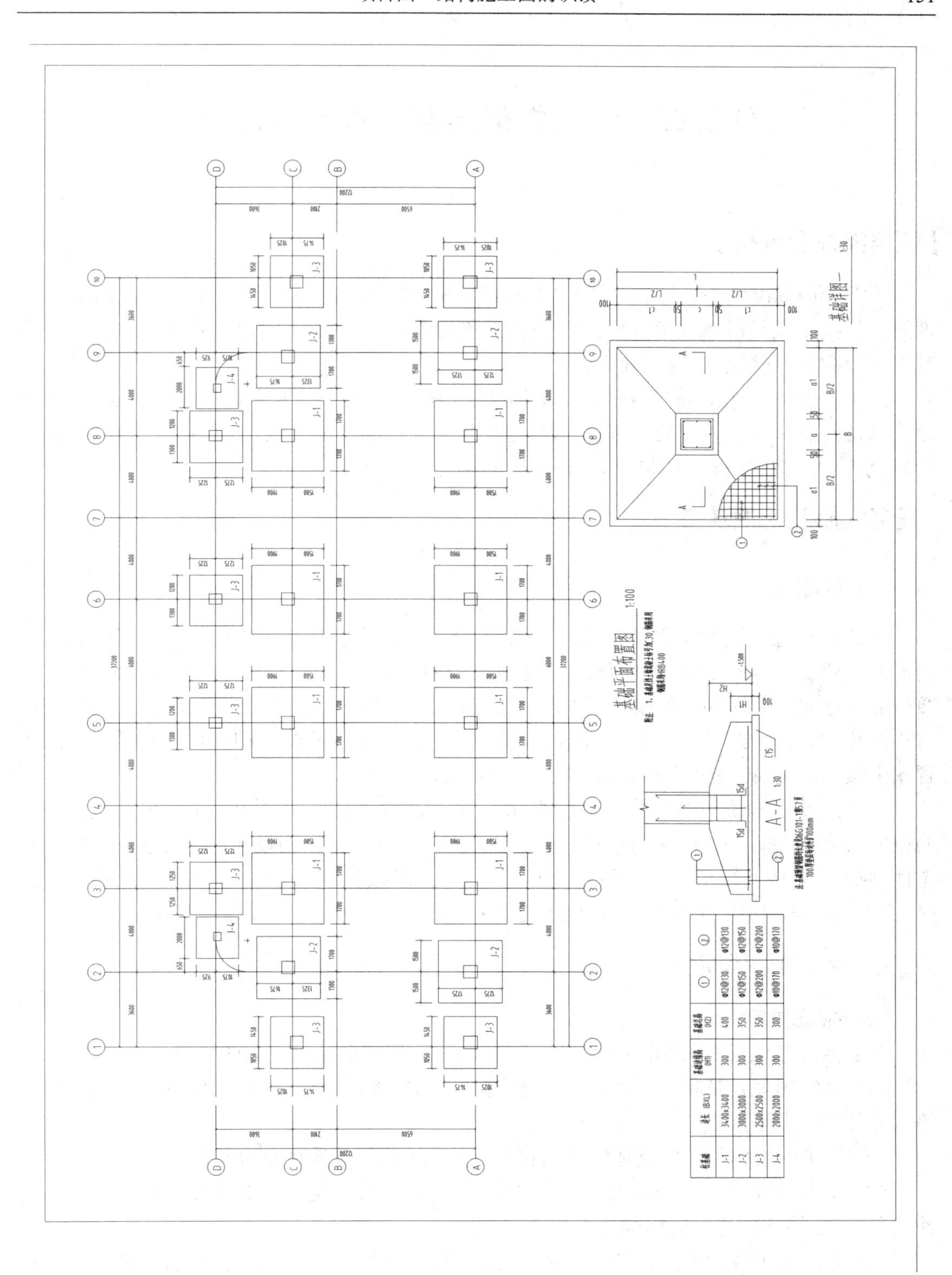

图 4-10　某社区办公楼的基础平面布置图

任务四　识读钢筋混凝土构件平法图

【任务描述及分析】

平法绘图标准既是设计者完成基础、柱、墙、梁、楼梯等平法施工图的依据，也是施工、监理等工程技术人员准确理解和实施平法施工图的依据。因此，在绘制和识读平法施工图的过程中，都要依据标准的规定进行。

由于用板的平面配筋图表示板的配筋画法，与传统方法一致，所以下面仅对梁、柱的平面表示法进行介绍。在平面图上表示各构件尺寸和配筋值的方式，有平面注写方式（标注梁）、列表注写方式（标注柱和剪力墙）和截面注写方式（标注柱和梁）等三种。

【任务实施及知识链接】

一、概述

建筑结构施工图的平面整体表示方法（以下简称“平法”）是建筑结构施工图绘制方法的革命。建筑结构施工图的平面整体表示方法，概括来讲是把结构构件的尺寸和配筋等，按照平面整体表示方法制图规则，整体直接表达在各类构件的结构平面布置图上，再与标准构造详图相配合，构成一套新型完整的结构设计。它改变了传统的那种将构件从结构平面布置图中索引出来，再逐个绘制配筋详图的烦琐方法。

平法改变了传统的逐个构件表达的方式，大大减少了传统设计中大量同值性重复表达的内容，并将这部分内容用标准图集的方式固定下来，从而使结构设计快捷方便，表达准确、全面、唯一，又易于修正，提高了设计效率，并且方便了施工和预（决）算的看图、识图。同时，由于表达顺序与施工一致，因而便于施工和质量检查，真正沟通了设计与施工。

二、平法制图规定

（一）制图规定

在遵循国家现行有关制图标准和规范的前提下，还应遵循以下制图规定。

（1）本制图规定适用于各种现浇钢筋混凝土结构的板、梁、柱、剪力墙、楼梯、筏形基础等构件的施工图平法设计。

（2）施工图由构件平面整体配筋图和相应的标准构造详图两部分构成。

（3）平面整体配筋图是按照各类构件的制图规定，在结构平面布置图上直接表示各构件的尺寸、配筋和所选用的标准构造详图的图样。

（4）平法表示各构件尺寸和配筋值的方式，有平面注写方式、截面注写方式和列表注写方式三种，可根据具体情况选择使用。

（5）用平法绘制施工图时，应将图中的所有构件进行编号，编号中含有类型代号和序号等。类型代号是指明所选用的标准构造详图。在标准构造详图上，按构件类型注有代号，明确该详图与平面整体配筋图中相同构件的互补关系，两者合并构成完整的施工图。

（6）混凝土保护层厚度、钢筋搭接和锚固长度，除图中注明者外，均须按标准构造详图中的有关构造规定执行。

（二）必注内容

（1）标注平法标准构造详图的图集代号，以免图集升版后在施工图中用错。应选用最新版本现行图集。例如，原图集代号为16G101，现行新图集代号为22G101。

（2）标注抗震设防烈度及抗震等级，并选用相应抗震等级的标准构造详图。当无抗震设防时也应写明选用非抗震的标准构造详图。

（3）标注混凝土的强度等级、钢筋级别及钢筋接头形式及有关要求。

（4）标注不同部位的构件所处的环境条件。

（5）对标准构造详图作局部变更时，应标注变更的具体内容。

（6）有特殊要求时，应另加说明。

三、梁配筋的平法表示

框架梁的平法图可采用平面注写或截面注写方式来表达。绘制梁的平法图时，应分别按梁的不同结构层，将全部梁和与其相连接的板、柱、墙一起绘制。梁的平法图中应注明各层的楼层结构标高和结构层高，轴线不居中的应标注其偏心尺寸（贴柱边的梁不注）。

（一）平面注写方式

平面注写方式是指在梁平面布置图上分别从不同编号的梁中各选一根梁，在其上注写截面尺寸和配筋具体数值的方式来表达梁的施工图样。平面注写包括集中标注和原位标注。

集中标注表达梁的通用数值，原位标注表达梁的特殊数值。当集中标注中的某项数值不适用于该梁的某部位时，则将该项数值按原位标注。如图4-11所示。

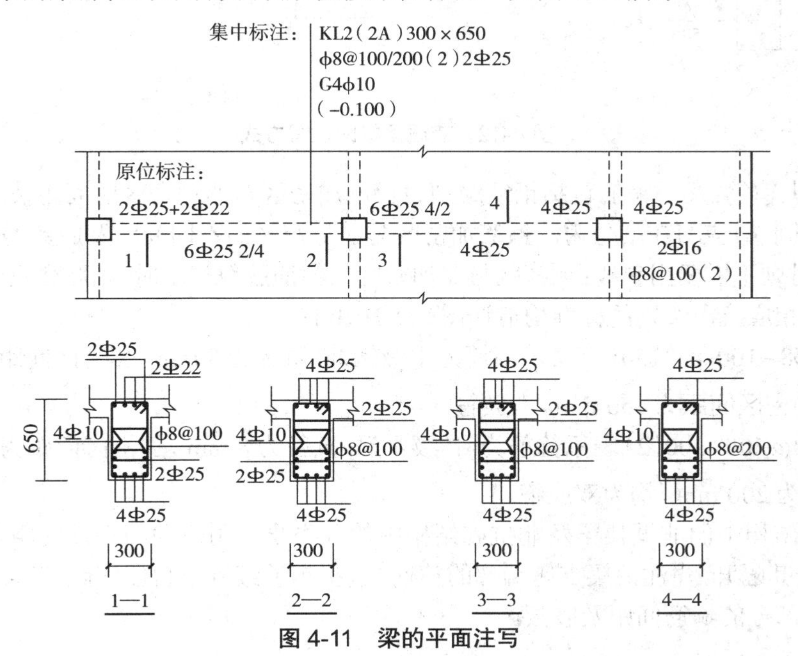

图4-11　梁的平面注写

1. 梁编号

梁编号由梁类型、代号、序号、跨数及是否带有悬挑几项组成，应符合表 4-8 的规定。

表 4-8 梁编号

梁类型	类型代号	序号	跨数及是否带有悬挑代号
楼层框架梁	KL	××	（××）、（××A）或（××B）
屋面框架梁	WKL	××	（××）、（××A）或（××B）
框支梁	KZL	××	（××）、（××A）或（××B）
非框架梁	L	××	（××）、（××A）或（××B）
悬挑梁	XL	××	（××）、（××A）或（××B）
井字梁	JZL	××	（××）、（××A）或（××B）

2. 梁集中标注的内容

梁集中标注的内容有 4 项必注值和 1 项选注值（集中标注可以从梁的任一跨引出）。

（1）_x0001_ 编号：梁的编号规则见表 4-8，该项为必注值。

（2）梁截面尺寸：该项为必注值。等截面梁用 $b \times h$ 表示；当为加腋梁时，用 $b \times h\ \mathrm{Y}_{C_1 \times C_2}$ 表示，其中 c_1 为腋长，c_2 为腋高，如图 4-12（a）所示；当有悬挑梁且根部和端部的高度不同时，用斜线“ / ”分隔根部与端部的高度值，即 $b \times h_1 / h_2$，如图 4-12（b）所示。

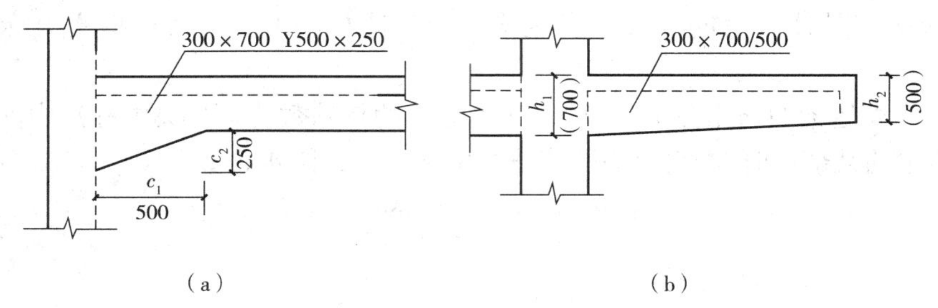

图 4-12 变截面梁的注写方式

（3）梁上箍筋：梁上箍筋包括钢筋级别、直径、加密区与非加密区的间距及肢数，该项为必注值，箍筋肢数应写在括号内。箍筋加密区与非加密区的不同间距及肢数需用斜线“ / ”分隔，相同时则不需要用斜线；加密区与非加密区的箍筋肢数相同时，则肢数只注写一次；加密区范围见相应抗震级别的标准构造详图（22G101-1）。

例如，$\phi 8-100(4)/150(2)$ 表示箍筋为 I 级钢筋，直径为 8 mm，加密区间距为 100 mm，4 肢箍，非加密区间距为 150 mm，双肢箍。

又如 $\phi 8@100/200(2)$ 表示箍筋为 I 级钢筋，直径为 8 mm，加密区间距为 100 mm，非加密区间距为 200 mm，均为双肢箍。

当抗震结构中的非框架梁及非抗震结构中的各类梁采用不同的箍筋间距及肢数时，用斜线“ / ”将其隔开，先注写梁支座端部的箍筋（包括钢筋级别、直径、间距、肢数），在斜线后注写梁跨中部分的箍筋间距及肢数。

例如，13ϕ10－150/200(4)表示箍筋为Ⅰ级钢筋，直径10 mm；梁的两端各有13个4肢箍，间距为150 mm，梁跨中部分，间距为200 mm，均为4肢箍。

例如，18ϕ12－120(3)/200(2)表示箍筋为Ⅰ级钢筋，直径12 mm；梁的两端各有18个3肢箍，间距为120 mm，梁跨中部分间距为200 mm，均为2肢箍。

(4)梁上纵筋：梁上部通长筋或架立筋配置，该项为必注值。所注规格与根数应该根据结构受力要求及箍筋肢数等构造要求而定。当同排纵筋中既有通长筋又有架立筋时，应用加号“＋”将通长筋和架立筋相联。注写时，需将角部纵筋写在加号的前面，架立筋写在加号后面的括号内，以示不同直径与通长筋的区别。当全部采用架立筋时，则将其写在括号内。例如，2Φ22+(4ϕ12)配用6肢箍，其中2Φ22为贯通筋，4ϕ12为架立筋，如图4-13(a)所示。

当梁的上部和下部纵筋均为通长筋，且各跨配筋相同时，此项可加注下部纵筋的配筋值，用分号“；”将上、下部纵筋的配筋值隔开。例如，3Φ22；3Φ20表示梁的上部配置3Φ22为通长筋，梁的下部配置3Φ20为通长筋，如图4-13(b)所示。

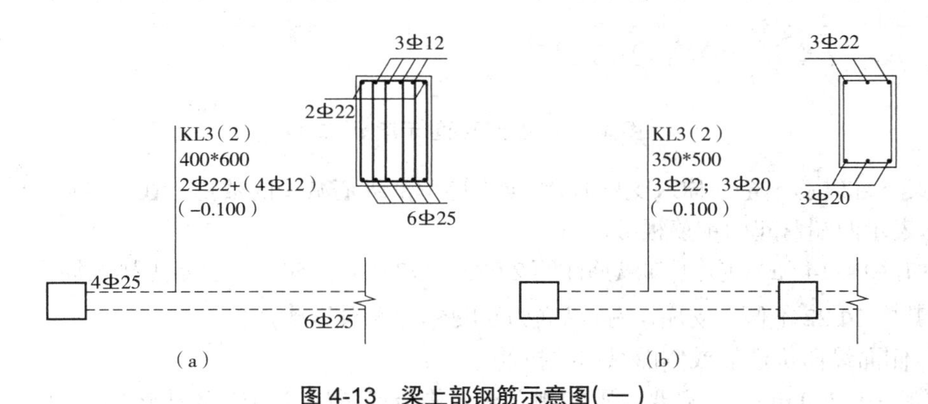

图4-13　梁上部钢筋示意图(一)

(5)梁顶面标高高差：本项为选注值，有高差时才注写。梁顶面标高高差指相对于结构层楼面标高的高差值，对于位于结构夹层的梁，则指相对于结构夹层楼面标高的高差。有高差时，需将其写入括号内，无高差时不注。当梁顶面标高高于所在楼面时为正值，反之为负值。例如，图4-13中的(−0. 100)表示该梁低于它所在的楼层0.100 m。

3. 梁的原位标注内容

(1)梁支座的上部纵筋(该部位含通长筋在内的所有纵筋)。

当上部纵筋多于一排时，用斜线“/”将各排纵筋自上而下分开。例如，图4-14(a)中梁上部注写6Φ25 4/2表示上排纵筋4Φ25，下排纵筋2Φ25。

当同排纵筋有两种直径时，用加号“＋”将两种直径的纵筋相联，且须将角筋写在前面。例如，图4-14(b)中梁支座上部注写2Φ25+2Φ22，表示2Φ25为放在两角的纵筋，2Φ22为放在中部的纵筋。

当梁中间支座两边的上部纵筋不相同时，须在支座两边分别标注；当梁中间支座两边的上部纵筋相同时，可仅在支座的一边标注配筋值，另一边省去不注。

当梁某跨支座与跨中的上部纵筋相同，且其配筋值与集中标注的梁上部通长筋相同时，则不需要在该跨的上部做原位标注；若与集中标注值不同时，可仅在上部跨中注写一次，支座处省略不注。

（2）梁下部纵筋。

当下部纵筋多于一排时，用斜线“／”分隔上、下排纵筋，如图4-14（a）所示。

当同排纵筋有两种直径时，可用“＋”相联，且角筋在前，如图4-14（b）所示。

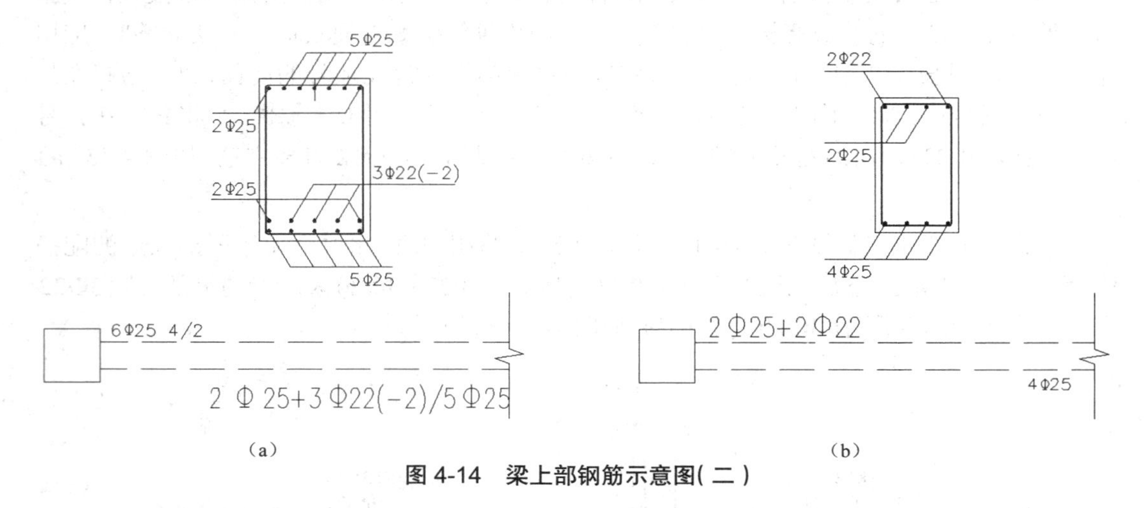

图4-14 梁上部钢筋示意图(二)

当梁下部纵筋不全部伸入支座时，将梁支座下部纵筋减少的数量写在括号内；当梁为单跨时，它表示两端弯起的钢筋根数。

例如，图4-14（a）中梁下部纵筋注写2Φ25+3Φ22(-2)/5Φ25，表示上排纵筋为2Φ25和3Φ22，其中2Φ22不伸入支座，下排纵筋为5Φ25，全部伸入支座。

（3）侧面纵向构造筋或侧面纵向抗扭筋。

当梁高于700 mm时，需要设置的侧面纵向构造筋按标准构造详图施工，平面整体配筋图中不注明。具体工程有不同要求时，应加以注明。当梁某跨侧面布置有抗扭纵筋时，须在该跨的适当位置标注抗扭纵筋的总配筋值并在其前面加上“N”号。

如图4-15所示，在梁下部纵筋处另外注写有G4 ⌀12时，则表示该跨梁两侧面各有2 ⌀12的构造纵筋。

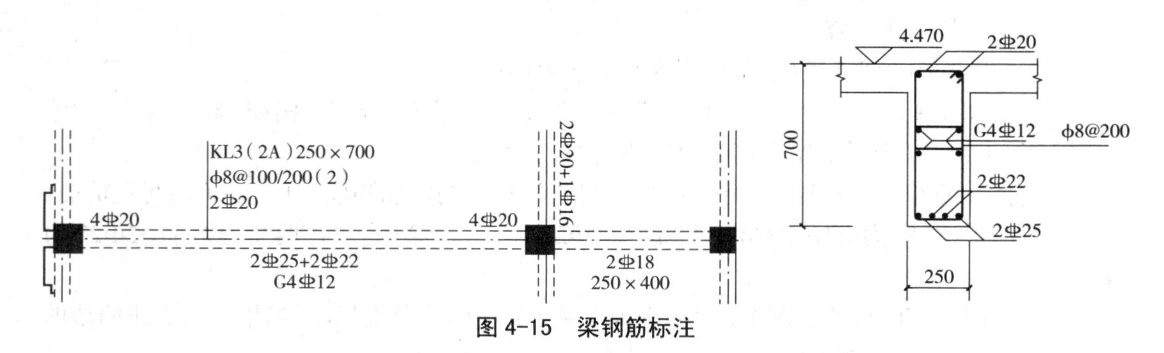

图4-15 梁钢筋标注

（4）附加箍筋或吊筋。

将附加箍筋或吊筋直接画在平面图中的主梁上，用线引注写总配筋值（附加箍筋的肢数注在括号内）。当多处附加箍筋或吊筋相同时，可在梁平法施工图上统一注明；少数与统一注明值不同时，再原位引注，如图4-16所示。

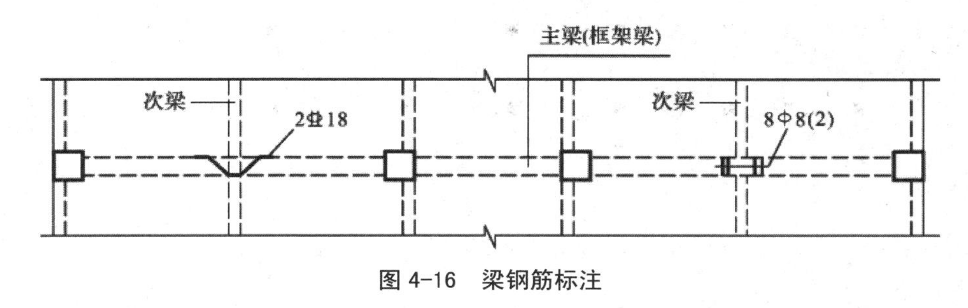

图4-16　梁钢筋标注

（5）特殊参数。

当在梁上集中标注的内容（即梁截面尺寸、箍筋、上部通长筋或架立筋，梁侧面纵向构造钢筋或受扭纵向钢筋，以及梁顶面标高高差中的某一项或几项数值）不适用于某跨或某悬挑部分时，则应将其不同的数值原位标注在该跨或该悬挑部位，施工时应按原位标注数值取用。

当在多跨梁的集中标注中已注明加腋，而梁某跨的根部却不需要加腋时，则应在该跨原位标注等截面的$b\times h$，以修正集中标注中的加腋信息。

4. 局部放大

在梁平法施工图中，当图中局部梁的布置过密时，可将过密区用虚线框框出，适当放大比例后用平面注写方式表示。

（二）截面注写方式

梁平面整体配筋图的截面注写方式与传统的断面图相似，即在分标准层绘制的梁平面布置图上对所有的梁按图4-17的规定进行编号，分别在不同编号的梁中各选择一根梁，用剖面号引出“截面配筋图”，并在其上注写截面尺寸和配筋具体数值的方式来表达梁平法施工图。具体方法如下。

（1）从相同编号的梁中选择一根梁，先将“单边截面号”画在该梁上，再将截面配筋详图画在本图或其他图上。当某梁的顶面标高与楼层的结构标高不同时，应继其梁编号后注写梁顶面标高高差（注写规定与平面注写方式相同）。

（2）在截面配筋详图上注写截面尺寸$b\times h$、上部筋、下部筋、侧面构造筋或受扭筋以及箍筋的具体数值时，其表达形式与平面注写方式相同。

（3）截面注写方式既可以单独使用，也可以与平面注写方式结合使用。截面注写方式的梁平面整体配筋图如图4-18所示。

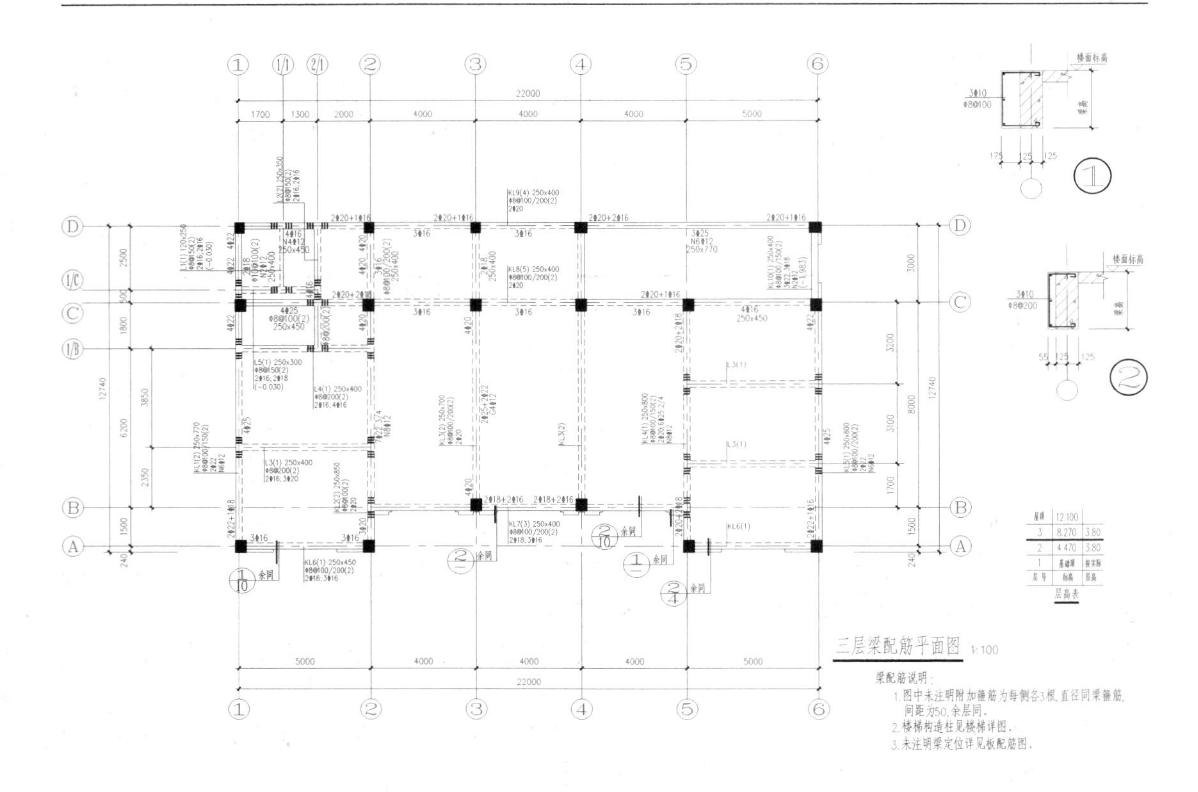

图 4-17 某社区办公楼二层梁平法施工图

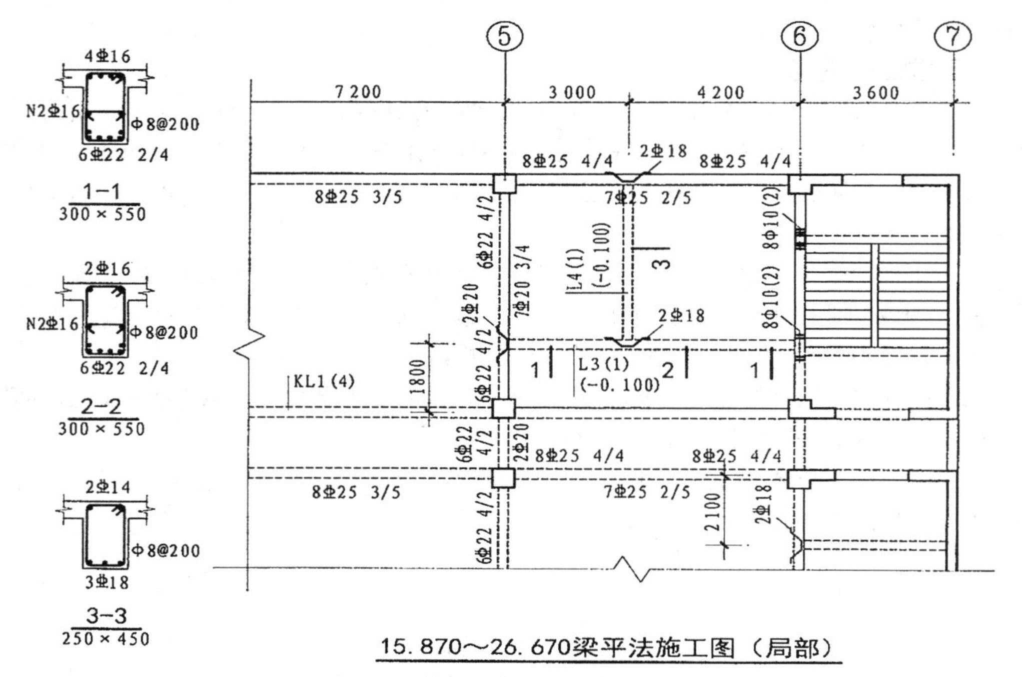

图 4-18 某建筑梁平面整体配筋图

四、柱配筋的平法表示

柱的平法施工图是指在柱平面布置图上采用列表注写方式或截面注写方式表达。柱平面布置图可采用适当比例单独绘制，也可与剪力墙平面布置图合并绘制。

柱平面整体配筋图的各种方式都必须分层通注以下内容：

（1）柱编号：在平面布置图上对所有的柱截面按规定进行编号，柱编号由类型代号和序号组成，应符合表 4-9 的规定。

表 4-9　柱编号

柱类型	类型代号	序号	特　征
框架柱	KZ	XX	柱根部嵌固在基础或地下结构上，并与框架梁刚性连接构成框架
框支柱	KZZ	XX	柱根部嵌固在基础或地下结构上，并与框支梁刚性连接构成框支结构。框支结构以上转换为剪力墙结构
芯柱	XZ	XX	设置在框架柱、框支柱、剪力墙柱核心部位的暗柱
梁上柱	LZ	X	支承在梁上的柱
剪力墙上柱	QZ	XX	支承剪力墙顶部的柱

（2）标高：各层的楼层结构标高（扣除建筑面层）和结构标高，各段的起止标高，自柱根部往上以变截面位置或截面未变但配筋改变处为界分层或分段注写。框架柱和框支柱的根部标高指基础顶面标高；梁上柱的根部标高指梁顶面标高。剪力墙上柱的标高分为两种：当柱纵筋锚固在墙顶部时，其根部标高注写墙顶面标高；当柱与剪力墙重叠一层时，根部标高注写下面一层的楼层结构标高。

（一）列表注写方式

列表注写方式是在柱平面布置图上，于统一编号的柱中选择一个截面标注几何参数代号，在柱表中注写柱号、柱段起止标高、几何尺寸与配筋的具体数值，并配以各种柱截面形状及其箍筋类型图的方式来表达。

柱的编号方法如表 4-9 所示。当用某种比例绘图而柱截面显得太小，不便于标注几何参数时，可用适当比例将柱截面放大绘制，以标注清晰为准则。

矩形截面的柱箍筋可定为类型 1，而用 $m\times n$ 表示两向箍筋肢数的多种不同组合，其中 m 为 b 边宽度上的肢数，n 为 h 边宽度上的肢数，如图 4-19 所示。

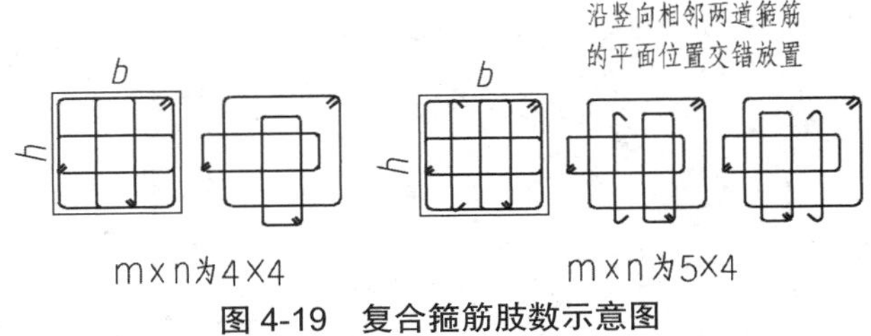

图 4-19　复合箍筋肢数示意图

除通注内容以外，在柱表中还应注明的内容及注写方法如下。

1. 柱截面与轴线关系代号

对于矩形柱，注写柱截面尺寸 $b \times h$ 及与轴线关系几何参数代号 b_1、b_2 和 h_1、h_2 的具体数值，须对应于各段柱分别注写，其中 $b_1 + b_2 = b$，$h_1 + h_2 = h$；当截面的某一边收缩变化至与轴线重合或偏移到轴线的另一侧时，b_1、b_2、h_1、h_2 中的某项为0或为负值。

对于圆柱，表中 $b \times h$ 一栏改用在圆柱直径数字前加 d 表示。为表达简单，圆柱截面与轴线的关系也用 b_1、b_2 和 h_1、h_2 表示，并使 $d = b_1 + b_2 = h_1 + h_2$。

对于芯柱，根据结构需要，可以在某些框架柱的一定高度范围内，在其内部的中心位置设置（分别引注其柱编号）。芯柱截面尺寸按构造确定，并按照标准构造详图施工，设计不注；当设计者采用与本构造详图不同的作法时，应另行注明。芯柱定位随框架柱走，不需要注写其与轴线的几何关系。

2. 注写柱纵筋

当柱纵筋直径相同，各边根数也相同时（包括矩形柱、圆柱和芯柱），将纵筋注写在“全部纵筋”一栏中；除此之外，柱纵筋分角筋（当角筋直径与其他纵筋直径不同时，角筋和其他纵筋要分开注写，角筋前要打“*”号）、截面 b 边中部筋和 h 边中部筋（b 为 X 方向，h 为 Y 方向），三项分别注写（对于采用对称配筋的矩形截面柱，可仅注写一侧中部筋，对称边省略不注）。

3. 注写箍筋及肢数

在箍筋类型栏中注写箍筋类型号，并在图中适当位置绘出柱截面形状及箍筋类型图，1型必须注明 $m \times n$，使其更清楚。

如图4-20所示，在柱表的上部画有该工程的搁置箍筋类型图，柱表中“类型”一栏表明该表中柱的箍筋类型采用的有1~7种类型。

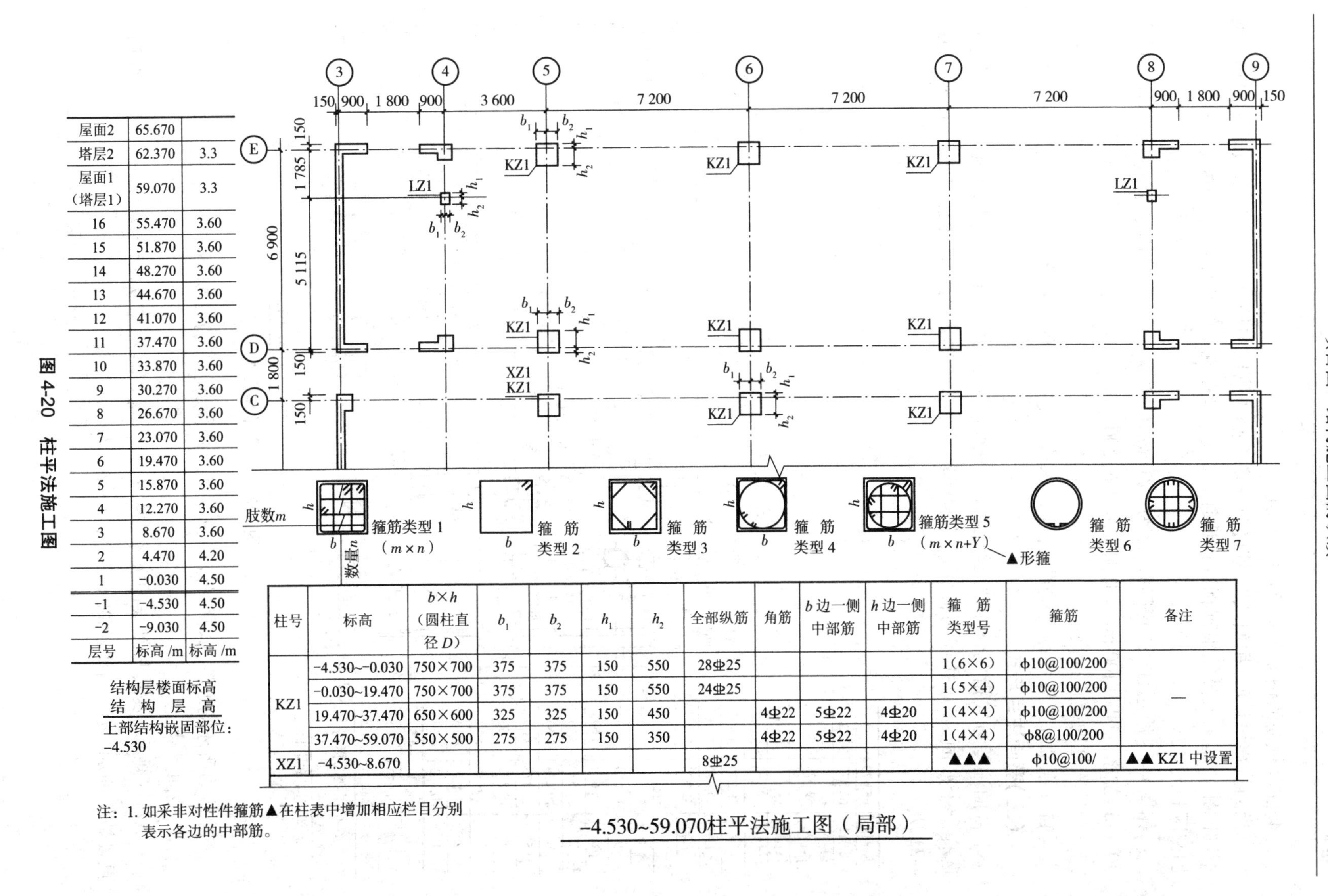

层号	标高 /m	标高 /m
屋面2	65.670	
塔层2	62.370	3.3
屋面1（塔层1）	59.070	3.3
16	55.470	3.60
15	51.870	3.60
14	48.270	3.60
13	44.670	3.60
12	41.070	3.60
11	37.470	3.60
10	33.870	3.60
9	30.270	3.60
8	26.670	3.60
7	23.070	3.60
6	19.470	3.60
5	15.870	3.60
4	12.270	3.60
3	8.670	3.60
2	4.470	4.20
1	-0.030	4.50
-1	-4.530	4.50
-2	-9.030	4.50

结构层楼面标高
结 构 层 高
上部结构嵌固部位：
-4.530

柱号	标高	b×h（圆柱直径D）	b_1	b_2	h_1	h_2	全部纵筋	角筋	b边一侧中部筋	h边一侧中部筋	箍筋类型号	箍筋	备注
KZ1	-4.530~-0.030	750×700	375	375	150	550	28Φ25				1(6×6)	ф10@100/200	—
	-0.030~19.470	750×700	375	375	150	550	24Φ25				1(5×4)	ф10@100/200	
	19.470~37.470	650×600	325	325	150	450		4Φ22	5Φ22	4Φ20	1(4×4)	ф10@100/200	
	37.470~59.070	550×500	275	275	150	350		4Φ22	5Φ22	4Φ20	1(4×4)	ф8@100/200	
XZ1	-4.530~8.670						8Φ25				▲▲▲	ф10@100/	▲▲KZ1 中设置

注：1. 如采非对性件箍筋▲在柱表中增加相应栏目分别表示各边的中部筋。

-4.530~59.070柱平法施工图（局部）

图 4-20　柱平法施工图

4. 注写箍筋的钢筋级别、直径及间距

当为抗震设计时，用斜线“ / ”区分柱端箍筋加密区与柱身非加密区长度范围内箍筋的不同间距。施工人员须根据标准构造详图的规定，在规定的几种长度值中取其最大者作为加密区长度。

如图 4-21 所示柱表的箍筋，Z2 为“ ϕ10@100/200 ”，表示箍筋级别为 I 级钢，直径为 10 mm，加密区间距 100 mm，非加密区间距 200 mm。

5. 各段柱的起止标高

自柱根部往上以变截面位置或截面未变但配筋改变处为界分段注写。

(二)截面注写方式

截面注写方式指在分标准层绘制的柱平面布置图的柱截面上，分别在同一编号的柱中选择一个截面，以直接注写截面尺寸和配筋具体数值的方式来表达柱平法施工图。如图 4-21 所示。

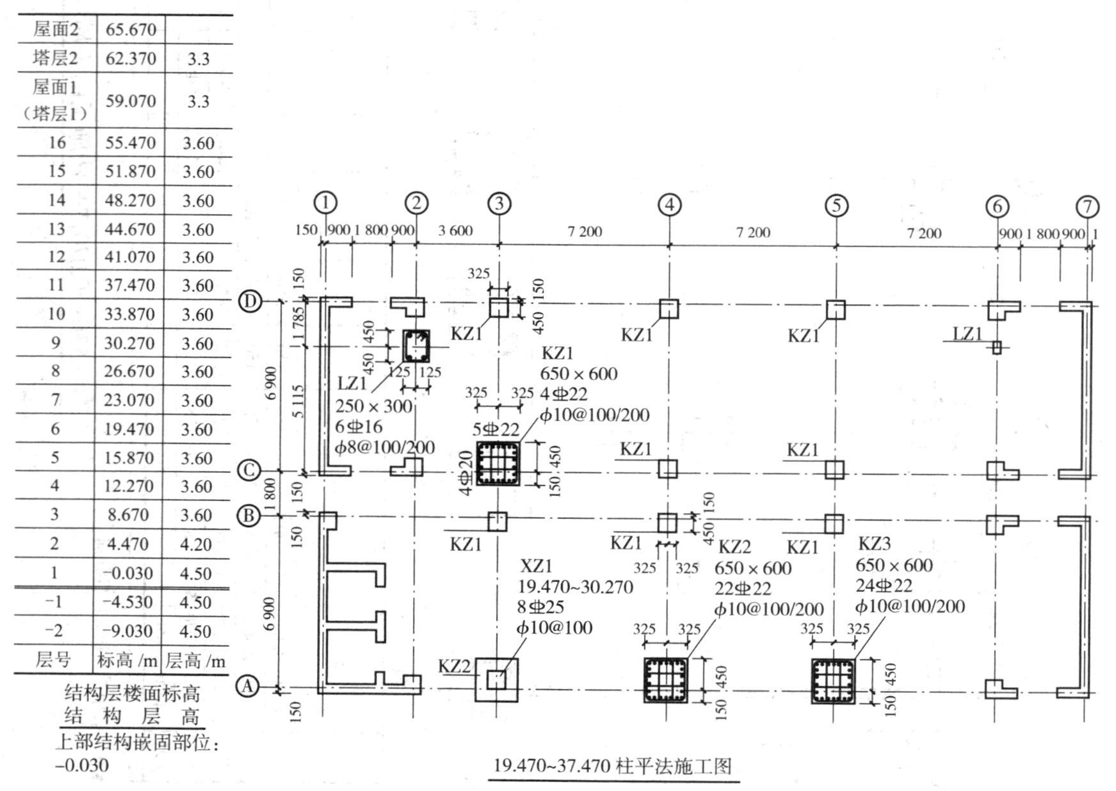

屋面2	65.670	
塔层2	62.370	3.3
屋面1（塔层1）	59.070	3.3
16	55.470	3.60
15	51.870	3.60
14	48.270	3.60
13	44.670	3.60
12	41.070	3.60
11	37.470	3.60
10	33.870	3.60
9	30.270	3.60
8	26.670	3.60
7	23.070	3.60
6	19.470	3.60
5	15.870	3.60
4	12.270	3.60
3	8.670	3.60
2	4.470	4.20
1	-0.030	4.50
-1	-4.530	4.50
-2	-9.030	4.50
层号	标高 /m	层高 /m

图 4-21 柱平法施工图

除前面所述的通注内容以外，还应注写的内容及注写方法如下。

1. 截面尺寸

$b\times h$（矩形）及其与轴线的关系参数 b_1、b_2、h_1、h_2，其中 $b_1+b_2=b$，$h_1+h_2=h$；圆柱在直径数值前加“ d ”，例如 $d600$，使 $b_1+b_2=h_1+h_2=d$。

2. 纵筋数值

纵筋数值包括级别、直径、数量。当纵筋采用两种直径的钢筋(角筋与各边中部筋不同)时,须注写截面各边中部筋的具体数值(对于采用对称配筋的矩形截面柱,可仅在一侧注写中部筋,对称边省略不注)。纵筋采用同一种钢筋时,应按角筋注写。

3. 箍筋数值

箍筋数值包括级别、直径、间距。当设有加密区时,用斜线“/”区分加密区和非加密区的间距(间距符号“-”与“@”等价,)加密区范围按照标准构造详图规定取值;当圆柱采用螺旋箍筋时,在箍筋前加“L”,例如 $L\phi10-200$ 表示螺旋箍筋直径为 10 mm,螺距为 200 mm。

4. 其他相关数值

如果柱的总高、分段截面尺寸和配筋均相同时,仅分段截面与轴线关系有所不同,可将其编为同一柱号;但此时应在未画配筋的柱截面上注写该柱的截面与轴线关系的具体数值。根据具体情况,可在一个平面布置图上加用“( )”和“〈 〉”来区分和表达不同层的注写数值,即用一个平面布置图可表示多个结构层,如图 4-21 所示。

【思考】异型柱的建立与我们的人生

人生从来不是方方正正的矩形,遇事不盲目,规划好自己的人生坐标系,慢慢去描绘,本质都是一样的。

二十大报告指出,“坚持面向世界科技前沿、面向经济主战场、面向国家重大需求、面向人民生命健康,加快实现高水平科技自立自强。以国家战略需求为导向,集聚力量进行原创性引领性科技攻关,坚决打赢关键核心技术攻坚战”。

深入学习贯彻党的二十大精神,自觉履行使命担当,加强科学精神、创新能力、批判性思维的培养教育,进一步把前沿研究和教学相结合,深入实施“强基计划”,创新完善因材施教模式,激发学生的创新力,为学生树立正确的科研观,让更多年轻人才成为科技创新主力军。

【项目实训】

图 4-22 为某社区办公楼柱平面布置图,通过识读此结构施工图,掌握平面整体表示法的基本知识和识图方法。

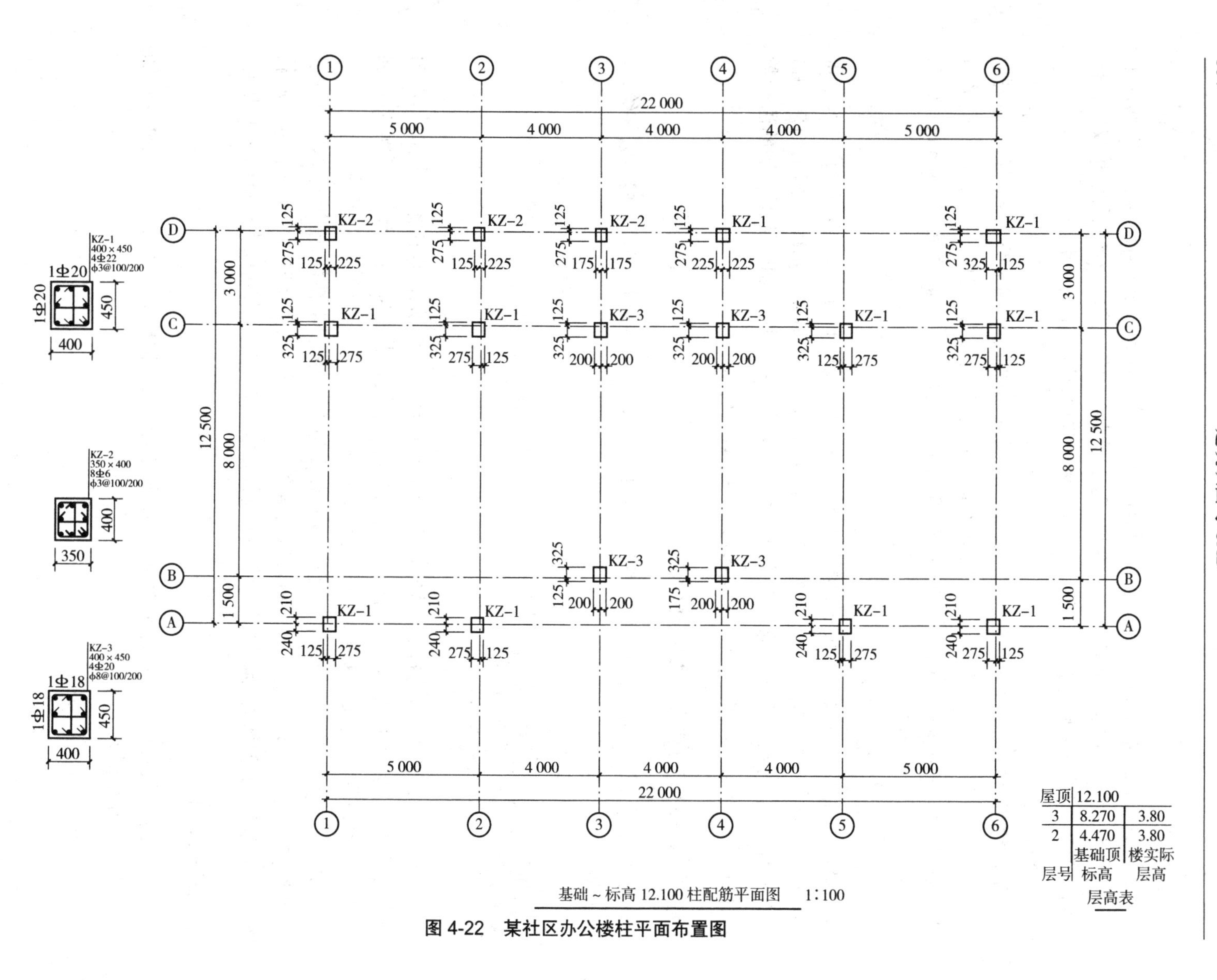

图 4-22 某社区办公楼柱平面布置图

项目五　AutoCAD 绘制房屋施工图

1. 掌握 AutoCAD2022 的工作界面和文件管理，掌握绘图仪管理器；
2. 掌握调用 AutoCAD 命令的方法和绘图环境的设置方法；
3. 掌握创建图层与管理图层的操作以及施工图的输出打印；
4. 掌握创建文字样式、标注样式的方法；
5. 掌握常用绘图命令和修改命令的使用。

1. 能用 AutoCAD2022 绘制二维平面图形；
2. 能进行施工图的输出和打印；
3. 能对施工图进行文字注写和尺寸标注；
4. 能进行房屋施工图的综合实践。

1．培养诚实守信、吃苦耐劳的职业精神；；
2．提升创新意识和创造能力；
3．养成依法依规执业的职业素养。

任务一　初识 AutoCAD 绘图软件

【任务描述及分析】

本模块主要学习计算机制图，正如《论语•卫灵公》中提到：“工欲善其事，必先利其器。”可是“利器”并不是与生俱来的，而是需要通过自己的努力去积累和制造的。计算机绘图需要做到脚踏实地不断上机练习，才能熟能生巧。通过 AutoCAD 绘图软件的学习能快速、熟练地画出符合国家规范的设计图纸和施工图纸。

【任务实施及知识链接】

一、AutoCAD 工作界面和文件管理

本模块主要学习 AutoCAD2022 绘图的有关基础知识，以更快地熟悉其操作环境。

启动 AutoCAD2022 后进入该软件的开始界面，如图 5-1 所示。点击【新建】即可打开工作界面，AutoCAD2022 操作界面由标题栏、菜单栏、工具栏、绘图区、命令窗口、状态栏等组成，如图 5-2 所示。

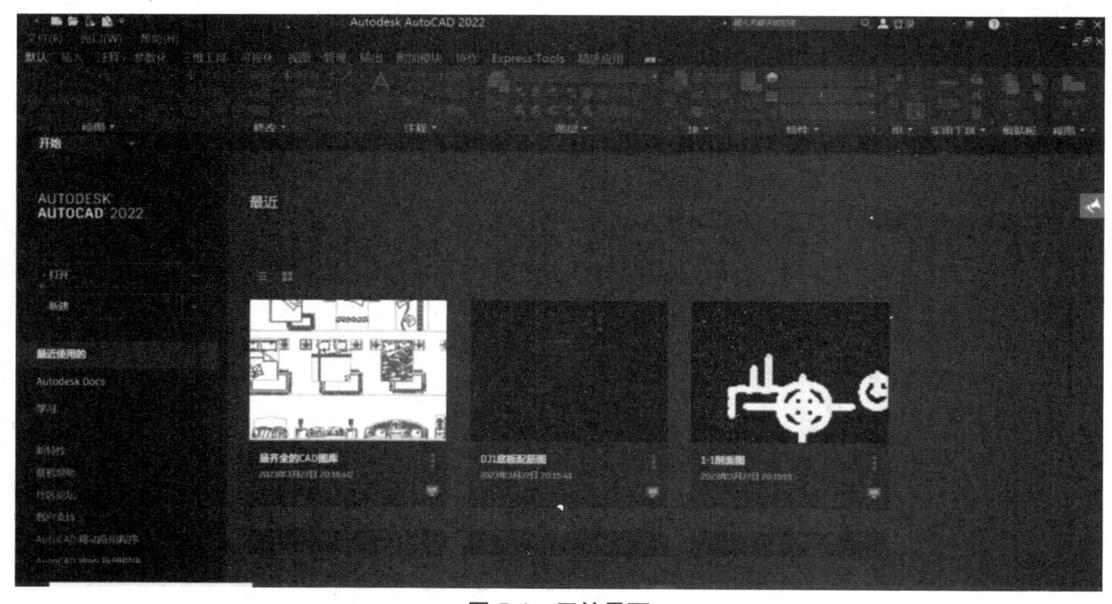

图 5-1　开始界面

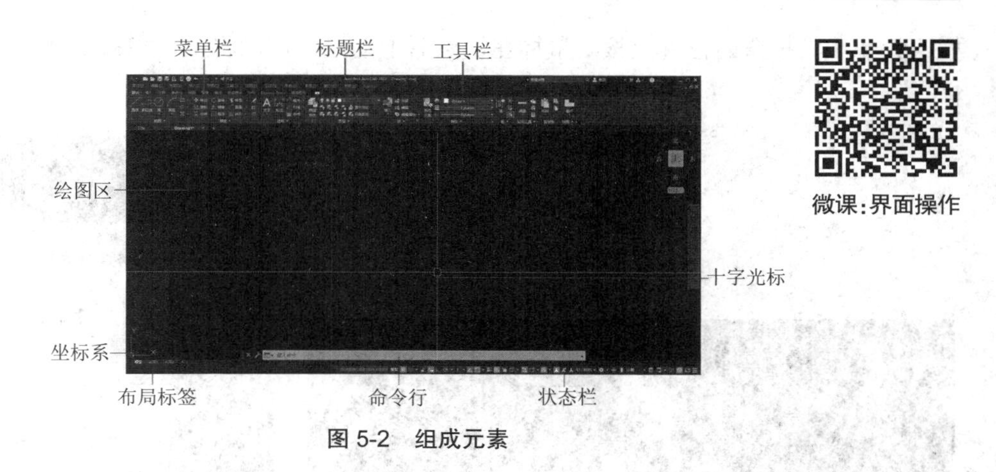

图 5-2　组成元素

1. 标题栏

工作界面最上端的横条部分是标题栏，它显示了当前应用程序的名称，如果该文件是新建文件，还未命名保存，则会以 AutodeskAutoCAD2022 Drawing1 作为默认的文件名，如图 5-3 所示。

图 5-3　标题栏

2. 菜单栏

在标题栏的下方是菜单栏。AutoCAD2022 的菜单栏包含 13 个菜单：【文件】、【编辑】、【视图】、【插入】、【格式】、【工具】、【绘图】、【标注】、【修改】、【参数】、【窗口】、【帮助】、【Express】，如图 5-4 所示。下拉菜单包含多个子菜单，几乎包含了所有的绘图和编辑命令。

文件(F)　编辑(E)　视图(V)　插入(I)　格式(O)　工具(T)　绘图(D)　标注(N)　修改(M)　参数(P)　窗口(W)　帮助(H)　Express

图 5–4　菜单栏

3. 工具栏

在使用 AutoCAD2022 进行绘图时，大部分的命令可以通过工具栏来执行，如【绘图】、【修改】、【标注】等操作。启动 AutoCAD2022 后，AutoCAD 会根据默认设置显示【绘图】、【修改】、【注释】、【图层】、【块】、【特性】、【组】、【实用工具】、【剪贴板】和【视图】基本工具栏，如图 5-5 所示。在室内设计应用中常用的画图工具即【绘图】、【修改】和【注释】，其中绘图区域如图 5-6 所示。

图 5-5　工具栏

AutoCAD 工具按钮众多，初学者可能对每一个工具按钮的功能不太熟悉。这时可以将光标停留在某工具按钮上方半秒钟左右，光标的右下角会出现一个黄色的小标签，标签上会显示该工具按钮所代表的命令名称和启动命令的快捷键，如图 5-7 所示。在工具栏的标题栏或者非工具按钮的位置上按下鼠标左键然后拖动鼠标可以将工具栏移动到工作区的任意位置。

图 5-6 绘图区

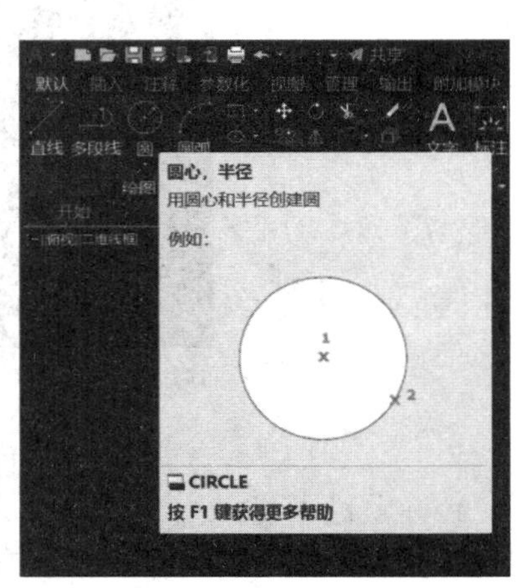

图 5-7 工具栏标签

4. 命令窗口

命令窗口位于绘图区的下方，它由一系列命令行组成。用户可以从命令行中获得操作提示信息，并通过命令行输入命令和绘图参数以便准确快速地进行绘图。

命令行白色条框用于接受用户输入的命令，并显示 AutoCAD 提示信息。上面的阴影虚框是命令历史窗口，它包含工具操作后所用的历史命令及提示信息，如图 5-8 所示。

图 5-8 命令窗口

命令窗口是用户和 AutoCAD 进行对话的窗口，通过该窗口发出绘图等命令，与菜单和工具栏按钮操作等效。在绘图时，应特别注意这个窗口，输入命令后的提示信息，如错误信息、命令选项及其提示信息都将在该窗口中显示。

5. 布局标签

AutoCAD2022 系统默认设定一个【模型】空间布局标签和【布局 1】、【布局 2】两个图纸空间布局标签，切换到【布局 1】和【布局 2】标签的绘图区如图 5-9 所示。

图 5-9 布局标签的绘图区

【模型】：AutoCAD 的空间分模型空间和图纸空间。模型空间是通常的绘图环境，而在图纸空间中用户可以创建叫作浮动视口的区域，以不同视图显示所绘图形。用户可以在图纸空间中调整浮动视口并决定所包含视图的缩放比例。如果选择图纸空间，则可打印多个视图，即可以打印任意布局的视图。

【布局】：布局是系统为绘图设置的一种环境，包括图纸大小、尺寸单位、角度设定、数值精确度等，在系统预设的三个标签中这些环境变量都按默认设置。用户根据实际需要改变这些变量的值。比如：默认的尺寸单位是米制的毫米，如果绘制的图形是使用英制的英寸，就可以改变尺寸单位环境变量的设置，用户也可以根据自己的需要设置符合自己要求的新标签。

6. 状态栏

状态栏位于 AutoCAD 的窗口的最底端，用来显示当前十字光标所处的三维坐标和 AutoCAD 绘图辅助工具的开关状态。

在绘图窗口中移动光标时，在状态栏的坐标区将动态地显示当前坐标值。在 AutoCAD 中，坐标显示取决于所选择的模式和程序中运行的命令，共有【相对】、【绝对】和【关】3 种模式。

状态栏中共包括如【栅格】、【捕捉】、【正交】、【等轴】、【极轴】、【对象捕捉】、【对象追踪】等按钮，如图 5-10 所示。

图 5-10　状态栏

单击按钮可以切换工作空间，如图 5-11 所示。

单击按钮可以自定义状态栏，如图 5-12 所示。

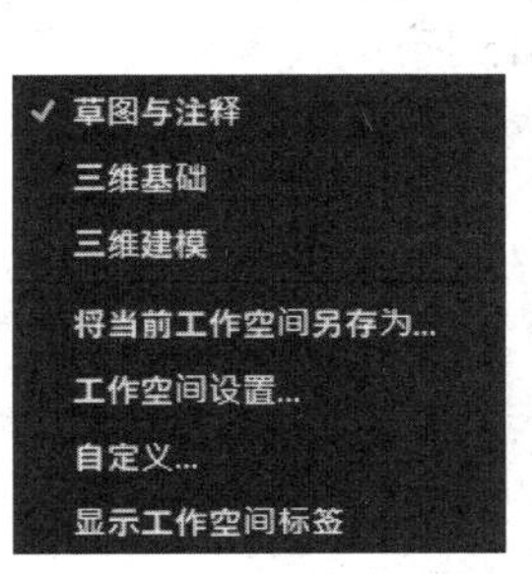

图 5-11　设置工作空间

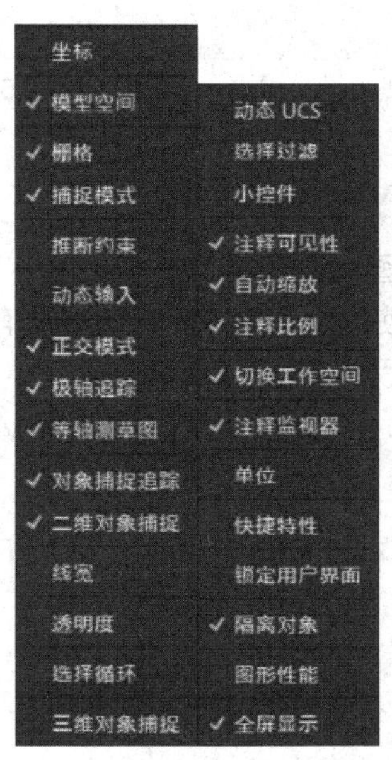

图 5-12　自定义状态栏

7. 十字光标

在绘图区内有一个十字光标，其交点表示光标当前所在的位置，用它可以绘制和选择图形。移动鼠标时，光标会因为位于界面的不同位置而改变形状，以反映出不同的操作，可以根据自己的习惯对十字光标的大小进行设置。

选择【工具】→【选项】→【显示】命令或在命令行中输入 OPTIONS 命令打开【选项】对话框，选择【显示】选项卡，在右下方的十字光标大小中更改参数以调整大小，如图 5-13 所示。

图 5-13 【显示】选项卡

二、AutoCAD 图形输出

(一)绘图仪管理器

常用的使用绘图仪管理器的方法有以下两种。

(1)执行【文件】→【绘图仪管理器】命令，如图 5-14 所示。

(2)在命令行中输入 PLOTTERMANAGER，如图 5-15 所示。

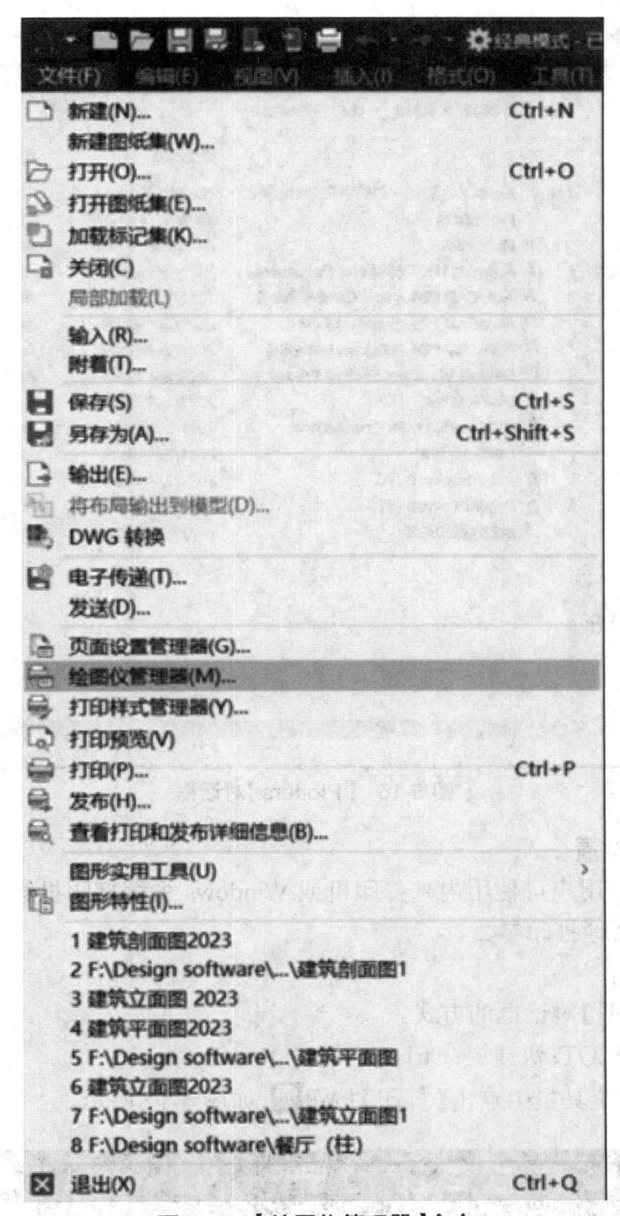

图 5-14 【绘图仪管理器】命令

图 5-15　命令行输入 PLOTTERMANAGER 命令

执行这些操作后，将弹出【Plotters】对话框，如图 5-16 所示。该对话框可以创建和修改绘图仪配置。

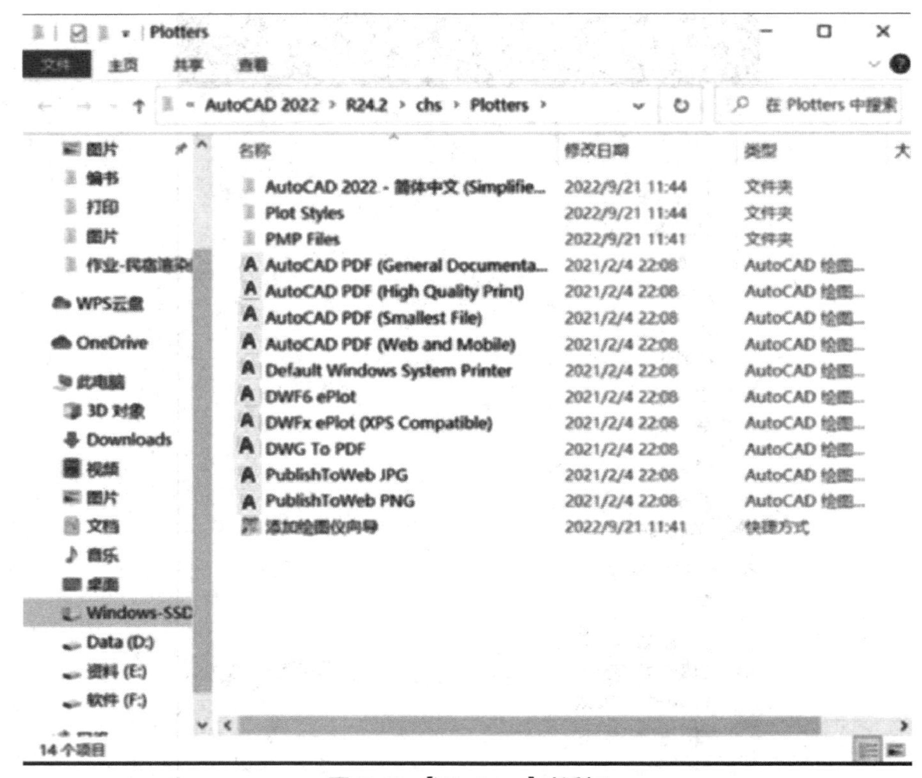

图 5-16 【Plotters】对话框

（二）打印参数设置

在 AutoCAD 中，用户可使用内部打印机或 Windows 系统打印机输出图形，并能方便地修改打印机设置及其他打印参数。

1. 打印界面

打开【打印 - 模型】对话框的方式。

（1）输入命令：PLOT；快捷键：Ctrl+P。

（2）在快速访问工具栏中点击【打印】按钮，如图 5-17 所示。

图 5-17 打印按钮

（3）在菜单栏中执行【文件】→【打印】命令。

（4）在工具栏中点击【输出】工具面板中的【打印】按钮。

单击快速访问工具栏上的按钮，打开【打印 - 模型】对话框，如图 5-18 所示。在这个对话框里可以根据需要选择打印设备及设置打印样式，也能选择图纸尺寸和打印区域等参数。

图 5-18 【打印 - 模型】对话框

2. 页面设置

对打印输出的外观及格式进行设置，并将这些设置应用到其他布局中。

（1）【页面设置】下拉列表显示已存在的页面设置，可以选择里面的设置作为当前页面设置，也可以自行添加。点击【添加】后会弹出【添加页面设置】对话框。设置好新页面名称后，点击【确定】按钮即可，如图 5-19 所示。

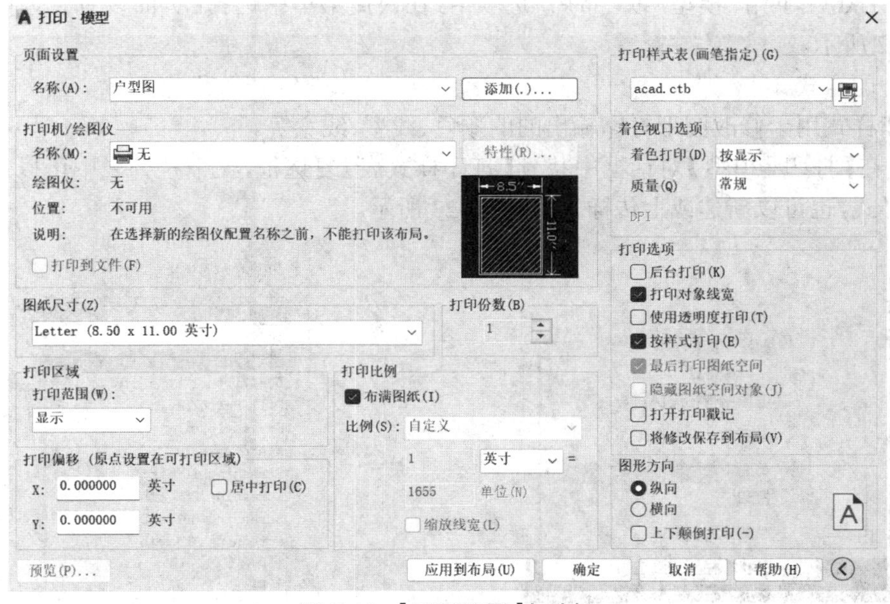

图 5-19 【页面设置】复选框

（2）同样也可以在【页面设置管理器】对话框中设置，如图 5-20 所示。也可对已有的页面设置执行修改、输入以及删除等命令，选中一个已存在的页面设置并点击鼠标右键便可以执行如图 5-21 所示的操作。

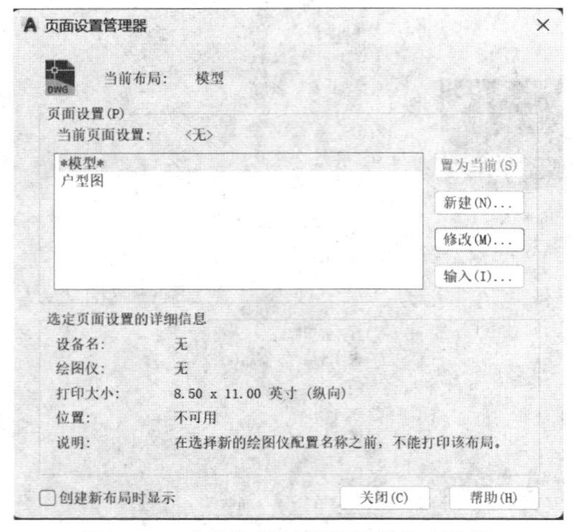

图 5-20 【页面设置管理器】对话框

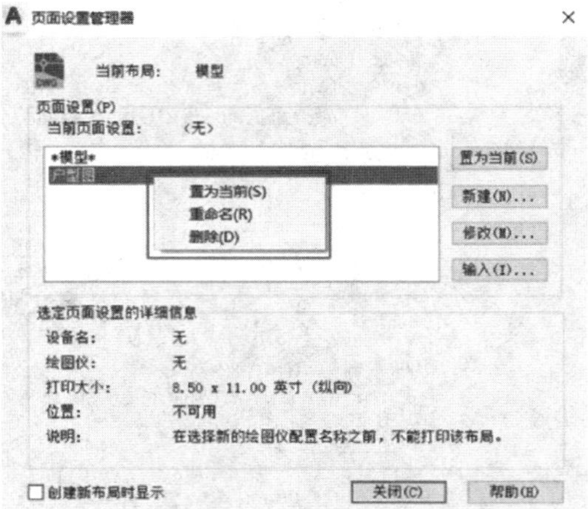

图 5-21 设置【页面设置】

3. 打开页面设置管理器

打开【页面设置管理器】对话框方式有如下几种。

(1)输入命令：PAGESETUP。

(2)在菜单栏中执行【文件】→【页面设置管理器】命令。

(3)在工具栏中点击【输出】工具面板中的【页面设置管理器】按钮。

(4)右击左下角“模型”或“布局”选项卡，在快捷菜单中选择【页面设置管理器】命令，如图 5-22 所示。

4. 打印样式

打印样式用于修改图形打印输出的的颜色、线型、线宽等。

(1)在【打印 - 模型】对话框中找到【打印样式表】复选框，在下拉列表中可以选择需要的打印样式，也可以新建或上传样式，如图 5-23 所示。

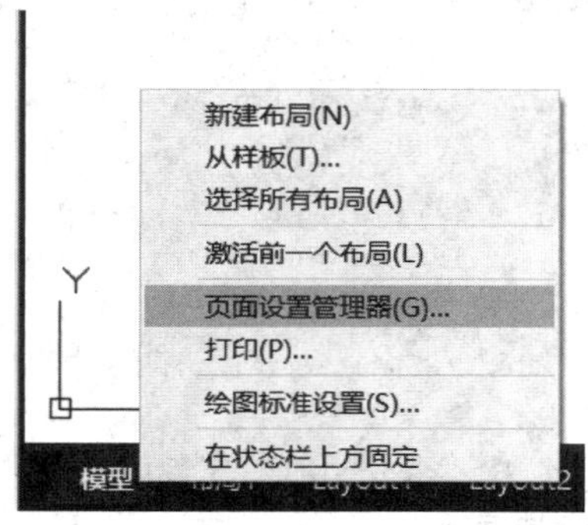

图 5-22 选择【页面设置管理器】

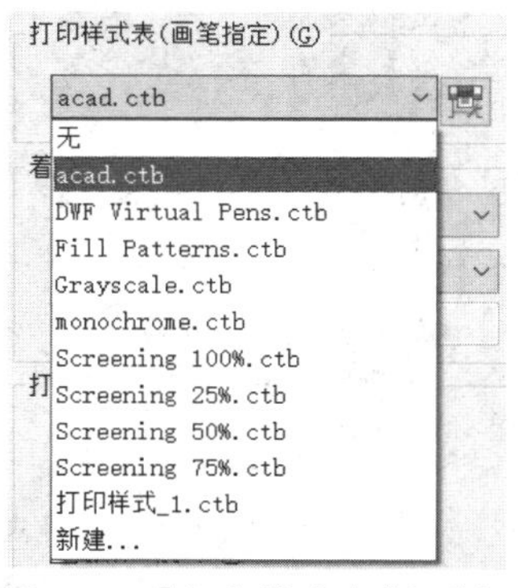

图 5-23 【打印样式表】复选框

（2）AutoCAD 中有以下两种类型的打印样式表。

①颜色相关打印样式表：在打印前，先根据所画的图形对象的颜色，来设置使用该颜色的所有图形的打印线宽、线型和打印颜色。颜色相关打印样式表以“.ctb”为文件扩展名保存。

注意：在改变有关颜色的样式时，图层颜色不可以在“真彩色”自定义，因为在打印样式中不显示自定义颜色，只可以设置“索引颜色”中的 255 种颜色。

②命名打印样式表：命名相关打印样式表是以“.stb”为文件扩展名保存。

选择打印样式后，认为不合适可点击【编辑】按钮，打开【打印样式表编辑器】对话框，在已选样式的基础上进行修改，如图 5-24 所示。

图 5-24 【打印样式表编辑器】复选框

新建的图形打印样式是处于“颜色相关”模式，还是“命名相关”模式，与新建文件选择的样板有关。

若采用无样板方式新建图形，则可事先设定新图形的打印样式模式，步骤如下。

步骤一：在命令行输入 OPTIONS 命令（快捷键 OP），打开【选项】对话框。

步骤二：选择【打印和发布】选项卡，如图 5-25 所示，单击【打印样式表设置】按钮，打开【打印样式表设置】复选框，如图 5-26 所示，通过该对话框设置新图形的默认打印样式模式。

5. 选择打印设备

打印机和绘图仪是常见的打印设备。在输出图样时，首先需添加和配置要使用的打印设备。

在【打印机 / 绘图仪】的【名称】下拉列表中，用户可选择 Windows 系统打印机或 AutoCAD 内部打印机作为输出设备。当用户选择好打印设备后，【名称】栏中会显示被选中设备的名称，下方会出现有关打印设备的信息。如图 5-27 所示。如果用户想修改当前打印机设置，可单击【特性】按钮，打开【绘图仪配置编辑器】对话框进行调整。

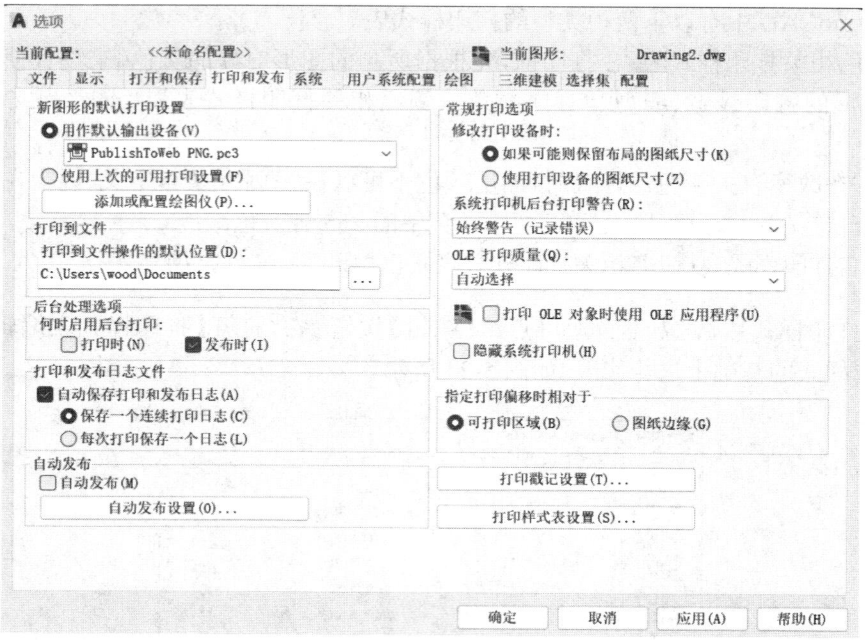

选项
当前配置: <<未命名配置>>
当前图形: Drawing2.dwg
文件 显示 打开和保存 打印和发布 系统 用户系统配置 绘图 三维建模 选择集 配置
新图形的默认打印设置
用作默认输出设备(V)
PublishToWeb PNG.pc3
使用上次的可用打印设置(F)
添加或配置绘图仪(P)...
打印到文件
打印到文件操作的默认位置(D):
C:\Users\wood\Documents
后台处理选项
何时启用后台打印:
打印时(N)
发布时(I)
打印和发布日志文件
自动保存打印和发布日志(A)
保存一个连续打印日志(C)
每次打印保存一个日志(L)
自动发布
自动发布(M)
自动发布设置(O)...
常规打印选项
修改打印设备时:
如果可能则保留布局的图纸尺寸(K)
使用打印设备的图纸尺寸(Z)
系统打印机后台打印警告(R):
始终警告（记录错误）
OLE 打印质量(Q):
自动选择
打印 OLE 对象时使用 OLE 应用程序(U)
隐藏系统打印机(H)
指定打印偏移时相对于
可打印区域(B)
图纸边缘(G)
打印戳记设置(T)...
打印样式表设置(S)...
确定
取消
应用(A)
帮助(H)

图 5-25 【打印和发布】选项卡

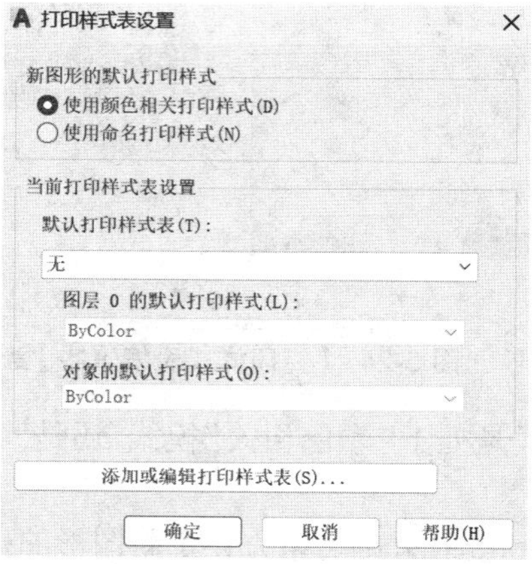

打印样式表设置
新图形的默认打印样式
使用颜色相关打印样式(D)
使用命名打印样式(N)
当前打印样式表设置
默认打印样式表(T):
无
图层 0 的默认打印样式(L):
ByColor
对象的默认打印样式(O):
ByColor
添加或编辑打印样式表(S)...
确定
取消
帮助(H)

图 5-26 【打印样式表设置】复选框

打印机/绘图仪
名称(M):
DWG To PDF.pc3
特性(R)...
绘图仪: DWG To PDF - PDF ePlot - by Autodesk
位置: 文件
说明:
打印到文件(F)
PDF 选项(O)...
210 MM
297 MM

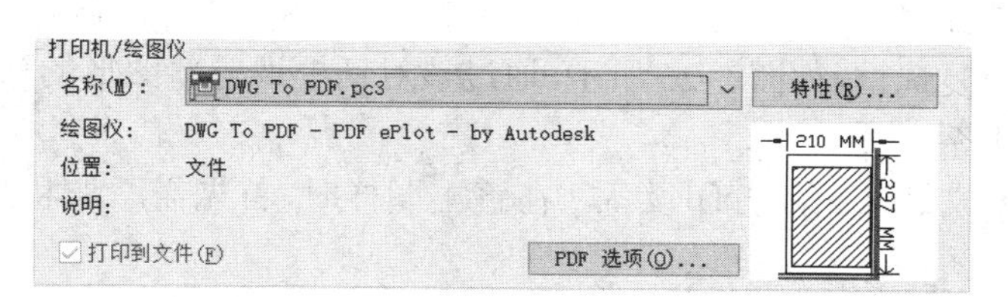

图 5-27 【打印机 / 绘图仪】复选框

6. 着色视口选项

由于不同行业中的图纸打印要求不同，为了满足各方面的需求，CAD 图纸可以打印成多种颜色，如彩色、黑白或灰度色彩。

在【打印 - 模型】对话框中的【着色视口选项】中，【着色打印】用于设定色图及渲染图的打印方式，在它的下拉列表可选择打印方式，如图 5-28 所示。【质量】用于指定着色和渲染视口的打印分辨率。

7. 图纸尺寸与方向

【打印 - 模型】对话框的【图纸尺寸】可以设置图纸大小，其下拉列表中有多种尺寸可选，如图 5-29 所示。

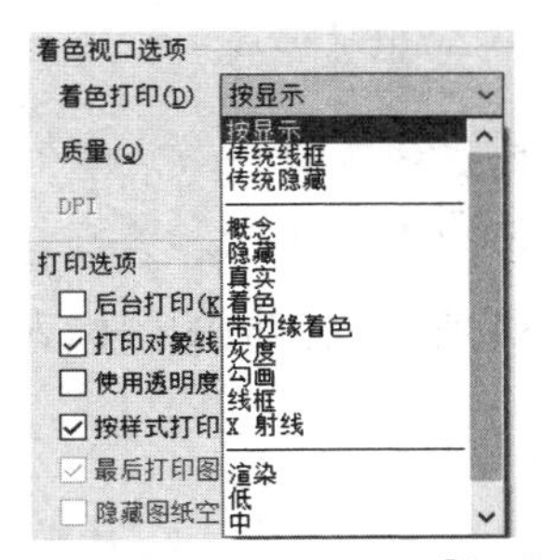

图 5-28 【着色视口选项】复选框

图 5-29 【图纸尺寸】复选框

选择好图纸尺寸时，【打印 - 模型】右上方会有所对应的图纸尺寸及可打印区域的预览图像，如图 5-30 所示。

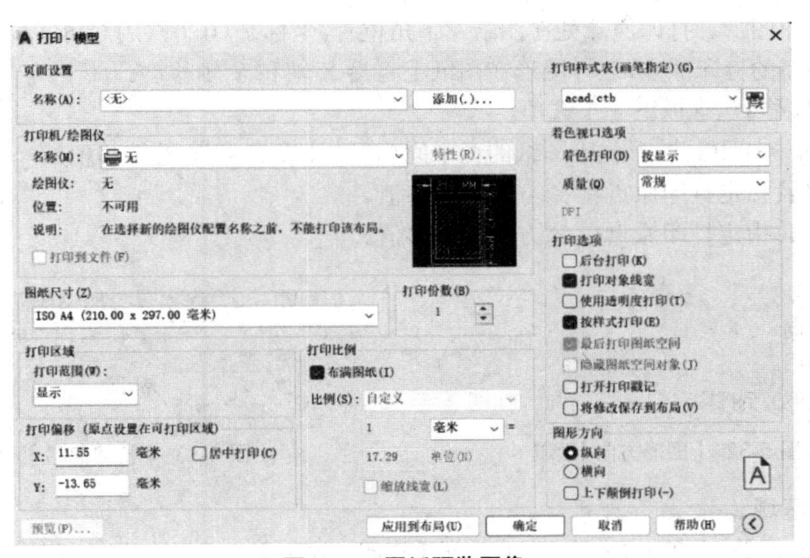

图 5-30　图纸预览图像

除了从【图纸尺寸】下拉列表中选择标准图纸外，也可以在【打印 - 模型】点击【特性】按钮，打开【绘图仪配置编辑器】创建图纸，但前提是要修改所选打印设备的配置，如图 5-31 所示。

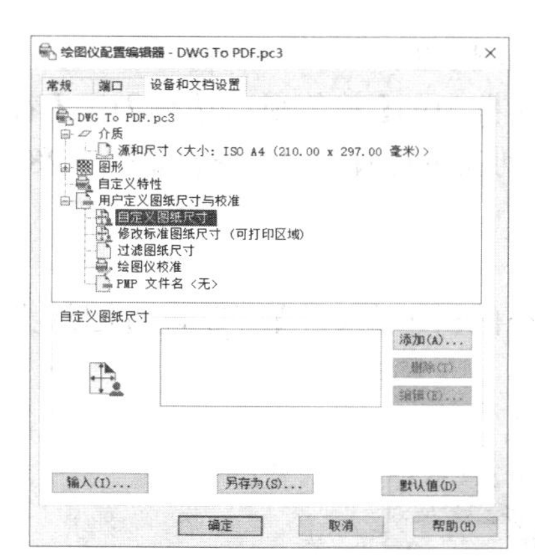

图 5-31 自定义图纸尺寸

图形的打印方向通过【图形方向】进行调整，如图 5-32 所示。旁边的图标表示图纸的放置方向，图标中的字母代表图形在图纸上的打印方向。

【图形方向】包含以下 3 个选项。

（1）【纵向】：图形在图纸上的放置方向是竖直的A。

（2）【横向】：图形在图纸上的放置方向是水平的>。

（3）【上下颠倒打印】：使图形颠倒打印，此选项可与【纵向】和【横向】结合使用。

图形的打印位置由【打印偏移】中的选项确定，如图 5-33 所示。默认情况下，系统从图纸左下角打印图形。打印原点处在图纸左下角位置，坐标是（0，0），用户可在【打印偏移】分组框中设定新的打印原点，这样图形在图纸上将沿 X 轴和 Y 轴移动。

【打印偏移】包含以下 3 个选项。

（1）【居中打印】：图形位于图纸的正中间（自动计算 X 和 Y 的偏移值）。

（2）【X】：指定打印原点在 X 方向的偏移值。

（3）【Y】：指定打印原点在 Y 方向的偏移值。

图 5-32 【图形方向】区域

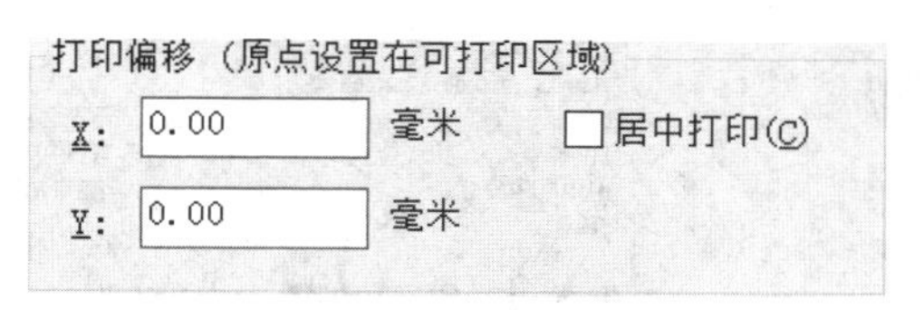

图 5-33 【打印偏移】区域

8. 打印区域

执行【文件】→【打印】命令，在弹出的【打印 - 模型】对话框中，执行【打印区域】复选框，设置【打印范围】，如图 5-34 所示。【打印范围】下拉列表中包含以下 3 个选项。

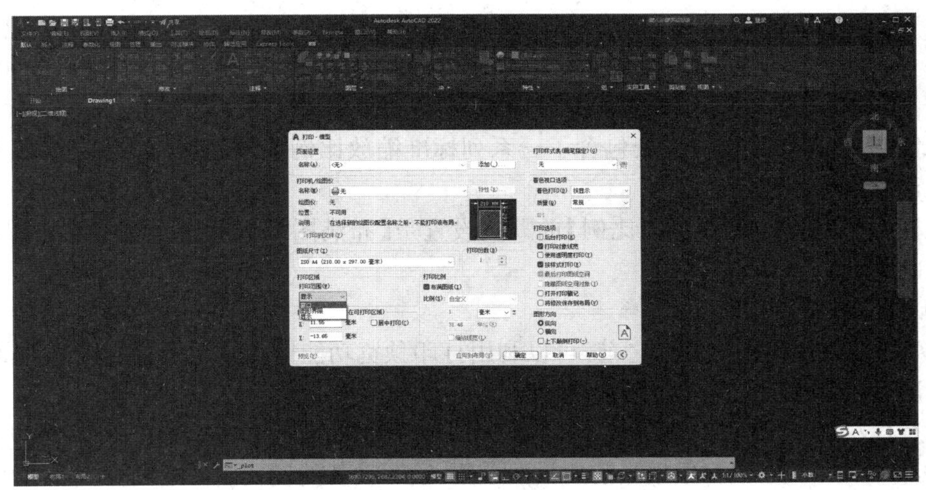

图 5-34 【打印区域】复选框

（1）【窗口】：选择该选项后，可任意框选打印区域，用户可根据需要选取图纸的两个对角点；单击 窗口(O)< 按钮，可重新设定打印区域。

（2）【图形界限】：选择该选项，系统将设定的图形界限范围打印在图纸上。

（3）【显示】：可以打印绘制图样中的所有图形对象。

9. 打印比例

在【打印 - 模型】对话框的【打印比例】复选框中，设置出图比例，如图 5-35 所示。在模型空间中按 1∶1 的实际尺寸绘图，出图时需依据图纸尺寸确定打印比例，该比例是图纸尺寸单位与图形单位的比值。

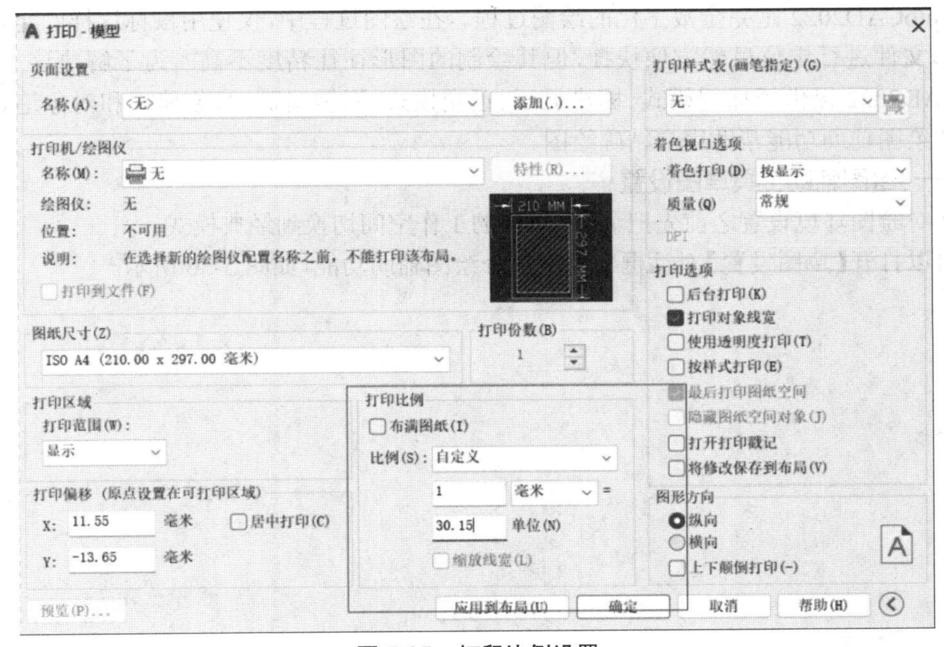

图 5-35　打印比例设置

注意：CAD 中的打印比例 1∶1 是以图纸中 1 mm 为一个单位，部分图纸中如地形图的单位是 m，图纸已经缩放，当图纸中标注为 1∶1 000 时，打印比例应为分母除以 1 000 的比例。如 1∶500 就为 2∶1，1∶20 000 为 1:20。

【比例】复选框的下拉列表包含了一系列标准缩放比例值，还包含自定义选项，该选项可以自己指定打印比例。

从模型空间打印时，【打印比例】的默认设置是【布满图纸】，此时系统将缩放图形充满所选定的图纸。

10. 打印预览及打印

（1）在最终打印输出图形之前，可以利用打印预览功能检查一下设置的正确性，例如绘制的图形是否都在有效输出区域内等。

执行【文件（F）】→【打印预览（J）】命令，或在命令行输入 PREVIEW 命令，可以预览输出结果，AutoCAD2022 将根据当前的页面设置、绘图设备的设置以及绘图样式表等内容，在屏幕上显示出最终要输出的图纸样式。

注意：进行【打印预览】命令之前，必须设置绘图仪，否则系统命令行会提示信息：【未指定绘图仪。请用“页面设置”给当前图层指定绘图仪】。

（2）在预览窗口中，十字光标变成了带有加号和减号的放大镜标，向上拖动光标可以放大图像，向下拖动光标可以缩小图像。若结束全部的预览操作，可直接按 Esc 键。经过打印预览，确认打印设置正确后，可单击左上角的【打印】按钮，打印输出图形。

（3）在【打印】对话框中，单击【预览（P）…】按钮也可以预览打印，确认正确后，单击【确定】按钮，AutoCAD2022 即可输出图形。

三、AutoCAD 绘图环境设置

AutoCAD2022 是完全数字化的绘图过程。在绘图过程中，仅使用鼠标这样的定点工具对图形文件进行定位虽然方便快捷，但其绘制的图形往往精度不高。为了解决这一问题，AutoCAD2022 提供了捕捉模式、栅格显示、正交模式、极轴追踪、对象捕捉和对象追踪捕捉等一些绘图辅助功能帮助用户精确绘图。

（一）绘图辅助工具草图设置

在对绘图环境设置之前先把 AutoCAD 的工作空间切换到经典模式。

可以打开【草图设置】对话框来设置部分绘图辅助功能，如图 5-36 所示。

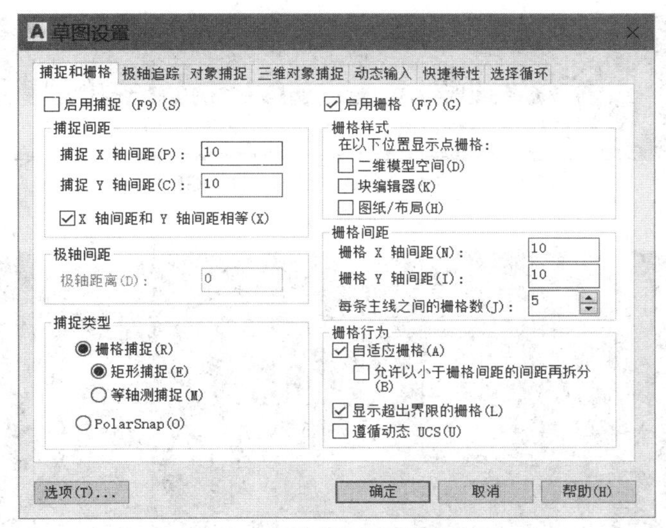

图 5-36 【草图设置】命令

在草图设置对话框中,【捕捉和栅格】、【极轴追踪】和【对象捕捉】选项卡分别用来设置捕捉和栅格、极坐标跟踪功能和对象捕捉功能。打开对话框有以下 3 种方法。

(1)选择菜单栏中的【工具】菜单,单击【绘图设置】命令,如图 5-37 所示,即可打开【草图设置】对话框。

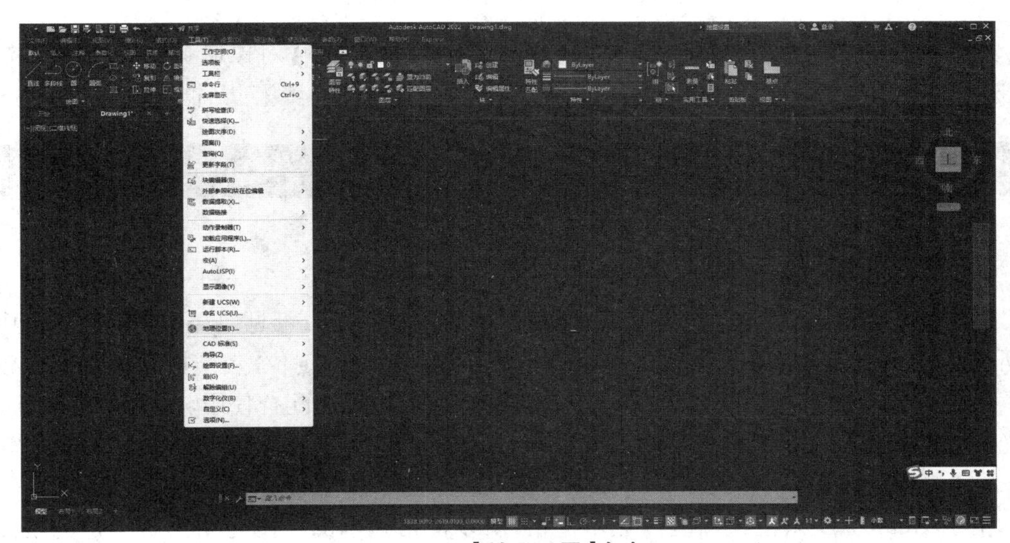
图 5-37 【绘图设置】命令

(2)在命令行中输入 DSETTINGS 命令,再按 Enter 或空格键,如图 5-38 所示;或者在绘图区输入 DS 命令,再按 Enter 或空格键,如图 5-39 所示,均可弹出【草图设置】对话框。

图 5-38 在命令行输入 DSETTINGS 命令

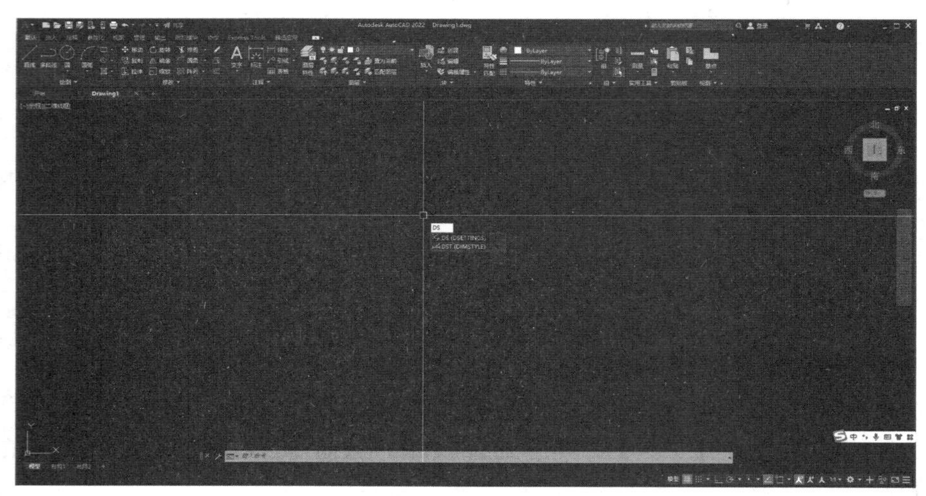

图 5-39 在绘图区输入 DS 命令

（3）右击状态栏中的【捕捉】【栅格】【极轴】【对象捕捉】和【对象追踪】5 种切换按钮之一，选择对应的【设置】命令，如图 5-40 所示，即可弹出【草图设置】对话框。

图 5-40 设置命令

1.【捕捉和栅格】选项卡

【栅格】（Grid）是可见的位置参考坐标，是由用户控制是否可见但却不呈现在打印中的点所构成的精确定位的网络与坐标值，它可以帮助我们进行定位，当栅格和捕捉配合使用时，可以提高绘图的精确度。一般情况下捕捉和栅格可以互相配合使用，以保证鼠标移动十字光标能够捕捉到图形精确的位置。

1）【启用栅格】选项区域

由于 AutoCAD 只在绘图区内显示栅格，所以栅格显示的范围与用户所指定的绘图间隙的大小有关。在放大和缩小图形的时候，需要重新调整栅格的间距以使其适合新的缩放比例。

可以使用以下方法打开或关闭栅格。

（1）在【草图设置】对话框的【捕捉和栅格】选项卡中，选择【启用栅格】复选框，如图 5-41 所示，然后单击【确定】按钮，即可启用或关闭栅格。

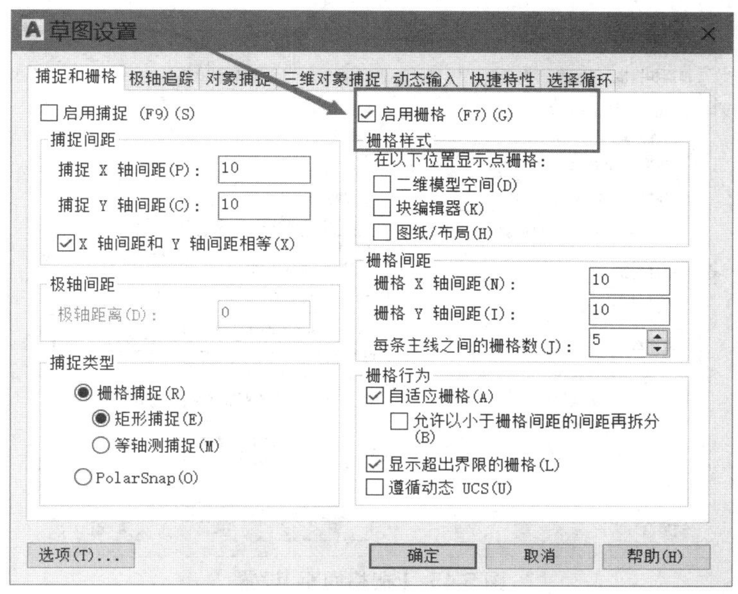

图 5-41 【启用栅格】复选框

（2）单击状态栏上的【显示图形栅格】按钮，如果按钮呈蓝色，则表示已经启用栅格，如图 5-42 所示，再次单击可以关闭栅格，默认状态是关闭栅格。

图 5-42 【显示图形栅格】按钮

（3）按 F7 键或按 Ctrl+G 组合键可以切换打开和关闭栅格显示。

（4）在命令行中输入 GRID 命令，如图 5-43 所示，根据提示，输入 ON 将显示栅格，输入 OFF 将关闭栅格，如图 5-44 所示。

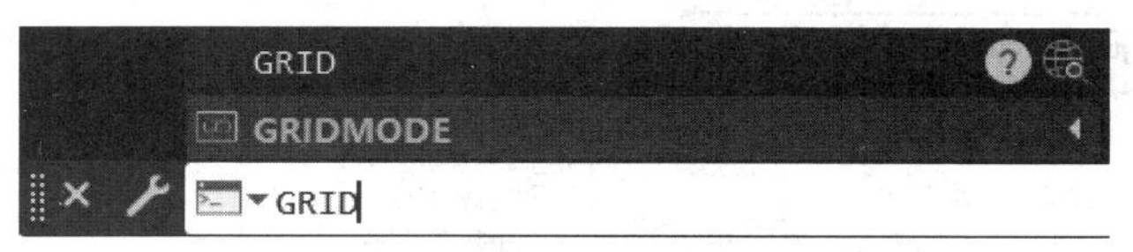

图 5-43 在命令行输入 GRID 命令

图 5-44 在命令行输入 ON 或 OFF 命令

2)【栅格间距】选项区域

为了方便图形绘制，需要随时调整栅格的横竖间距。间距设置有以下方法：通过【草图设置】对话框完成间距的设置。在【栅格间距】选项组内有两个文本框，【栅格 X 轴间距】文本框用于输入栅格点阵在 X 轴方向的间距，【栅格 Y 轴间距】文本框用于输入 Y 轴方向的间距，如图 5-45 所示。

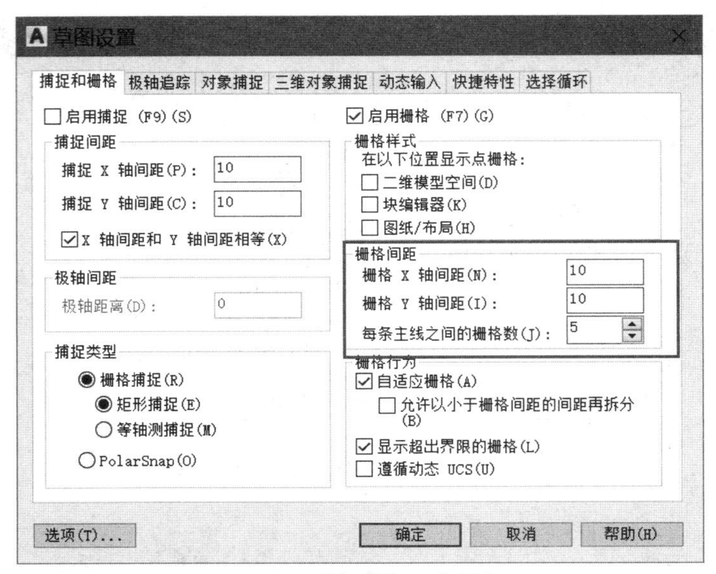

图 5-45 【栅格间距】设置

3)【启用捕捉】选项区域

当捕捉模式处于打开状态，移动鼠标时就会发现，十字光标会被吸附在栅格点上。用户通过设置 X 轴和 Y 轴方向的间距可以便捷地控制鼠标的精度。捕捉模式由开关控制，可以在其他命令执行期间打开或关闭。

(1)切换捕捉模式的方法

①在【草图设置】对话框的【捕捉和栅格】选项卡中，选择【启用捕捉】复选框，如图 5-46 所示，然后单击【确定】按钮，即可启用或关闭捕捉。

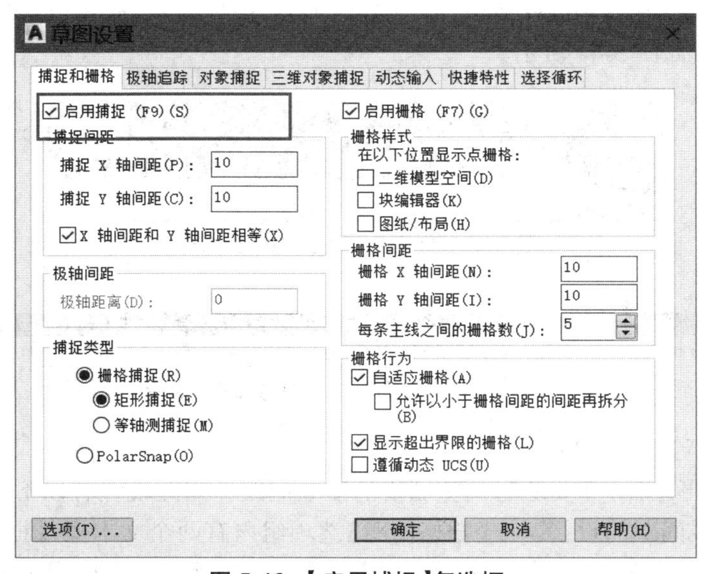

图 5-46 【启用捕捉】复选框

②单击状态栏上的【捕捉模式】按钮，如果按钮呈蓝色，则表示已经启用捕捉，如图 5-47

所示，再次单击可以关闭捕捉，默认状态是关闭捕捉。

图 5-47 【捕捉模式】按钮

③按 F9 键可以切换打开和关闭捕捉。

④在命令行中输入 SNAP 命令，如图 5-48 所示，根据提示，输入 ON 将显示捕捉，输入 OFF 将关闭捕捉，如图 5-49 所示。

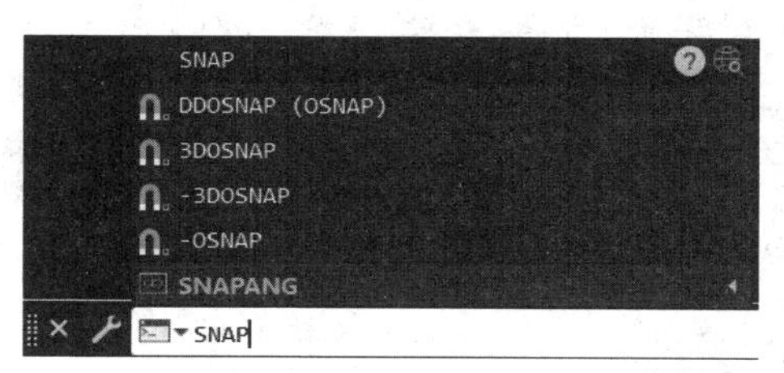

图 5-48 命令行输入 SNAP 命令

图 5-49 命令行输入 ON 或 OFF 命令

（2）【捕捉间距】选项区域

捕捉间距不必与栅格间距相同，可以大于栅格间距。通过【草图设置】对话框可以完成间距的设置。在【捕捉间距】选项组内有两个文本框，【捕捉 X 轴间距】文本框用于设置 X 轴方向的间距，【捕捉 Y 轴间距】文本框用于设置 Y 轴方向的间距，如图 5-50 所示。

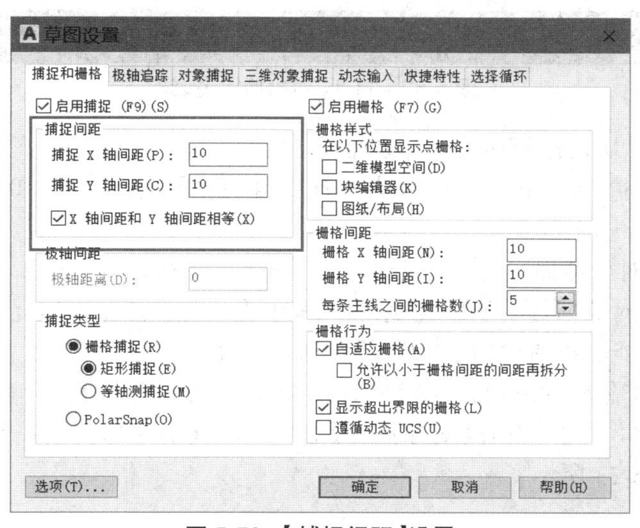

图 5-50 【捕捉间距】设置

2.【对象捕捉】选项卡

相对于手工绘图来说，AutoCAD 可以绘制出非常精确的工程图，【对象捕捉】可以在绘图中用来控制精确性，可以用【对象捕捉】捕捉到这些视觉很难捕捉到的关键几何点，如端点、中点、圆心和交点、切点等。

1)【启用对象捕捉】选项区域

(1)打开或关闭对象捕捉的方法如下。

①在【草图设置】对话框的【对象捕捉】选项卡中，选择【启用对象捕捉】复选框，如图 5-51 所示，然后单击【确定】按钮，即启用或关闭对象捕捉。

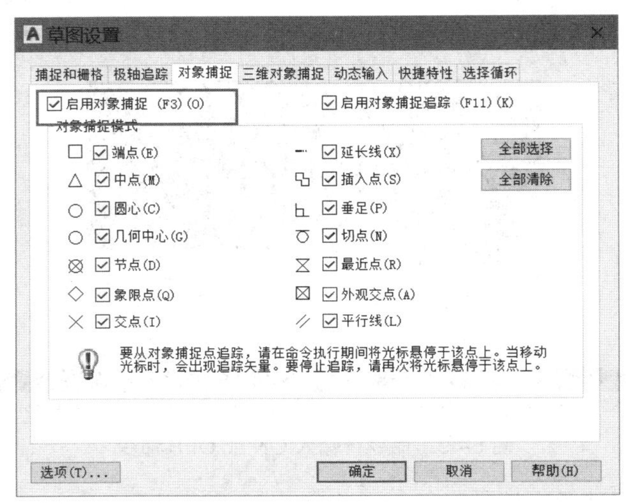

图 5-51 【启用对象捕捉】复选框

②单击状态栏右侧的【对象捕捉】按钮，如果按钮呈蓝色，则表示已经启用对象捕捉，如图 5-52 所示，再次单击可以关闭对象捕捉，默认状态是关闭捕捉。

图 5-52 打开【对象捕捉】按钮

③按 F3 键可以切换打开和关闭对象捕捉。

④设置系统变量 Osmode 的值，1 表示打开自动对象捕捉模式，0 表示关闭对象捕捉模式。

(2)设置自动对象捕捉

当设置为自动对象捕捉功能后，在绘图过程中将一直保持对象捕捉状态，直到将其关闭为止。自动捕捉功能需要通过【草图设置】对话框来设置。

①在命令行中输入 DSETTINGS(或 OSNAP)，或在工作区直接输入该命令都会打开【草图设置】对话框，并同时打开【对象捕捉】选项卡，从【对象捕捉模式】复选框勾选需要捕捉的点或线，如图 5-53 所示。

微课:对象捕捉

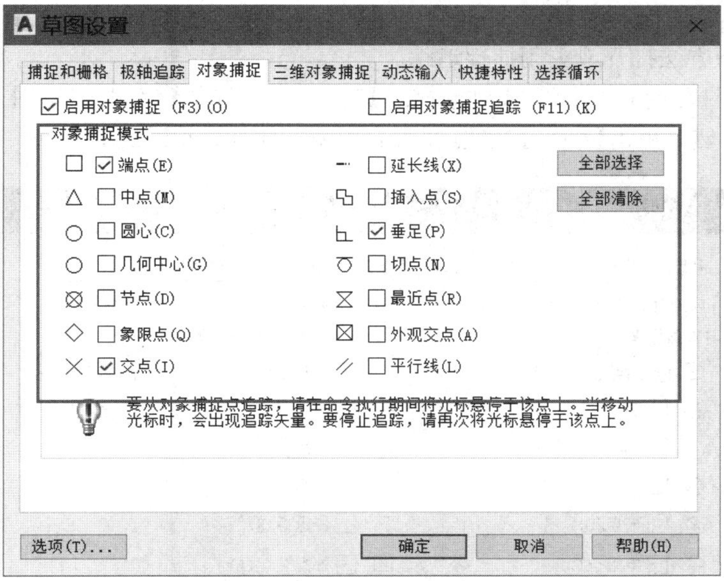

草图设置

捕捉和栅格　极轴追踪　对象捕捉　三维对象捕捉　动态输入　快捷特性　选择循环

☑启用对象捕捉 (F3)(O)　☐启用对象捕捉追踪 (F11)(K)

对象捕捉模式

☑端点(E)　☐延长线(X)　全部选择
☐中点(M)　☐插入点(S)　全部清除
☐圆心(C)　☑垂足(P)
☐几何中心(G)　☐切点(N)
☐节点(D)　☐最近点(R)
☐象限点(Q)　☐外观交点(A)
☑交点(I)　☐平行线(L)

要从对象捕捉点追踪，请在命令执行期间将光标悬停于该点上。当移动光标时，会出现追踪矢量。要停止追踪，请再次将光标悬停于该点上。

选项(T)...　确定　取消　帮助(H)

图 5-53 【对象捕捉模式】设置

②单击选择【草图设置】对话框左下角的【选项】按钮，即可打开【选项】对话框，可以在该对话框里进一步设置，如图 5-54 所示。

对象捕捉追踪和极轴追踪都是可以进行自动追踪的辅助绘图工具选项。自动追踪功能就是 AutoCAD 可以自动追踪十字光标所经过的捕捉点，可以准确快速地确定需要选择的定位点。自动追踪可以用指定的角度绘制对象，当自动追踪打开时，临时的对齐路径有助于以精确的位置和角度创建对象。使用对象捕捉极轴追踪，可以沿着对齐路径（指基于对象端点、中点或交点等的对象捕捉点）进行追踪。

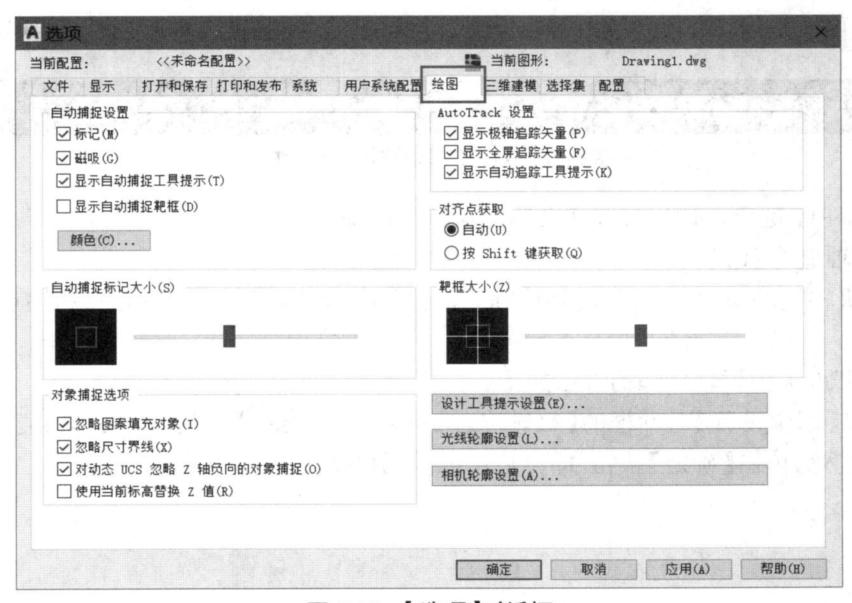

图 5-54 【选项】对话框

2)【启用对象捕捉追踪】选项区域

可以用以下方法打开或关闭捕捉追踪。

(1)在【草图设置】对话框的【对象捕捉】选项卡中,选择【启用对象捕捉追踪】复选框,如图 5-55 所示,然后单击【确定】按钮,即可启用或关闭捕捉追踪。

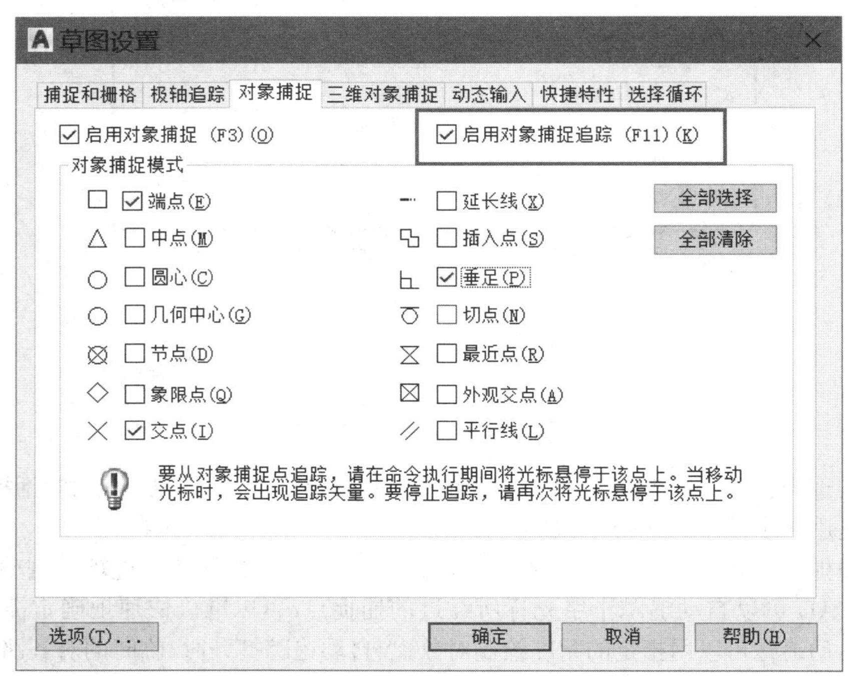

图 5-55 【启用对象捕捉追踪】复选框

(2)单击状态栏右侧的【对象捕捉追踪】按钮,如果按钮呈蓝色,则表示已经启用对象捕捉追踪,如图 5-56 所示,再次单击可以关闭对象捕捉追踪,默认状态是关闭捕捉追踪。

图 5-56 打开【对象捕捉追踪】按钮

(3)按 F11 键可以切换打开和关闭对象捕捉追踪。

3.【极轴追踪】选项卡

使用极轴追踪(Polar)工具进行追踪时,对齐路径是由相对于命令起点和端点的极轴角定义的。

1)打开或关闭极轴追踪的方法如下。

(1)在【草图设置】对话框的【极轴追踪】选项卡中,选择【启用极轴追踪】复选框,如图 5-57 所示,然后单击【确定】按钮,即可启用或关闭极轴追踪。

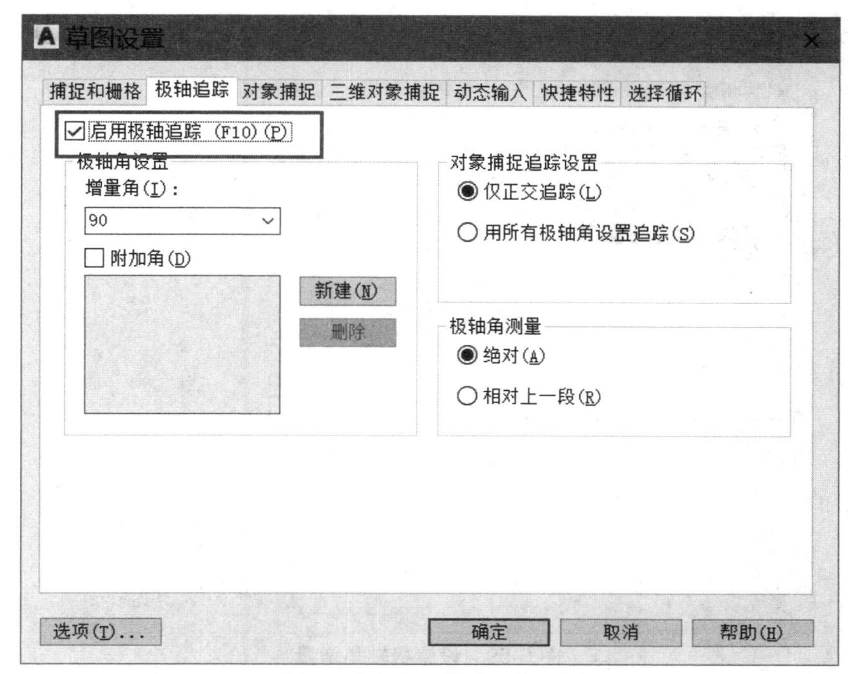

图 5-57 【启用极轴追踪】复选框

（2）单击状态栏右侧的【极轴追踪】按钮，如果按钮呈蓝色，则表示已经启用极轴追踪，如图 5-58 所示，再次单击可以关闭极轴追踪，默认状态是关闭极轴追踪。

图 5-58 打开【极轴追踪】按钮

（3）按 F10 键可以切换打开和关闭极轴追踪。

2）设置极轴角

极轴角增量可以在【极轴追踪】选项卡中的【增量】复选框的下拉列表选择，有 90°、45°、30°、22.5°、18°、15°、10°、5° 的极轴角增量，如图 5-59 所示。

【正交模式】：绘制水平或者垂直线条一般会很难，有时候虽然可以绘制出来但操作需要十分细致，更浪费时间。当启用正交模式后，就可以很快绘制出水平和垂直的线条。

可以用以下方法打开或关闭正交模式。

（1）单击状态栏右侧的【正交限制光标】按钮，如果按钮呈蓝色，则表示已经启用正交模式，再次单击可以关闭正交模式，默认状态是关闭正交模式。

（2）按 F8 键可以切换打开和关闭正交模式。

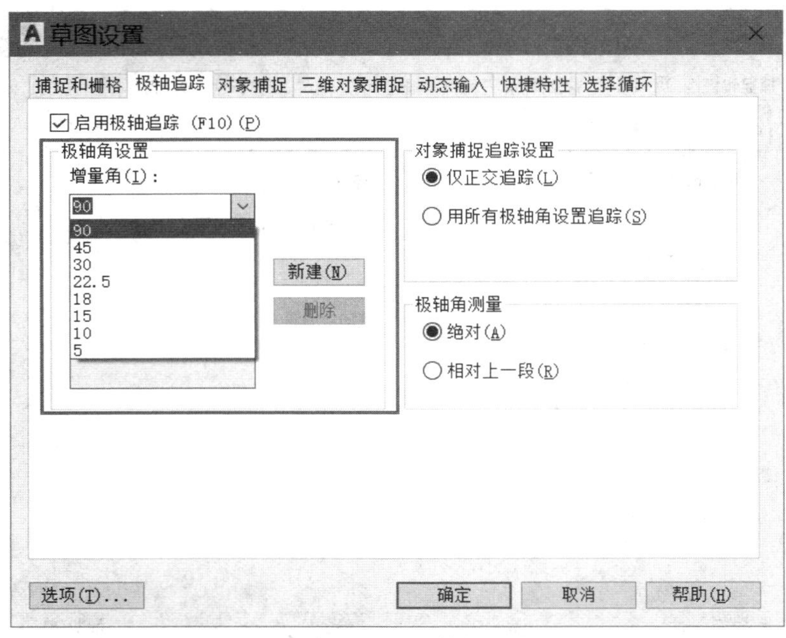

图 5-59 设置极轴角增量

(二)绘图区设置

1. 设置绘图单位

为了更精确地绘制图纸，在绘制前，应先对其绘图单位进行设置。执行【格式】→【单位】命令或在命令行输入 UNITS 命令，即可打开【图形单位】对话框，如图 5-60 所示。

(1)长度单位的设置：【长度】单位的复选框中包括长度单位【类型】的设置和【精度】的设置，在设置时可以从下拉菜单中的选项进行选择。系统默认的长度单位【类型】是小数，【精度】是小数点后 4 位。一般绘制建筑施工图图纸时，【类型】选择【小数】单位，【精度】精确到整数位 0，如图 5-61 所示。

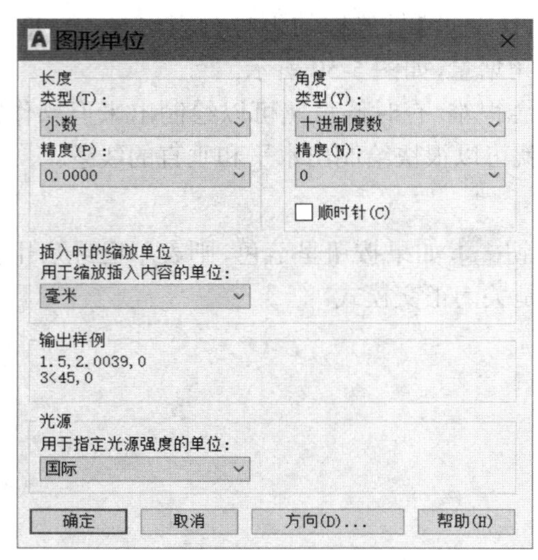

图 5-60 【图形单位】对话框

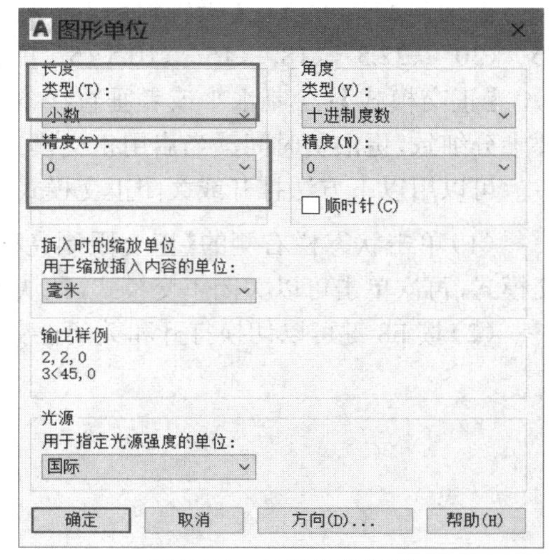

图 5-61 长度单位设置

（2）角度单位设置：【角度】单位的复选框中包括角度单位【类型】设置、【精度】设置和角度正向设置。角度单位的【类型】和【精度】的设置，可以从下拉菜单中的选项中选择。绘制室内设计图纸时，一般默认系统值。当勾选【顺时针】复选框时，是以顺时针方向为正方向；未勾选时，是以逆时针方向为正方向。

（3）方向的控制：单击【方向 ...】按钮，会弹出【方向控制】对话框，如图 5-62 所示。在该对话框中可以对角度单位的起始角方向进行设置。只要选取相对应的方向选项的复选框，即可完成操作。除地图的标准方向外，还可以通过选择【其他】项的复选框，来确定其他角度的起始角方向。

2. 设置绘图界限

绘图界限也就是在绘制图纸时的工作区域，应该根据图纸的大小和图纸的数量等来设置。设置后的绘图界限更方便在绘图时进行缩放和移动等操作。利用界限功能还可以避免在指定区域外绘图，从而减少错误的操作。

执行【格式】→【图形界限】命令或在命令行中输入 LIMITS 命令即可设置，如图 5-63 所示，点击↑或↓进行选择，点击空格或 Enter 键完成操作。

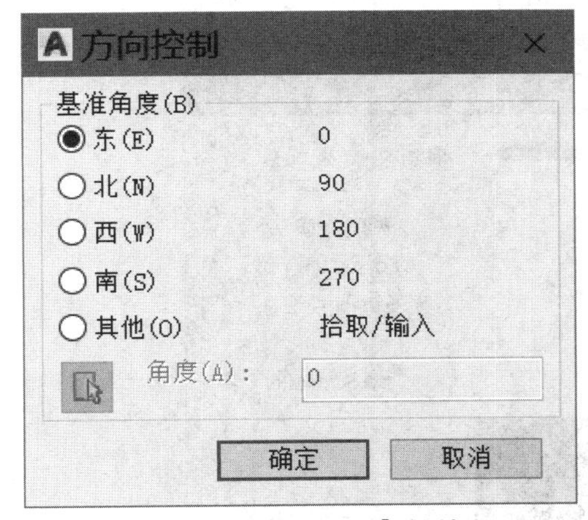

图 5-62 【方向控制】对话框

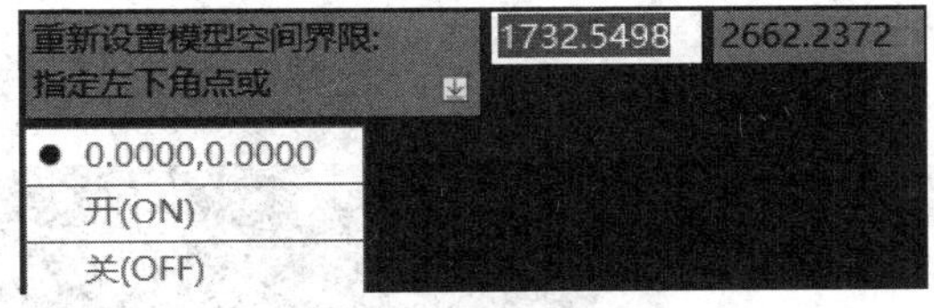

图 5-63　设置绘图界限

3. 绘图区颜色设置

在 AutoCAD2022 中可根据绘图需要改变绘图区的颜色。

执行【工具】→【选项】命令，弹出【选项】对话框，如图 5-64 所示。单击对话框中的【颜色 ...】按钮，弹出【图形窗口颜色】对话框，如图 5-65 所示。可根据需要在【上下文】、【界面元素】选择合适的【颜色】，当颜色选定后，单击【应用并关闭】按钮回到【选项】对话框中，单击【确定】按钮即可。

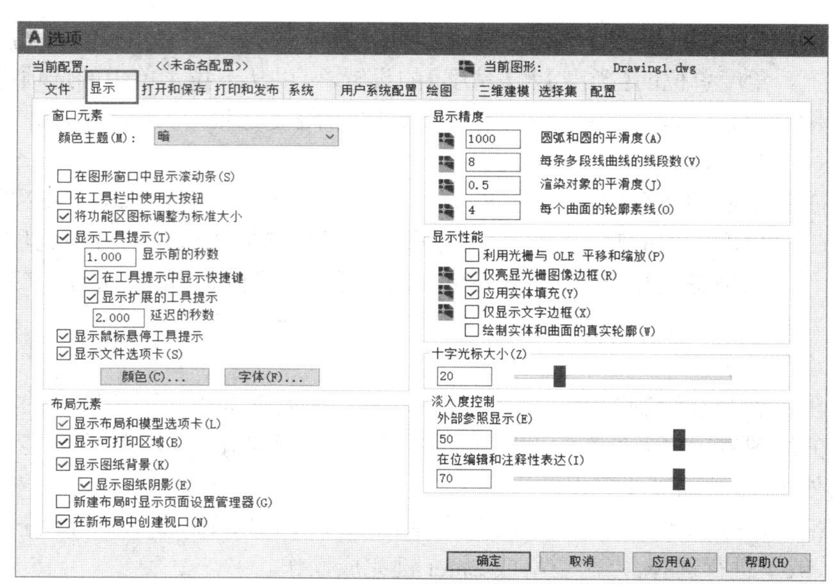

图 5-64 【选项】对话框

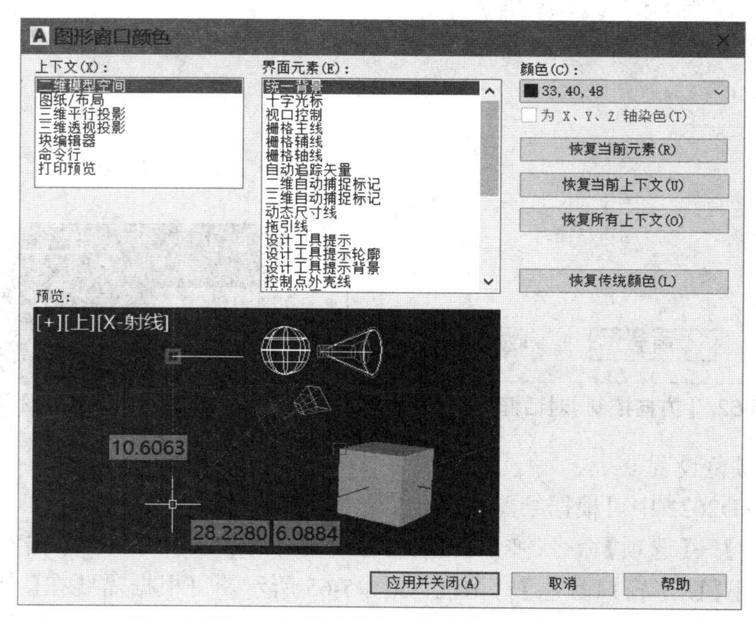

图 5-65 【图形窗口颜色】对话框

【任务小结】

通过对本章的学习，掌握工作界面切换，牢记界面组成，熟练进行 AutoCAD2022 绘图环境的设置以及图纸打印的设置。

【项目实训】

步骤 1：将十字光标长度设置成 100%，执行【工具】→【选项】命令，打开【选项】对话框。在【十字光标大小】选项框的文本框内输入 100，单击【确定】按钮即可，如图 5-66 所示。

图 5-66　设置 100% 十字光标

步骤 2：设置圆心捕捉，在命令行输入 DSETTINGS 命令，打开【草图设置】→【对象捕捉】对话框，勾选【圆心】的复选框，如图 5-67 所示，单击【确定】按钮即可。

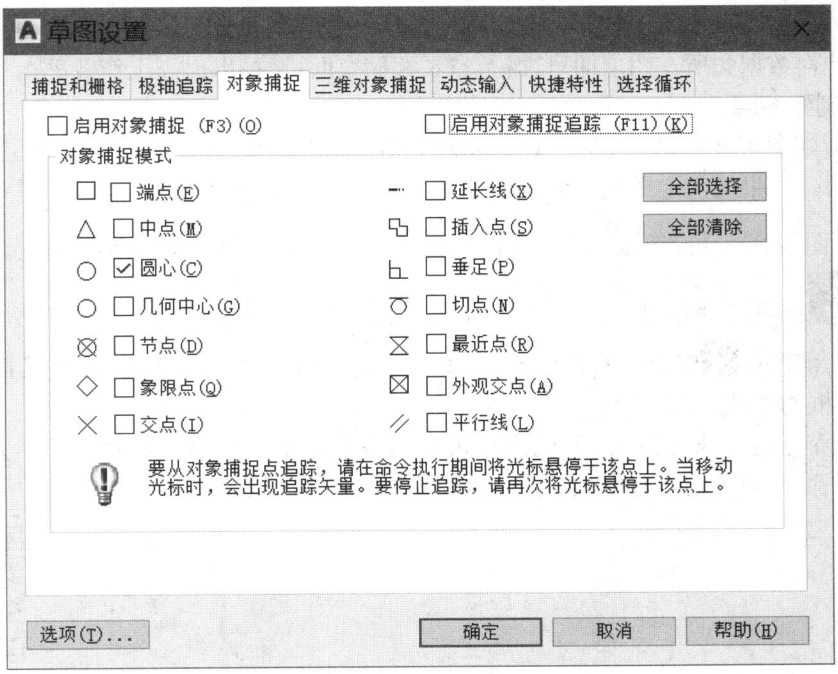

草图设置

捕捉和栅格　极轴追踪　对象捕捉　三维对象捕捉　动态输入　快捷特性　选择循环

启用对象捕捉（F3）(O)　　启用对象捕捉追踪（F11）(K)

对象捕捉模式

端点(E)　　延长线(X)　　全部选择

中点(M)　　插入点(S)　　全部清除

圆心(C)　　垂足(P)

几何中心(G)　　切点(N)

节点(D)　　最近点(R)

象限点(Q)　　外观交点(A)

交点(I)　　平行线(L)

要从对象捕捉点追踪，请在命令执行期间将光标悬停于该点上。当移动光标时，会出现追踪矢量。要停止追踪，请再次将光标悬停于该点上。

选项(T)...　　确定　　取消　　帮助(H)

图 5-67　设置圆心捕捉

任务二　绘制施工图常用命令

【任务描述及分析】

再好的经验也要根据实际进行调整，有效地管理图层在绘图中可以起到事半功倍的效果。同学们在学习设计工具时，要学会具体问题具体分析，根据遇到的不同设计问题，灵活选择运用各种工具去解决它。

【任务实施及知识链接】

一、创建图层与特性设置

（一）图层概述

图层工具用于规定每个图层的颜色和线型，并把具有相同特征的图形对象放在同一图层上绘制，这样绘图时不用分别设置对象的线型和颜色，不但方便绘图，而且存储图形时只需存储其几何数据和所在图层即可，既节省了存储空间，又可以提高工作效率。

（二）创建图层

首先新建图形文件，每创建一个新的文件，系统会自动创建层名为0的图层，这是系统的默认图层。如果还需要图层来整合其他类型的图形，就需要创建新图层。

点击【图层特性】按钮，打开【图层特性管理器】对话框，如图5-68所示。单击【新建图层】按钮，在图层列表中出现一个名称为"图层1"的新图层。在默认情况下，新建的图层与当前图层的所有特性都相同，如图5-69所示。还有以下两种打开【图层特性管理器】对话框的方法。

（1）在菜单栏中执行【工具】→【选项板】→【图层】命令将【图层特性管理器】打开。

（2）在命令行中输入：LAYER（LA），并按空格键确定。

微课：创建图层

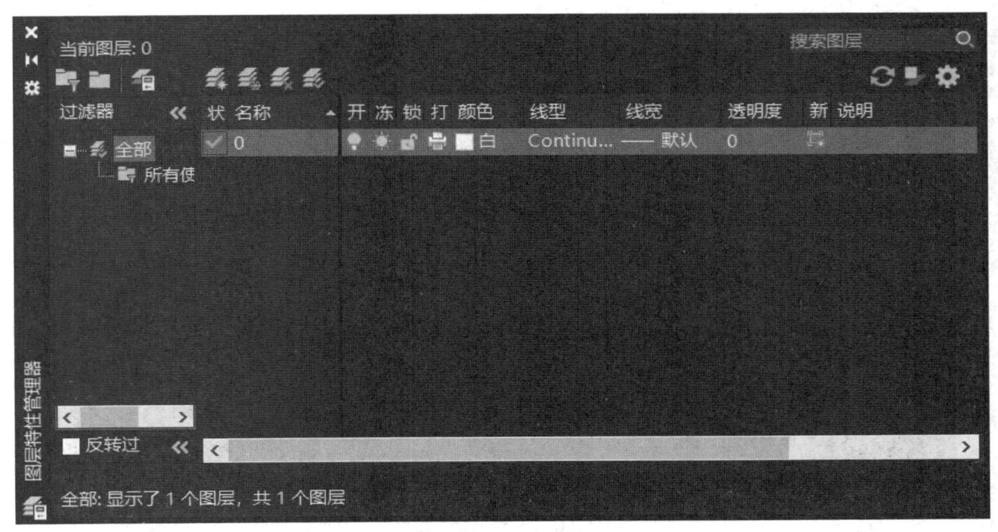

图 5-68　图形特性管理器

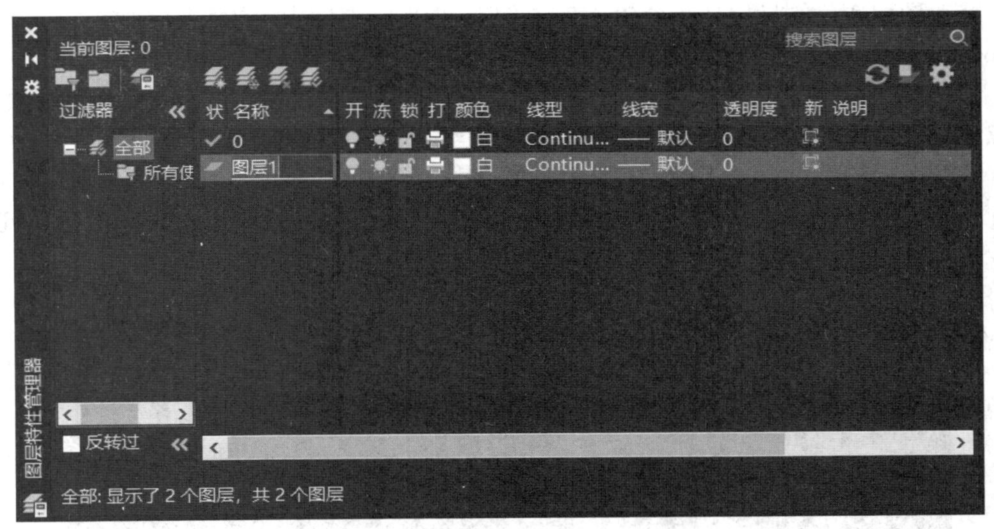

图 5-69　新建图层

创建图层后，点击“图层 1”，输入一个新的图层名称，如图 5-69 所示的状态，便可编辑图层名称，并可以根据个人喜好来修改颜色等。

注意：新建图层命名时，图层的名称中不能包含“<>”“；”“?”“*”“，”“=”等字符，不能出现重复名称。如果不显示菜单栏，可用如图 5-70 所示的方法显示菜单栏。

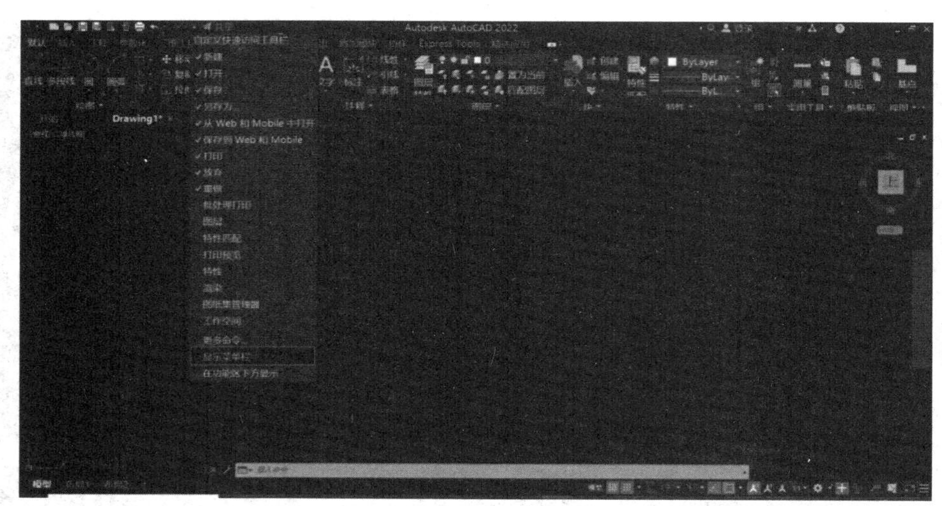

图 5-70　显示菜单栏

3. 修改图层颜色

修改图层颜色的目的是在绘制复杂图形时，可以通过不同的颜色来辨别每个部分。在 AutoCAD 默认情况下，新建图层的颜色被设为 7 号颜色。

注意：7 号颜色为白色或黑色，这由背景色决定，如果背景色设置为白色，则图层颜色就为黑色；反之，背景色为白色，则图层颜色为黑色。

改变图层的颜色，可在【图层特性管理器】对话框中点击新建图层的【颜色】图标，如图 5-71 所示，便会弹出【选择颜色】对话框。可以使用【索引颜色】【真颜色】和【配色系统】三个选项卡为图层选择颜色。在【特性】工具栏中可以快捷地变换颜色。找到【颜色列表】下滑并点击“更多颜色”也可打开【选择颜色】对话框，还可以在菜单栏中执行【格式】→【颜色】命令。

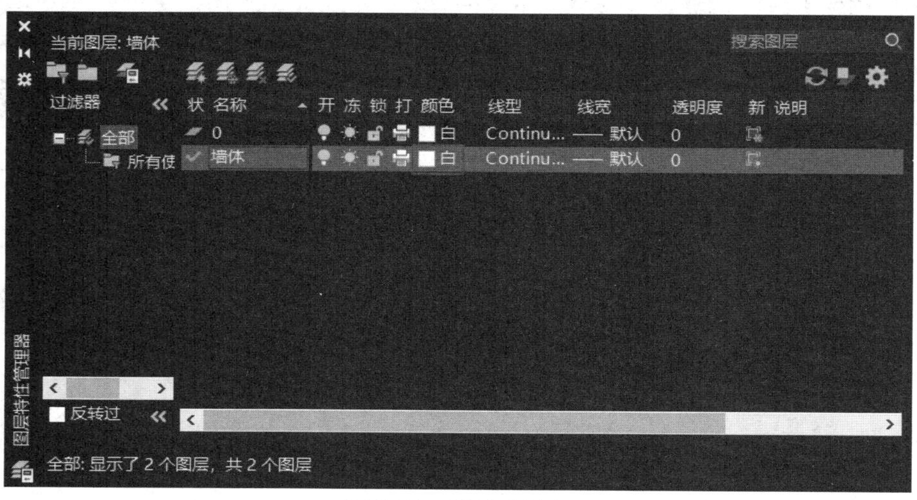

图 5-71　“颜色”列表

4. 设置图层线型

图层线型是指图层上图形对象的线型，如虚线、点画线、实线等。在进行制图时，可以使用不同的线型来绘制不同的对象以便于区分，还可以对各图层上的线型进行不同的设置。

在新建图层后，图层的线型会自动默认设置为"Continuous"。要改变线型，可在图层列表中点击新建图层所在线型的区域，如图 5-72 所示。

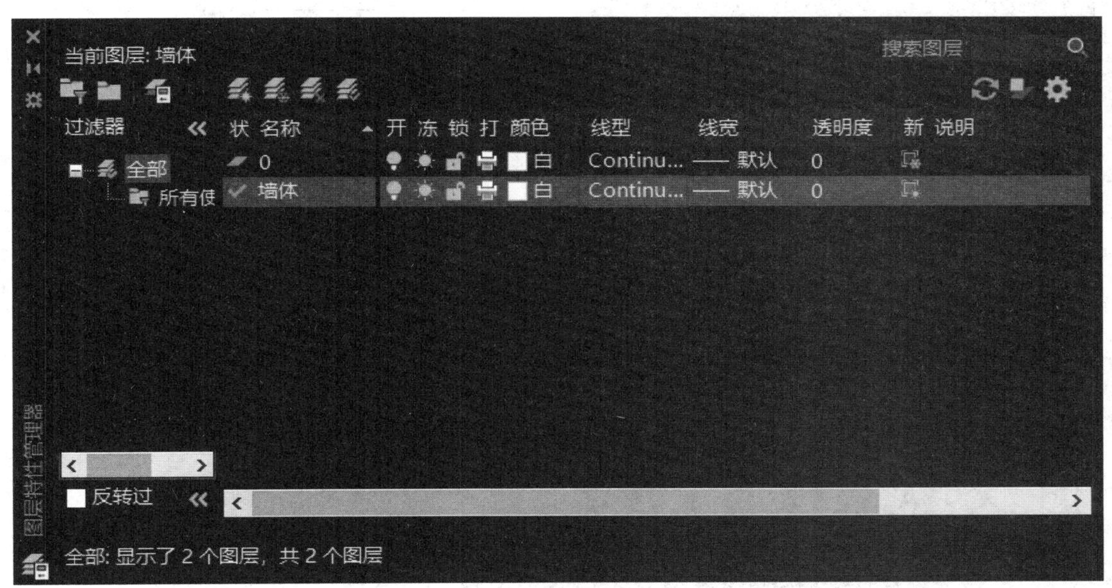

图 5-72　"线型"

打开后只有一个"Continuous"线型，如图 5-73 所示。点击下面的【加载】按钮便会看到多种线型，如图 5-74 所示，可以选择所需要的进行加载。

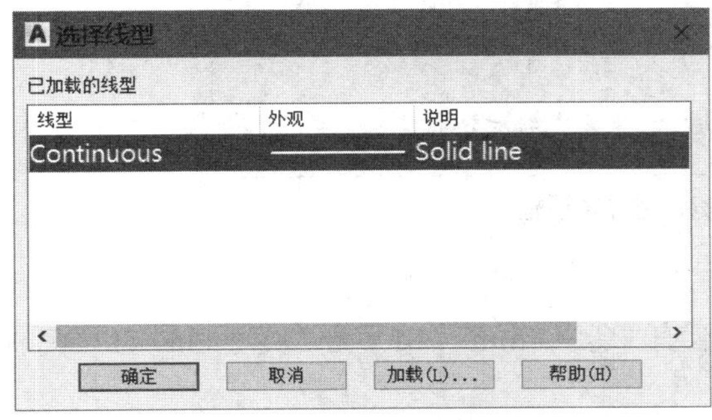

图 5-73　【选择线型】对话框

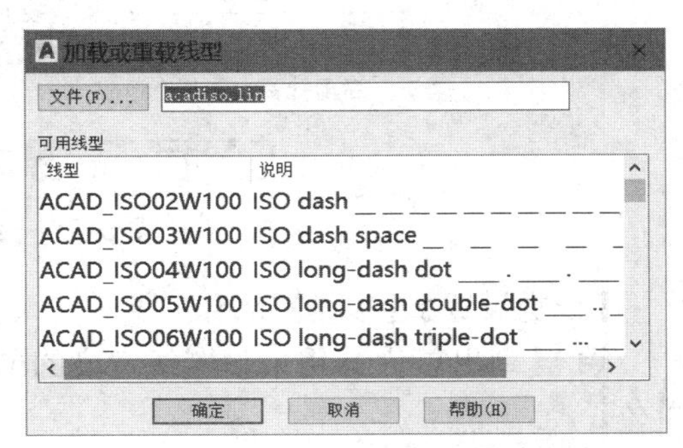

图 5-74　【加载或重载线型】对话框

修改线型同样可以在【特性】工具栏中修改，下滑【线型列表】，点击"其他"便可打开【线型管理器】对话框，如图 5-75 所示，也可以在菜单栏中执行【格式】→【线型】命令。

5. 设置图层的线宽

绘制图纸时，需要使用不同宽度的线条来表现不同的图形对象，在【图层特性管理器】对话框的【线宽】中可以设置图层的线宽，点击新建图层对应的线宽，便会弹出【线宽】对话框，可从中选择所需要的线宽。如图5-76所示。在【特性】工具栏找到【线宽列表】☰，下滑并点击“线宽设置”也可打开【线宽设置】对话框。

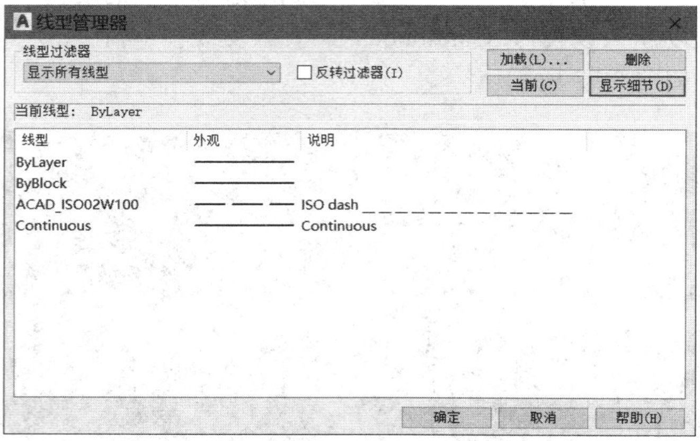

图5-75 【线型管理器】对话框

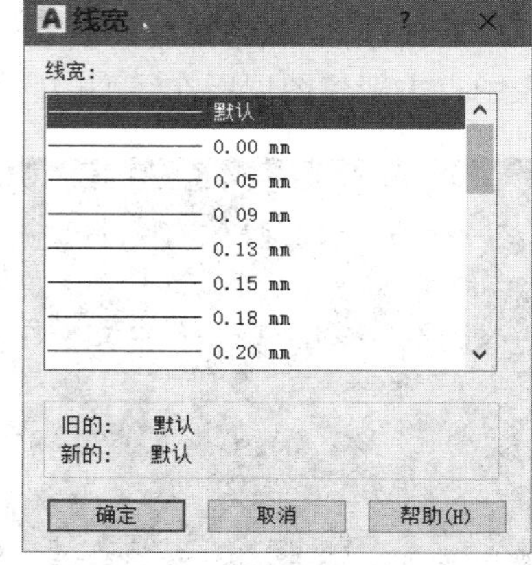

图5-76 【线宽】对话框

另外也可以执行【格式】→【线宽】命令，弹出【线宽设置】对话框，可在该对话框的【线宽】列表中选择当前要使用的线宽，也可以设置线宽的单位和比例，如图5-77所示。

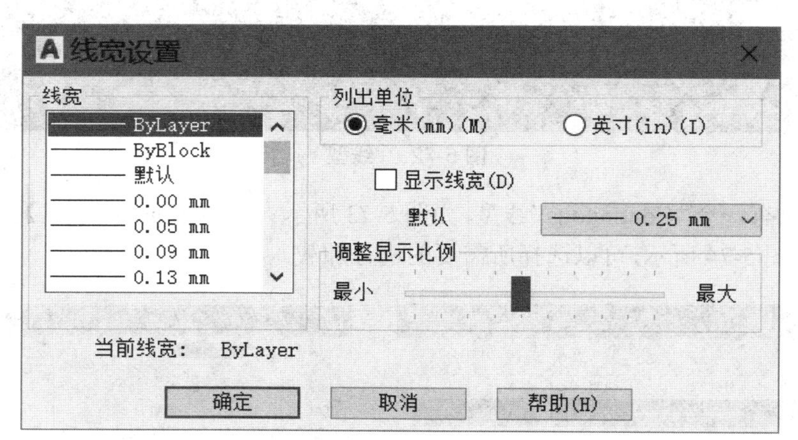

图5-77 【线宽设置】对话框

【线宽设置】选项设置解释如下。

（1）【列出单位】：用来设置线宽度的单位，有“毫米（mm）（M）”和“英寸（in）（I）”两种单位。

（2）【显示线宽】：有无勾选决定是否要按照实际线宽来显示图形，控制模型选项卡上线宽的显示比例。

（3）【默认】：用来设置默认线宽值，也就是在【显示线宽】未打勾时系统所显示的线宽。

（4）【调整显示比例】：移动滑块，可调节选中的线宽在屏幕上的显示比例，图形的线宽效果主要体现在打印输出的图纸上。

AutoCAD中有两种方法可以控制输出后图形的线宽：①按创建图层时所设置的每个图层的线宽进行打印输出；②按系统默认的各个颜色的线宽进行打印输出。如果采用第二种方法打印图形，那么在创建图层时，各图层的颜色不能随意设置。

（三）图层控制操作

1. 打开或关闭图层 /

黄色小灯泡代表此图层是打开状态，点击黄色小灯泡就会变成蓝色小灯泡，表示此图层是关闭状态。关闭当前图层，系统会出现【关闭当前图层】提示框，如图 5-78 所示。

2. 冻结或解冻图层 /

显示黄色太阳表示未冻结状态，单击黄色太阳则变为蓝色雪花，表示此图层被冻结，再次点击蓝色雪花就可以进行解冻。

注意：当前图层是不能被冻结的，会出现如图 5-79 所示对话框。已冻结图层不能置为当前图层。

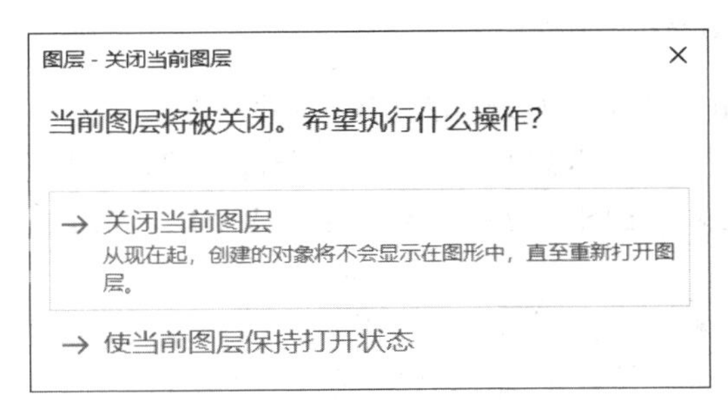

图 5-78 【关闭当前图层】对话框

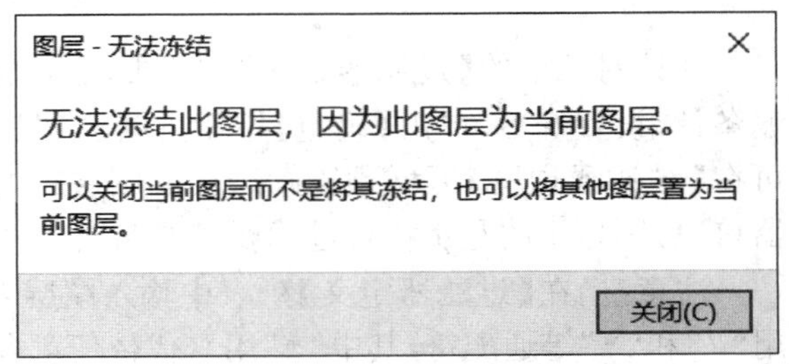

图 5-79 【无法冻结】对话框

3. 锁定的锁图层 /

在绘画图纸时，随着图纸的线条增多，选择会不准确，还要花费时间来纠正。锁定图层就可以避免这样的误操作。

点击黄色打开锁头会变成蓝色关闭锁头，表示此图层被锁定。锁定后的图层是不能进行修改的。将鼠标移动到锁定的图层上会显示锁定标志。同时锁定图层上的对象仍然可以使用对象捕捉，并可执行除修改对象外的其他操作。

4. 打印设置 /

点击打印机图标会变成，代表此图层在打印时不输出到图纸，也就是说，在打印出来的图纸上将看不到这一图层的内容。

1）新建特性过滤器

点击【新建特性过滤器】，便会弹出【图层过滤器特性】对话框，如图 5-80 所示。特性过滤器是通过选择特性选出想要的图层。当图纸中含有大量图层时，使用过滤器会极大提高选择图层的速度。

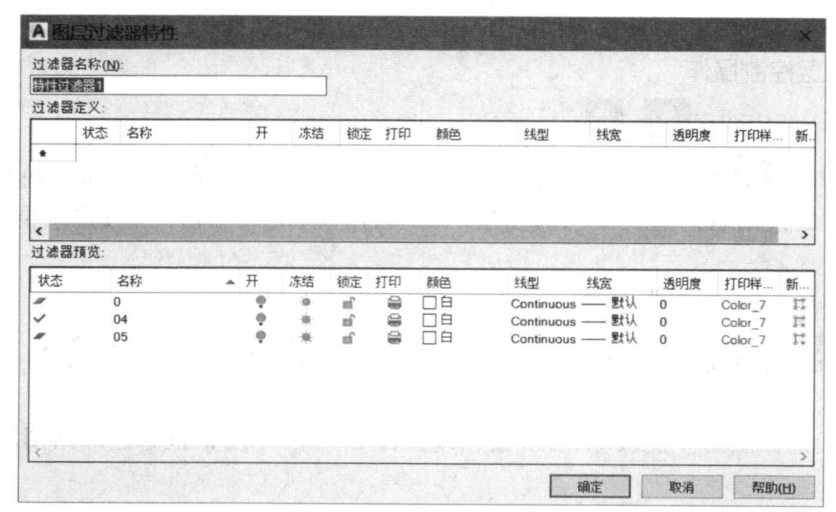

图 5-80 【新建特性过滤器】对话框

在该对话框的【过滤器定义】列表中，通过输入图层名及选择图层的各种特性来设置过滤条件，设置好后，单击【确定】按钮，在【图层特性管理器】中就增加了一个过滤器，此时便可在【过滤器预览】区域预览筛选出的图层。如果在【图层特性管理器】中选中【反转过滤器(I)】，则显示的是不符合过滤要求的图层。

注意：当在【过滤器定义】列表中输入图层名称、颜色、线宽、线型以及打印样式时，可使用“?”和“*”等通配符，其中“*”用来代替任意多个字符，“?”用来代替任意单个字符。

2）新建组过滤器

新建组过滤器是自行添加某一类别的图层组成的过滤器。点击【新建特性过滤器】按钮后，会新建一个【组过滤器】，如图 5-81 所示。

图 5-81 新建组过滤器

二、简单二维图形命令

绘图是 AutoCAD 最主要的功能，AutoCAD 提供大量绘图工具，帮助绘图者完成二维图形的绘制。通过对本章直线、构造线、多边形、圆、多段线、多线、样条曲线、面域、图案填充等二维图形命令的学习，使绘制的图形更精准、更专业。

（一）绘制点

1. 点样式

1）点样式显示

在 AutuCAD 中，默认状态下绘制的点在屏幕显示器中比较难以辨认，因此可以更改点样式和点大小，使其能够以较辨认的图像显示出来。

2）点大小

用于设置点的显示大小。

（1）相对于屏幕设置大小：以屏幕尺寸的百分比（默认 5%）设置点的显示大小，当进行缩放时，点的显示大小不会改变。

（2）按绝对单位设置大小：以指定的实际单位值（默认 5 单位）设置点的显示大小。当进行缩放时，点的显示大小随之改变。若未更新，可使用重画（REDRAW）或重生成（REGEN）命令来更新。

3）调用命令的方式

通过点样式对话框设置点的形状和大小，如图 5-82 所示。打开命令的方式如下。

（1）工具栏：单击【格式】→【点样式】。

（2）菜单栏：单击【实用工具】→【点样式】命令。

（3）命令行：在命令行输入 DDPTYPE。

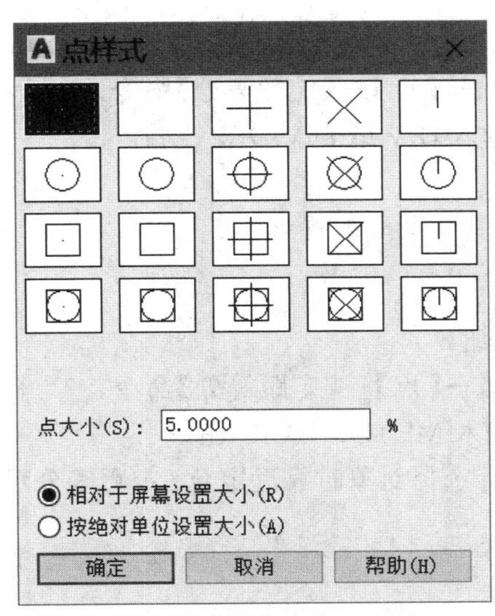

图 5-82 【点样式】对话框

2. 点

调用命令的方式如下。

(1)工具栏:单击[图标]按钮,如图5-83所示。

(2)菜单栏:单击【绘图】→【点】→【单点】或【多点】命令,如图5-84所示。

(3)命令行:在命令行输入PO或POINT。

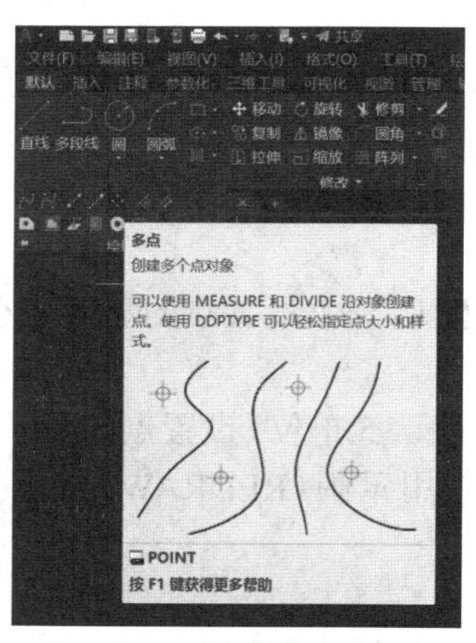

图5-83 工具栏【点】按钮

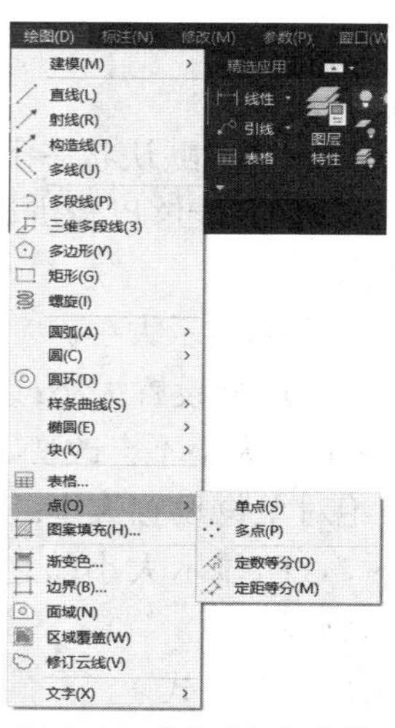

图5-84 【点】命令菜单

3. 定数等分

在一个对象上等间距地放置点,这其中输入的是等分数而不是点的个数。

调用命令的方式如下。

(1)工具栏:单击[图标]按钮

(2)菜单栏:单击【绘图】→【点】→【定数等分】命令。

(3)命令行:在命令行输入DIV或DIVIDE。

4. 定距等分

在一个对象上按绘图者指定间隔放置点。

调用命令的方式如下。

(1)工具栏:单击[图标]按钮。

(2)菜单栏:单击【绘图】→【点】→【定距等分】命令。

(3)命令行:在命令行输入ME或MEASURE。

在进行命令操作时,鼠标选择对象时靠近定数/定距等分对象哪边,则从哪边开始定数/定距等分。

(二)绘制线

1. 直线

直线是绘图中运用频率最高的命令,是组成图形的最基本元素之一,直线的绘制由两点来确定。

1）绘制方法

（1）直坐标法：输入两点的直坐标值，第二点一般用相对坐标来表示。

（2）极坐标法：指定第一点后，第二点一般使用相对极坐标来表示。

（3）直接距离输入法：确定好方向，输入尺寸，一般会借助正交或极轴。

2）调用命令的方式

微课：直线

（1）工具栏：单击按钮。

（2）菜单栏：单击【绘图】→【直线】命令。

（3）命令行：在命令行输入 L 或 LINE。

2. 构造线

构造线，又名参照线，是无限长的直线，一般用作辅助线，默认状态下可以绘制经过一点的一组直线，可以通过选项来控制线的角度，或者借助正交或极轴命令来绘制。

调用命令的方式如下。

（1）工具栏：单击按钮。

（2）菜单栏：单击【绘图】→【构造线】命令。

（3）命令行：在命令行输入 XL 或 XLINE。

命令操作选项说明如下。

（1）指定点：绘制经过指定两点的构造线。

（2）水平：绘制经过指定点的水平构造线，与 X 轴平行。

（3）垂直：绘制经过指定点的垂直构造线，与 X 轴垂直。

（4）角度：绘制沿指定角度向两端无限延伸的构造线。

（5）二等分：绘制经过选定的角顶点，并将选定的两条线之间的夹角平分的构造线。

（6）偏移：与指定直线平行的构造线。

3. 射线

射线就是向一个方向无限延伸的直线，可用作创建其他对象的参照。

调用命令的方式如下。

（1）工具栏：单击按钮。

（2）菜单栏：单击【绘图】→【射线】命令。

（3）命令行：在命令行输入 RAY。

4. 多段线

多段线是由多条直线和圆弧段相连而成的单一对象，可以分段设置不同的线宽。

调用命令的方式如下。

（1）工具栏：单击按钮。

（2）菜单栏：单击【绘图】→【多段线】命令。

（3）命令行：在命令行输入 PL 或 PLINE。

命令操作选项说明如下。

（1）圆弧：与“圆弧”命令相似。

（2）半宽：指定从宽线段的中心到一条边的宽度。

（3）长度：创建与上一线段角度方向相同的指定长度的线段。

（4）宽度：指定下一线段的宽度。

5. 多线

多线可包括1至16条平行线，这些平行线称为元素。默认样式为两条平行线，距离为1个图形单位。每个元素都可以进行单独设置，包括颜色、线型等。

各元素的位置是通过指定的距多线初始位置的偏移量确定的。

微课：多线

调用命令的方式如下。

（1）菜单栏：单击【绘图】→【多线】命令。

（2）命令行：在命令行输入ML或MLINE。

6. 样条曲线

样条曲线是经过一系列给定点的光滑曲线，是一种非均匀曲线，适用于创建形状不规则的图形。在AutoCAD中，绘制样条曲线有拟合点和控制点两种方法。

（1）调用命令的方式如下。

①工具栏：单击按钮。

②菜单栏：单击【绘图】→【样条曲线】→【拟合点/控制点】命令。

③命令行：在命令行输入SPL或SPLINE。

（2）命令操作选项说明如下。

①方式：控制是使用拟合点还是使用控制点来创建样条曲线。

②拟合点：通过指定样条曲线必须经过的拟合点来创建3阶（三次）B样条曲线。

③控制点：通过指定控制点来创建样条曲线。使用此方法创建1阶（线性）、2阶（二次）、3阶（三次）直到最高为10阶的样条曲线。通过移动控制点调整样条曲线的形状。

④节点：用来确定样条曲线中连续拟合点之间的零部件曲线如何过渡。

⑤对象：将二维或三维的二次或三次样条曲线拟合多段线转换为等效的样条曲线。根据DELOBJ系统变量的设置，保留或放弃该拟合多段线。

⑥公差：指定样条曲线可以偏离指定拟合点的距离。

7. 修订云线

用于创建由连续圆弧组成的多段线以构成云线形对象，可以从头开始创建修订云线，也可以将闭合对象（如圆、椭圆、闭合多段线或闭合样条曲线等）转换为修订云线。

注：弧长的最大值不能超过最小值的三倍。

调用命令的方式如下。

（1）工具栏：单击按钮。

（2）菜单栏：单击【绘图】→【修订云线】命令。

（3）命令行：在命令行输入REVCLOUD。

（三）绘制多边形

1. 矩形

矩形作为日常生活中常见的形状，在CAD中的使用频率也是非常高的。绘制矩形时，确定两个对角点即可确定一个矩形。输入第二角点，可以选择使用相对坐标。使用矩形命令可以绘制出指定线宽、尺寸、倒角等不同参数的的矩形，如图5-85所示。

调用命令的方式如下。

(1)工具栏：单击 按钮。

(2)菜单栏：单击【绘图】→【矩形】命令。

(3)命令行：在命令行输入 REC 或 RECTANG。

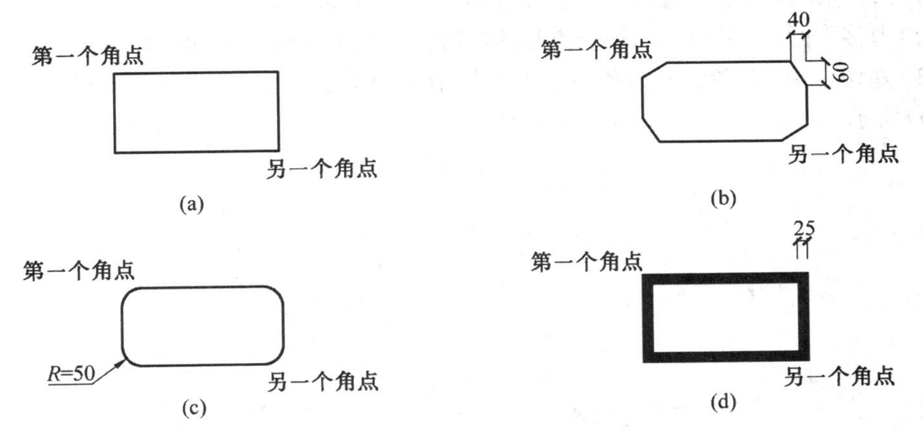

图 5-85　矩形的类型

命令操作步骤如下。

快捷键：_rec

①图 5-85(a)指定第一个角点或[倒角/标高/圆角/厚度/宽度]：(鼠标单击第一个角点)

指定另一个角点或[面积/尺寸/旋转]：(鼠标单击另一个角点)

②图 5-85(b)指定第一个角点或[倒角/标高/圆角/厚度/宽度]：C ↙

指定矩形的第一个倒角距离 <0.000 0>：40 ↙

指定矩形的第二个倒角距离 <40.000 0>：60 ↙

指定第一个角点或[倒角/标高/圆角/厚度/宽度]：(鼠标单击第一个角点)

指定另一个角点或[面积/尺寸/旋转]：(鼠标单击另一个角点)

③图 5-85(c)指定第一个角点或[倒角/标高/圆角/厚度/宽度]：F ↙

指定矩形的圆角半径 <0.000 0>：50 ↙

指定第一个角点或[倒角/标高/圆角/厚度/宽度]：(鼠标单击第一个角点)

指定另一个角点或[面积/尺寸/旋转]：(鼠标单击另一个角点)

④图 5-85(d)指定第一个角点或[倒角/标高/圆角/厚度/宽度]：W ↙

指定矩形的线宽 <0.000 0>：25 ↙

指定第一个角点或[倒角/标高/圆角/厚度/宽度]：(鼠标单击第一个角点)

指定另一个角点或[面积/尺寸/旋转]：(鼠标单击另一个角点)

2. 多边形

创建等边闭合多段线，绘制条件有两种：中心点法绘制正多边形和边数创建法绘制正多边形。

调用命令的方式如下。

(1)工具栏:单击按钮。

(2)菜单栏:单击【绘图】→【多边形】命令。

(3)命令行:在命令行输入 POL 或 POLYGON。

命令操作选项说明如下。

(1)边:系统以指定的边为第一条边,逆时针绘制完成正多边形。

(2)内接于圆:正多边形的每个点都落在等值半径圆的圆周上,如图 5-86(a)所示。

(3)外切于圆:正多边形的各边都落在等值半径圆的外侧,且与等值半径圆相切,如图 5-86(b)所示。

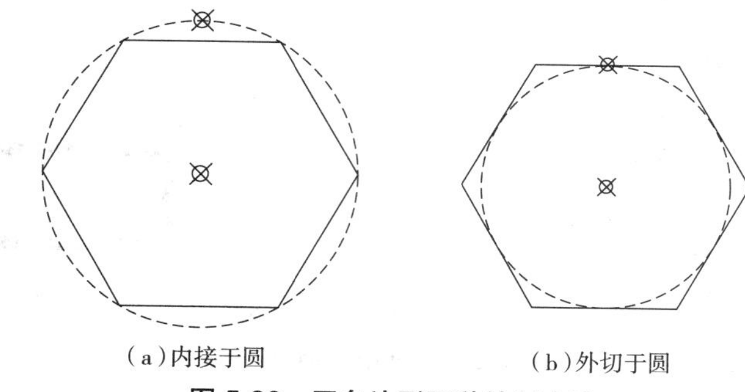

(a)内接于圆　　(b)外切于圆

图 5-86　正多边形两种绘制方法

(四)绘制曲线形对象

1. 圆

绘制圆的六种方法,如图 5-87 所示。

微课:圆

圆心、半径画圆　　圆心、直径画圆

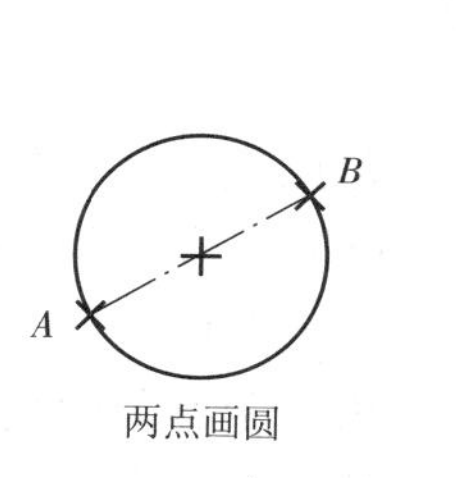

两点画圆

三点画圆

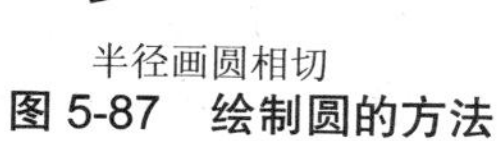

半径画圆相切

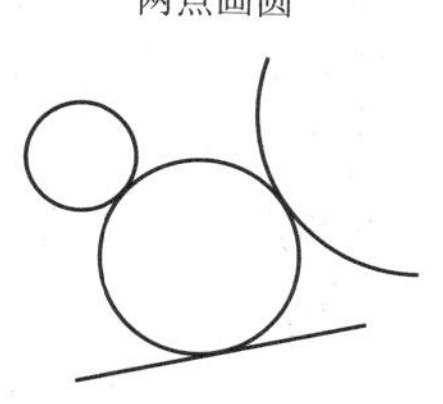

相切画圆

图 5-87　绘制圆的方法

调用命令的方式如下。

(1)工具栏:单击按钮,如图 5-88 所示。

(2)菜单栏:单击【绘图】→【圆】命令,如图 5-89 所示。

(3)命令行:在命令行输入 C 或 CIRCLE,如图 5-90 所示。

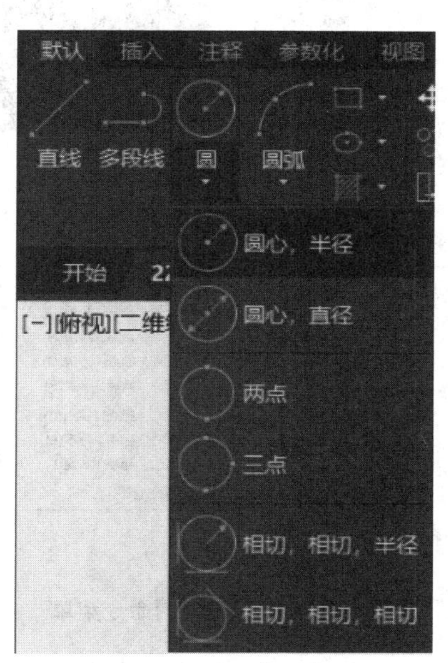

图 5-88　工具栏【圆】按钮

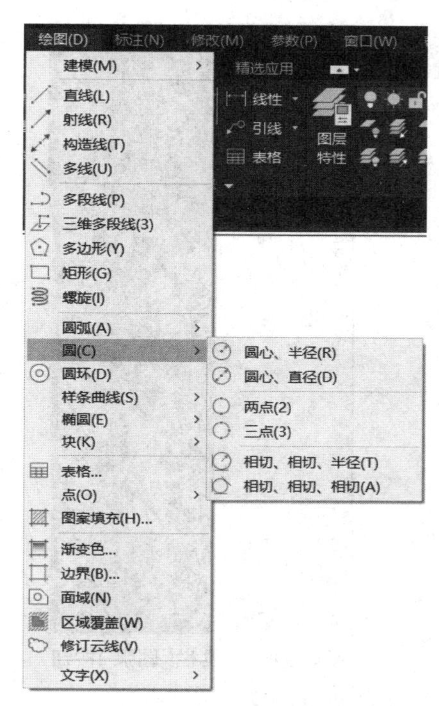

图 5-89　圆命令菜单

命令: C CIRCLE

CIRCLE 指定圆的圆心或 [三点(3P) 两点(2P) 切点、切点、半径(T)]:

图 5-90　【圆】命令行

2. 圆弧

绘制各种弧形的图形、轮廓线等。可以指定起点、圆心、端点、半径、角度、弦长和方向值各种组合形式，共有 10 种绘制方法，也可使用连续法从最近一次绘制的可用对象中获取部分信息进行创建。

调用命令的方式如下。

（1）工具栏：单击按钮，如图 5-91 所示。

（2）菜单栏：单击【绘图】→【圆弧】命令，如图 5-92 所示。

（3）命令行：在命令行输入 A 或 ARC。

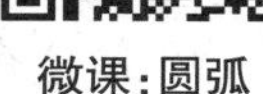

微课：圆弧

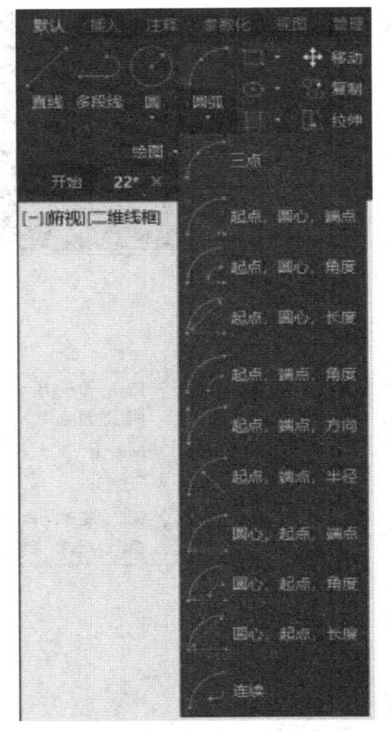

图 5-91 工具栏【圆弧】按钮

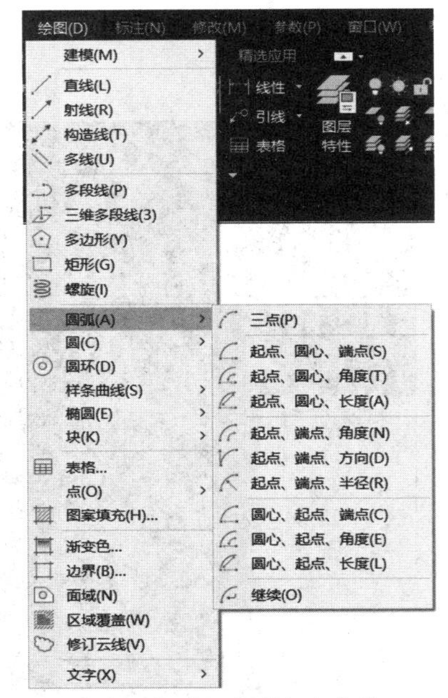

图 5-92 【圆弧】命令菜单

3. 圆环

用于绘制指定内、外径的圆环和实心填充圆。

圆环是由一定宽度的多段线封闭形成的，可连续创建一系列相同的圆环。

调用命令的方式如下。

（1）工具栏：单击按钮。

（2）菜单栏：单击【绘图】→【圆环】命令。

（3）命令行：在命令行输入 DO 或 DONUT。

（五）图案填充

用于在指定的填充边界内填充一定样式的图案。

1. 调用命令的方式如下。

（1）工具栏：单击按钮；

（2）菜单栏：单击【绘图】→【图案填充】命令。

（3）命令行：在命令行输入 H 或 HATCH。

在执行该命令后，系统会打开【图案填充创建】选项板，如图 5-93 所示。

图 5-93 【图案填充创建】选项板

2. 命令操作选项说明如下。

1)“边界”面板

【选择对象】:选择可组成区域边界的对象。

【拾取点】:在封闭区域内部任意拾取一点,系统将自动搜索到包含该点的区域边界。

2)“图案”面板

显示所有预定义和自定义图案的预览图象。

3)“特性”面板

图案类型及对应特性如下。

【实体】:纯色块填充,可调节颜色。纯色块填充不存在比例和角度问题,范围有多大颜色就会填充多大。

【渐变色】:双色渐变或单色明度渐变,可调节角度,填充透明度。

【图案】:包含多种线性图案,可调节角度、填充比例、背景色。如果太大显示不全或太小太密,会显示成纯色块或不显示。

【用户定义】:平行线填充,可调节角度、间距、双向、背景色。

4)“原点”面板

【原点】:用于设置图案的起始点,可以选择绘图区某点作为图案填充原点,也可以选择四个角或正中作为图案的填充原点。

5)“选项”面板

【关联】:填充的图案是否会跟随边界变化而变化。当打开关联时,填充的图案会跟随边界的变化而变化;当关闭关联时,填充的图案不会跟随边界的变化而变化。

【注释性】:指定根据视口比例自动调整案例图形比例。

【特性匹配】:把选中对象的属性匹配成目标对象的属性,图案填充原点除外。

【孤岛】:普通:自拾取点指定的区域向内,隔层填充,如图 5-94 所示。外部:相对拾取点位置,仅填充最外侧边界跟最近的孤岛边界,如图 5-95 所示。忽略:最外侧向内,忽略所有边界,如图 5-96 所示。

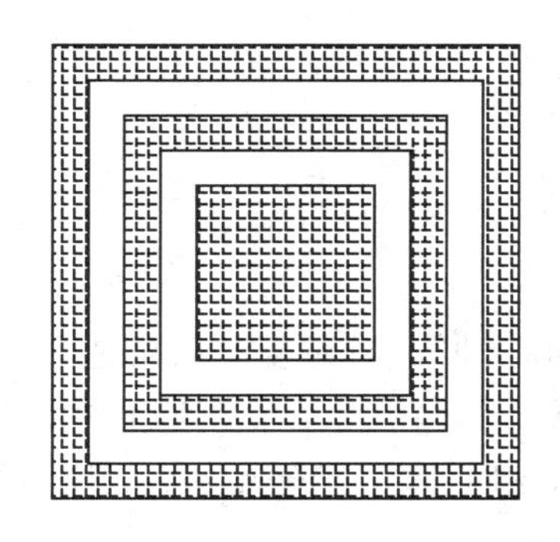

图 5-94　普通孤岛检测图

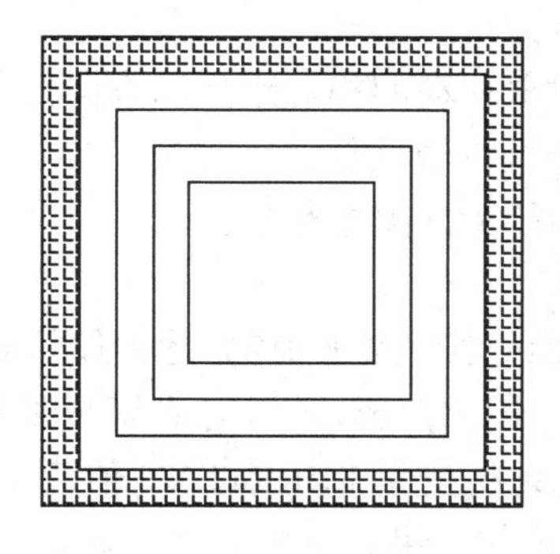

图 5-95　外部孤岛检测图

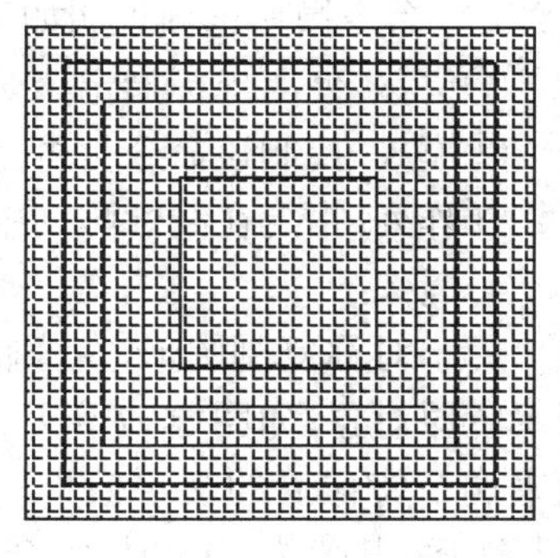

图 5-96　忽略孤岛检测图

三、简单二维图形的编辑

在 AutoCAD 中,使用基本绘图命令只能绘制一些基本的图形对象。为了绘制更复杂的图形，多数形况下，需要借助图形编辑命令修改已有图形或通过已有图形构造新的复杂图形。

(一)基本编辑命令

1. 移动

可以实现对物体的精确移动，开始移动对象前，需要确定好基点，再按需移动对象。

调用命令的方式如下。

(1)工具栏：单击按钮。

(2)菜单栏：单击【修改】→【移动】。

(3)命令行：在命令行输入 MOVE 或快捷键 M。

2. 旋转

选择物体，按指定的基点旋转指定的角度。

微课：旋转

(1)调用命令的方式如下。

①工具栏：单击按钮。

②菜单栏：单击【修改】→【旋转】。

③命令行：在命令行输入 RO 或 ROTATE。

(2)命令操作选项说明如下。

①指定旋转角度：指定一个基点，并按指定的基点旋转指定的角度。

②复制：旋转选定对象的同时，保留选定对象。

③参照：使对象从指定的角度旋转到新的绝对角度。

3. 复制

(1)调用命令的方式如下。

①工具栏：单击按钮。

②菜单栏：单击【修改】→【删除】。

③命令行：在命令行输入 CO 或 COPY。

(2)命令操作选项说明如下。

①位移：使用坐标指定该对象移动的相对距离和方向。

②模式：控制该命令是否一直自动重复。

③阵列：指定在线性阵列中排列的副本数量。

4. 镜像

用于对称复制图形，镜像轴线由两点来确定，是物体的对称轴线，对称复制后可选择是否保留原对象，如图 5-97 所示。镜像图形，可以对称复制图形。镜像文字，可以通过系统变量来调节镜像后的文字效果。系统变量 MIRRTEXT 值为 <0> 时不完全镜像文字，只镜像书写顺序；其值为 <1> 时，完全镜像文字。

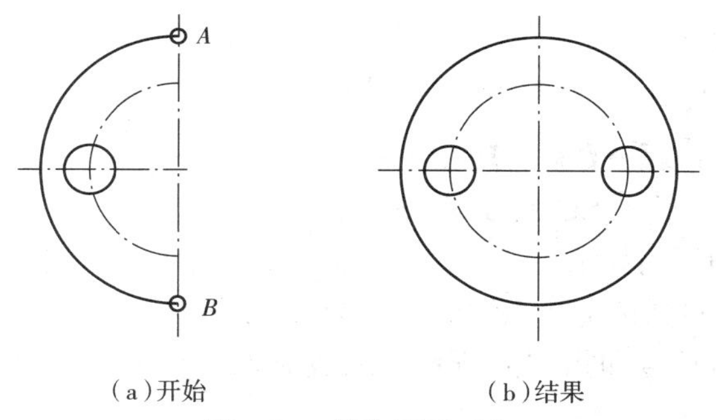

（a）开始　（b）结果

图 5-97　镜像图形对象

调用命令的方式如下。

（1）工具栏：单击按钮。

（2）菜单栏：单击【修改】→【镜像】。

（3）命令行：在命令行输入 MI 或 MIRROR。

5. 偏移

通过指定距离或点将对象进行等距离复制，如果对象是封闭的图形，则偏移后的对象被放大或缩小，图 5-98 所示 A 图为偏移前，B 图为偏移后。

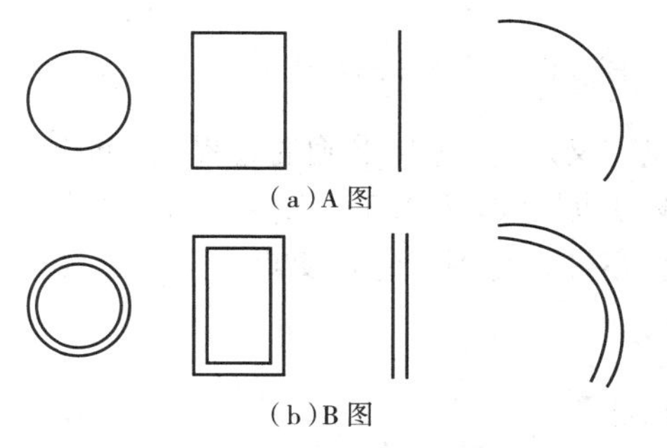

（a）A 图

（b）B 图

图 5-98　偏移图形对象

微课：偏移

（1）调用命令的方式如下。

①工具栏：单击按钮。

②菜单栏：单击【修改】→【偏移】。

③命令行：在命令行输入 O 或 OFFSET。

（2）命令操作选项说明步骤如下。

①通过：创建通过指定点的对象。

②删除：删除偏移前的源对象。

③图层：确定偏移对象是创建在源对象图层还是当前图层。

6. 缩放

将对象按指定的比例因子相对于基点放大或缩小。基点最好为中心点或图形上的特征几何点。比例因子大于 1 时为放大，大于 0 小于 1 时为缩小。

(1)调用命令的方式如下。

①工具栏:单击按钮。

②菜单栏:单击【修改】→【缩放】。

③命令行:在命令行输入 SC 或 SCALE。

(2)命令操作选项说明如下。

①指定比例因子:根据指定的比例缩放对象。

②参照:根据参照长度和指定的新长度缩放对象。当新长度大于参考长度,则放大对象,反之亦然。

7. 修剪

用于沿指定的修剪边界修剪对象中的某些部分,如图 5-99 所示。

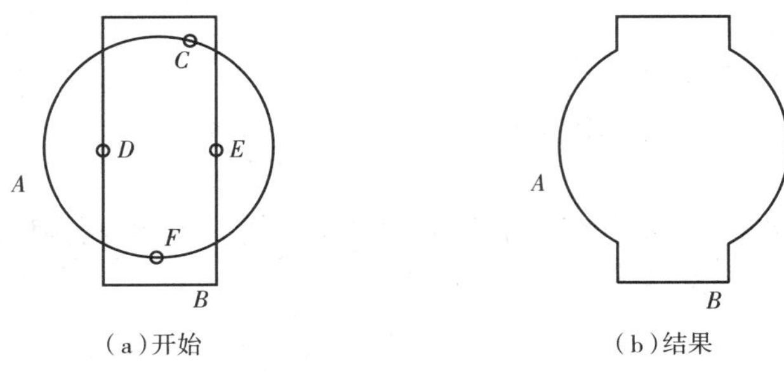

(a)开始　(b)结果

图 5-99　修剪图形对象

微课:修剪

要进行修剪操作,需先定义边界,选择准确的边界线,再选择被修剪对象。若互为边界,右击鼠标则默认所有的线为边界线,输入 TR 命令后双击空格与右击鼠标效果一样。若修剪边界与修剪对象不相交,亦可修剪到其隐含交点。

调用命令的方式如下。

(1)工具栏:单击按钮。

(2)菜单栏:单击【修改】→【修剪】。

(3)命令行:在命令行输入 TR 或 TRIM。

(二)复杂编辑命令

1. 阵列

阵列是对于图形进行有规律的复制。矩形阵列,确定复制的行数和列数以及行间距和列间距。环形阵列,确定中心点、阵列的数目和包含的角度。路径阵列,指对象沿路径进行复制,确定路径及项目间距确定。

编辑阵列是编辑关联阵列对象及其源对象。在对源对象进行修改之后,这些更改将反应在阵列块上。

(1)调用命令的方式如下。

①工具栏:单击按钮。

②菜单栏:单击【修改】→【对象】→【阵列】。

③命令行:在命令行输入 AR 或 ARRAY。

（2）命令操作选项说明如下。

①矩形：将选定对象的副本分布到行数、列数和层数的任意组合。

②路径：沿路径或部分路径均匀分布选定对象的副本。

③极轴：在绕中心点或旋转轴的环形阵列中均匀分布对象副本。

2. 延伸

用于将指定的对象延伸到指定的边界上。延伸的方法与修剪方法一样，相互之间可以使用 Shift 键来切换。

调用命令的方式如下。

微课：延伸

（1）工具栏：单击按钮。

（2）菜单栏：单击【修改】→【延伸】。

（3）命令行：在命令行输入 EX 或 EXTEND。

3. 拉伸

用于按指定的方向和角度拉长或缩短实体。选择的物体必须以叉选方式选择。可以进行拉伸的对象有直线、圆弧、椭圆弧、多段线、射线和样条曲线等，而点、圆、椭圆、文本和图块不能被拉伸。

调用命令的方式如下。

（1）工具栏：单击按钮。

（2）菜单栏：单击【修改】→【拉伸】。

（3）命令行：在命令行输入 S 或 STRETCH。

4. 倒角

倒角是连接两条非平行的直线，通过延伸或修剪使它们相交或利用斜线连接。可以进行倒角的对象有：直线、多段线、参照线和射线。倒角有两种方法：距离和角度，距离是指定两实体的倒角距离，即从两实体的交点到倒角线起点的距离，角度是指定倒角的长度以及第一条直线形成的角度。

（1）调用命令的方式如下。

①工具栏：单击按钮。

②菜单栏：单击【修改】→【倒角】。

③命令行：在命令行输入 CHA 或 CHAMFER。

（2）命令操作选项说明如下。

①多段线：对多段线中两条直线相交的每个顶点进行倒角编辑。

②距离：设置距两个对象相交的点的倒角距离。

③角度：设置距选定对象的交点的倒角距离，以及与第一个对象或线段所成的 XY 角度。

④修剪：设置倒角时是否修剪对象。

⑤方式：选择采用“距离”还是“角度”的方式来倒角。

⑥多个：同时为多个对象进行倒角编辑。

5. 圆角

圆角指通过一个指定半径的圆弧来光滑地连接两个对象。可进行圆角操作的对象有：直线、圆弧及多段线等，但对于多段线的弧线段是无法使用圆角命令的。

调用命令的方式如下。

（1）工具栏：单击按钮。

（2）菜单栏：单击【修改】→【圆角】。

（3）命令行：在命令行输入 F 或 FILLET。

6. 打断

打断是将对象从某一点处断开分成两部分或删除对象的某一部分。可进行打断操作的对象有：直线、圆弧、圆、多段线、椭圆、样条曲线、圆环、构造线等。一点打断指从一点处断开，其中圆不能从一点处打断。两点打断指确定两点，两点之间的部分被删除。

（1）调用命令的方式如下。

①工具栏：单击按钮。

②菜单栏：单击【修改】→【打断】。

③命令行：在命令行输入 BR 或 BREAK。

7. 分解

将复合对象分解成若干个基本的组成对象，可用于图块多线、多线段、尺寸、面域的分解。分解多段线将清除线宽信息。

调用命令的方式如下。

微课：分解

（1）工具栏：单击按钮。

（2）菜单栏：单击【修改】→【分解】。

（3）命令行：在命令行输入 X 或 EXPLODE。

8. 合并

可以将多个独立线段合并为一个实体对象。

调用命令的方式如下。

（1）工具栏：单击按钮。

（2）菜单栏：单击【修改】→【合并】。

（3）命令行：在命令行输入 J 或 JOIN。

【任务小结】

（1）新建图层的特性会与当前图层一致，之后可根据需要来进行逐一更改。

（2）控制图层的操作都会随之有相对应的反操作，可以大大缩短作图时间。

（3）图层过滤器有新建特性过滤器与新建组过滤器，两者的区别在于前者是由特性筛选，后者是由绘图者自由组合。图层的几个常用功能也便利了作图的环境。

（4）修改非连续线型的外观主要有整体调整与局部调整两大方面。整体调整是在【线型管理器】对话框中进行操作，局部调整则是在【特性】中进行调整。

【项目实训 1——绘制二维图形】

微课：图形绘制

1. 如图 5-100 所示，二维图形由 4 个相同的图形组成，可使用环形阵列命令完成。

2. 图形中等距曲线可用偏移命令绘制。

◆操作提示：

（1）用“多段线”命令，画长为 20 直线，直径为 10 圆弧（图 5-101（a）所示）。

（2）使用“偏移”命令，偏移出其他线条，偏移距离为 5（图 5-101（b）所示）。

（3）使用“环形阵列”命令，阵列出图形，并添加尺寸标注（图 5-102 所示）。

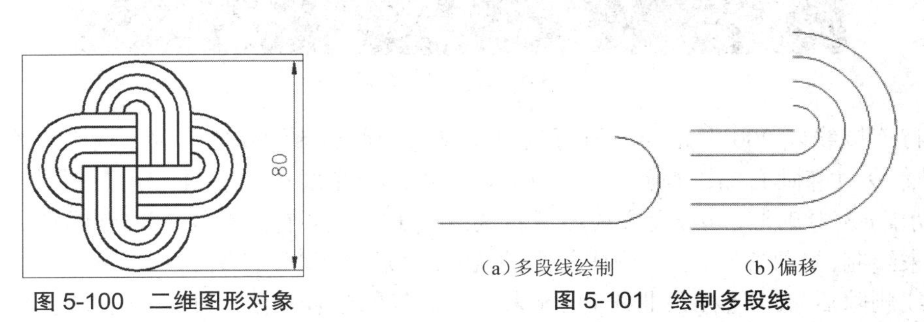

图 5-100　二维图形对象　　　图 5-101　绘制多段线

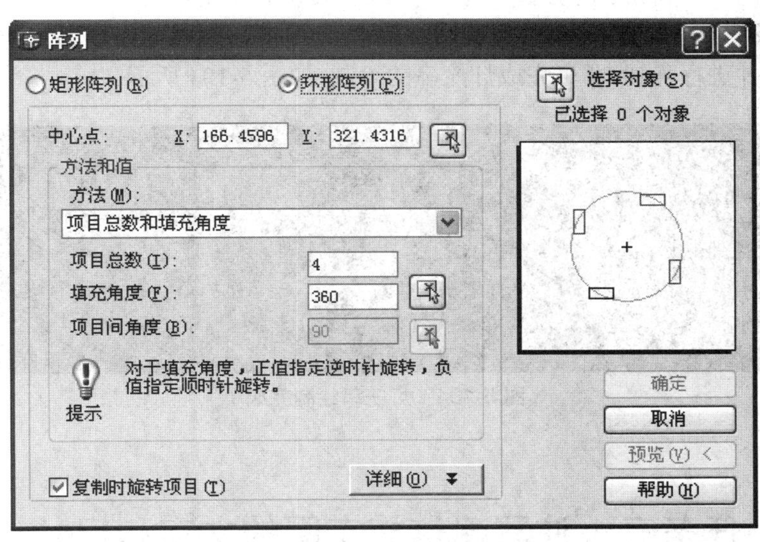

图 5-102　环形阵列

【项目实训 2——CAD 绘制灯笼串】

CAD 作为一款应用非常广泛的图纸设计软件，在园林景观设计、机械零件绘制、室内装修或建筑设计等领域都发挥着非常重要的作用。在使用 CAD 绘制图纸的过程中，也需要掌握 CAD 软件的各种使用技巧。今天就以用 CAD 绘制灯笼串为例，向大家介绍一下基础图形的绘制方法和阵列的使用方法。

（1）首先打开 CAD 软件，新建一张空白图纸，在工具栏中点击使用【矩形】工具，输入长度为 120，宽度为 30，点击空白处，绘制一个矩形；再点击使用【复制】工具，复制一个距离为 300 的矩形，再使用【LINE】命令捕捉矩形的中点并连接两个矩形（图 5-103 所示）。

图 5-103 灯笼绘制

2. 将连接线以 200 间距向左进行复制粘贴，再利用【椭圆】命令对三点进行绘制，使用【剪切】命令对椭圆右侧进行修剪，在矩形左侧绘制一条线段，使用【绘图】→【点】→【定数等分】功能，选中矩形下边，设置线段数目为 3。并在对象捕捉中勾选【节点】选项，按照上述步骤来绘制、修剪椭圆，从而构成一半的灯笼，之后使用【镜像】命令来完成即可。将灯笼的连接线删除后，使用【样条曲线】功能来绘制灯笼的悬挂曲线。在灯笼下方绘制长为 25，宽为 2 的矩形，并使用【阵列】功能布满，就完成了灯笼的绘制。

3. 使用【多段线】工具，在空白处绘制一条不规则曲线，再点击使用【路径矩阵】，将灯笼移动到曲线上并进行阵列，即可完成灯笼串的绘制，如图 5-104 所示。

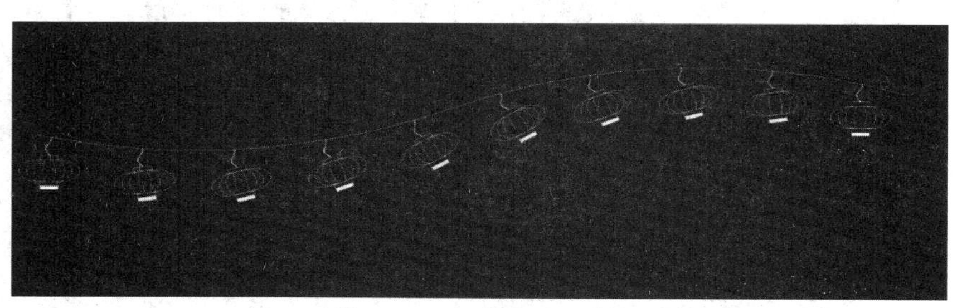

图 5-104 灯笼串绘制完成

任务三 注写建筑施工图的文字和尺寸

【任务描述及分析】

在 AutoCAD 中，图形中的所有文字都具有与之相关联的文字样式。只有图形没有标注和说明的工程图纸不能用来指导施工，所以文字标注是一张完整的工程图纸不可或缺的一部分，它为设计提供了许多相关信息，比如标题栏的建立、技术要求的说明和注释等，它可以对图形中不便于表达的内容加以说明，使图形的含义更加清晰从而使设计、修改和施工人员对图纸的要求一目了然。

依照前面制图标准规范，来完成文字样式的创建。正所谓“无规不成圆，无矩不成方”，无论是作图还是做人，我们立身处世乃至治国安邦，必须遵守一定的准则和法度。

【任务实施及知识链接】

一、文字创建与编辑

AutoCAD 通常使用当前的文字样式。该样式设置“字体”“字号”“字形”“高度”倾斜角度、方向和其他文字特征。如要设置特定样式，需要在输入文字或尺寸标注前，重新设置，下次使用时就变为修改后的文字样式。

(一)创建文字样式

微课:文字样式

1. 创建方式

在 AutoCAD2022 中，创建文字样式有以下几种方式。

(1)选择【格式】→【文字样式】命令。

(2)直接从键盘输入【style】命令。

(3)选择【工具】→【工具栏】→【AutoCAD】→【样式】调出样式工具栏，点击工具栏中的按钮。使用者可以把样式工具栏置于选项卡中，以方便操作。文字样式对话框如图 5-105 所示。

2. 设置样式名

文字样式决定了文字的外观形式，不同的文字样式，其文字对象的外观形式是不同的，而文字样式命令就是用于设置和控制文字对象外观效果的工具。【文字样式】对话框中显示了文字样式的名称、创建新的文字样式、为已有的文字样式重命名和删除文字样式等选项，各选项的含义如下。

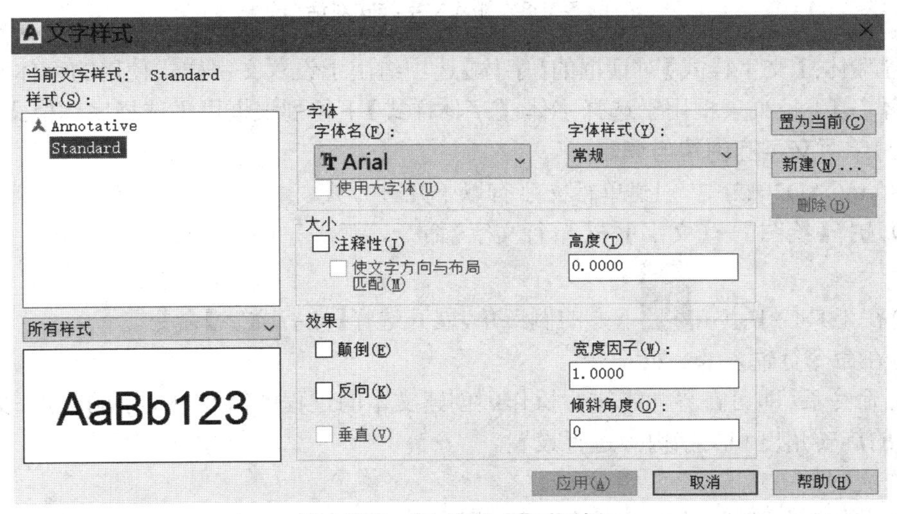

图 5-105　“文字样式”对话框

【置为当前】按钮：单击该按钮，可以将选择的文字样式设置为当前的文字样式。

【新建】按钮：单击该按钮打开【新建文字样式】对话框，如图 5-106 所示。在【样式名】文本框中输入新建文字样式名称后，单击【确定】按钮可以创建新的文字样式名。新建文字样式将显示在【样式】列表框中，如图 5-107 所示。

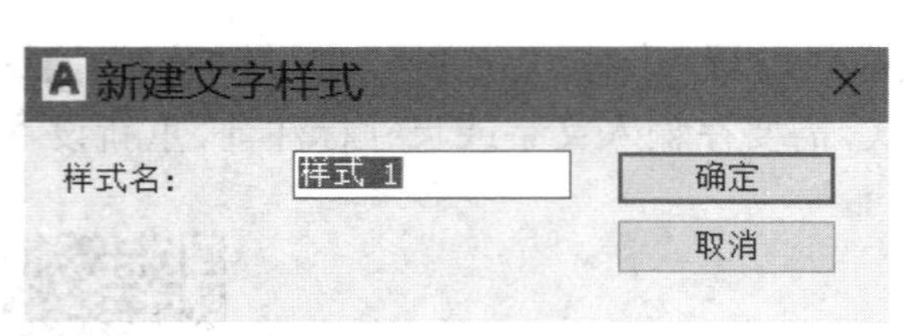

图 5-106 “样式名”对话框

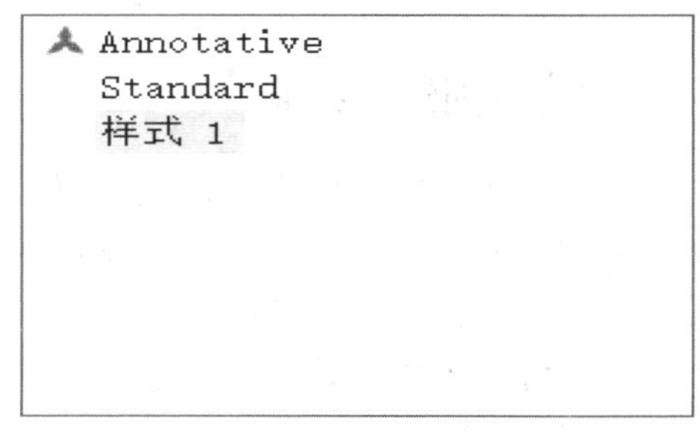

图 5-107 “样式”列表框

【删除】按钮：单击该按钮可以删除某个已有的文字样式，但无法删除当前正在使用的文字样式和默认的 Standard 样式，如图 5-106 所示。

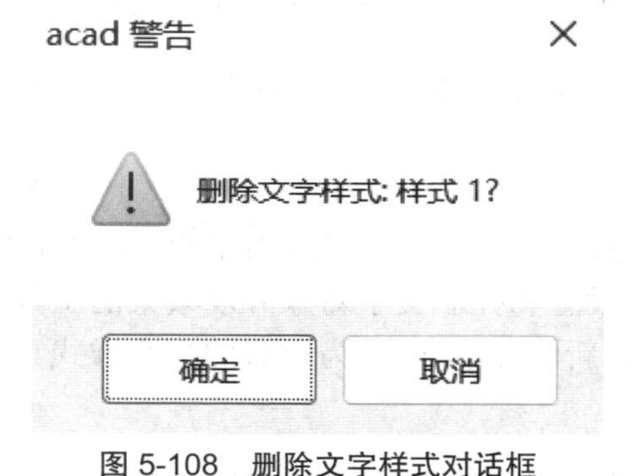

图 5-108 删除文字样式对话框

设置字体：【文字样式】对话框的【字体】选项组用于设置文字样式使用的字体属性。其中，【字体名】下拉列表框用于选择字体；【字体样式】下拉列表框用于选择字体格式。

（二）单行文字的创建与编辑

在 AutoCAD2022 中，创建单行文字有以下几种方式。

（1）选择【绘图】→【文字】→【单行文字】命令。

（2）在工具栏中点击 A 文字 下方的倒三角，展开选择【单行文字】命令。

（3）在命令行输入 text/dt 命令。

激活命令后，即可在界面中进行操作。创建文本的过程中需要对文字的起点、文字的高度、文字的旋转角度和文字内容进行设置。

操作流程如下。

（1）首先单击鼠标左键，指定绘制文字的起点。系统默认情况下，指定的起点位置即是文字行基线的起始位置。

（2）再输入数值文字高度（一般默认 2.5）并按空格键确认或用鼠标在任意位置点击，然后进入下一步，设置文字旋转的角度，空格键确认或用鼠标在任意位置点击。

（3）最终输入文字文本并按两次回车键或用鼠标在任意位置点击即完成单行文字的创建。最后按 Esc 键退出文字输入。

在操作命令时，系统下方命令行会有如下提示：

命令：text

当前文字样式："Standard"文字高度：2.500 0 注释性：否

TEXT 指定文字的起点或【对正 / 样式】：

（三）多行文本标注

当要添加文字较多且较为复杂的文本内容，例如图纸的要求、设计说明等文本时，可以利用多行文字工具。多行文字中的文字可以是多行，可以是不同的高度、字体、倾斜、加粗等，类似于在 WORD 中的显示。

1. 多行文本的创建

在 AutoCAD2022 中，创建多行文字有以下几种方式。

（1）在【文字】工具栏中，单击 A 文字 下方的倒三角【多行文字】。

（2）选择【绘图】→【文字】→【多行文字】命令。

（3）在命令行输入 MTEXT 命令。

2. 操作流程

（1）打开 CAD 软件，输入 MTEXT 后，按空格键。在【文字】工具栏中，单击【多行文字】按钮 A 文字。

（2）在绘图区中用指定两对角点的方式指定一个用来放置多行文字的矩形区域，鼠标指定第一个角点，拖动鼠标，绘制文字区域，如图 5-109 所示，即可打开【文字格式】工具栏和文字输入窗口，如图 5-110 所示，其可以进行如下操作。

①设置字体和大小；

②输入文字，点击确定按钮；

③如果需要再次编辑文字，可以把鼠标移动到文字上，双击鼠标左键进入编辑状态编辑文字。

在【文字格式】工具栏中设置好各项文字属性，输入文字即可完成文本的添加。

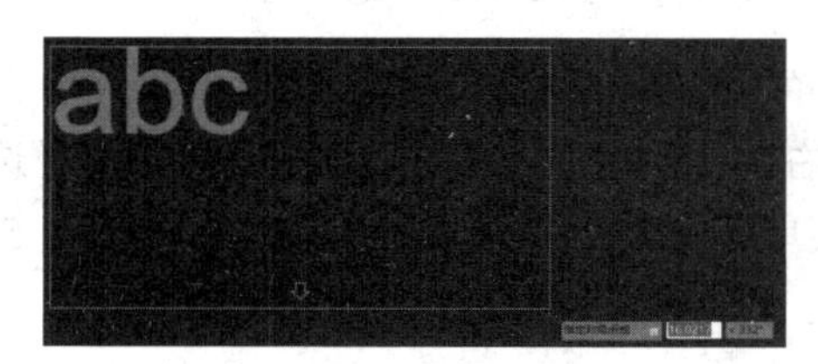

图 5-109　绘制文字区域

图 5-110　文字格式属性栏

3. 标尺

当输入多行文字时，在文字输入的上面会显示标尺，如图 5-111 所示。右击鼠标还可以设置段落，点击段落，段落设置如图 5-112 所示，在段落对话框中即可对输入的文本进行段落设置。

图 5-111　文字标尺

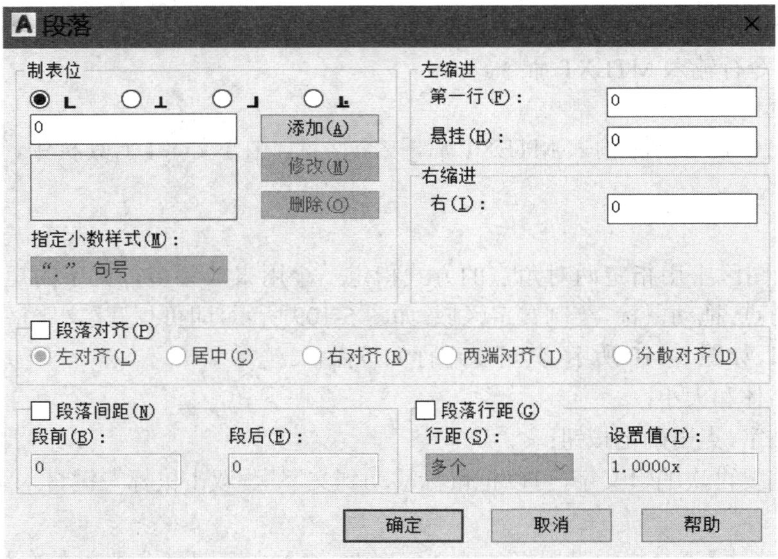

图 5-112　段落设置

1）右击菜单和选项菜单

在文本输入窗口单击右键，或在【文字格式】工具栏中单击【选项】按钮都可以打开多行文字的选项菜单，这两个菜单包含的工具基本相同，如图 5-113、5-114 所示。利用右击菜单或【选项】菜单，可以对多行文字进行各种详细编辑。

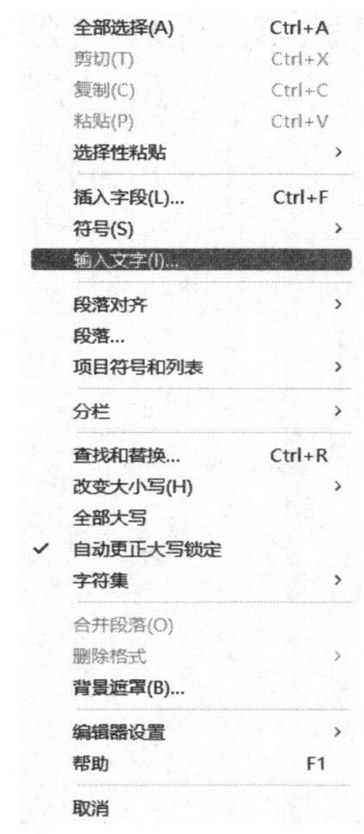

图 5-113　右击菜单

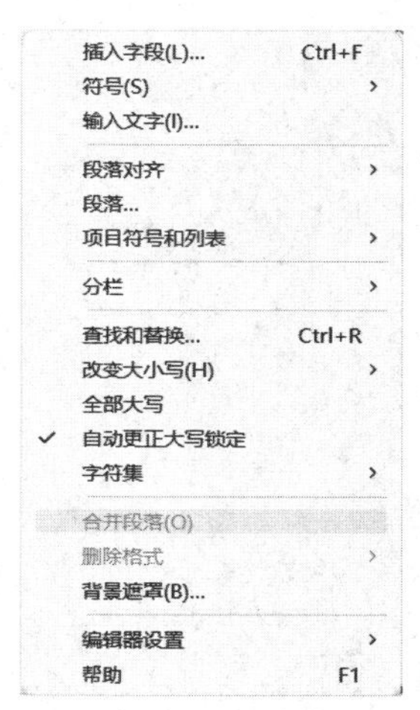

图 5-114　选项菜单

2）文字的编辑

在 AutoCAD2022 中，可对单行和多行文字的文字特性和文字内容进行编辑。

编辑文字有以下几种方式。

（1）双击输入的文字文本。在新版 AutoCAD2022 中，双击文字，可调出文字编辑器，对文字进行编辑，如图 5-115 所示。

（2）选择【修改】→【对象】→【文字】→【编辑】命令，选择所要编辑的文字。

（3）选择菜单浏览器【修改】→【对象】→【文字】→【编辑】命令，单击所要编辑的多行文字。

（4）在命令行中输入 DDEDIT/ED 命令。

图 5-115　文字编辑器属性面板

3）修改文字特性

在标注的文字出现错输、漏输及多输的状态下，可以运用上面的方法对文字的内容进行修改。但是它仅仅只能够修改文字的内容，而很多时候还需要修改文字的高度、大小、旋转角度、对正样式等特性。

修改单行文字特性的方法有以下几种方式。

（1）选择菜单栏上的【修改】→【对象】→【文字】→【比例 / 对正】命令。

（2）单击【文字】工具栏上的【缩放】按钮和【对正】按钮。

（3）在“文字样式”对话框中对文字的颠倒、反向和垂直效果进行修改。

除此之外，选择需要编辑的文字后，单击“标准”工具栏上【特性】按钮会打开文字“特性”面板，如图 5-116 所示，也可以在面板中进行设置。

图 5-116 特性面板

二、尺寸样式

标注样式用于设置标注的外观和格式。绘图者可以根据不同行业的规则和要求对标注样式进行创建修改，以确保标注符合标准。在 AutoCAD2022 中，绘图者可利用【标注样式管理器】来控制标注的外观，如箭头样式、文字位置和尺寸公差等。

（一）标注样式管理器

标注样式管理器可以管理尺寸样式，通过它可以创建新样式、设定当前样式、修改样式、设定当前样式的替代以及比较样式。

1. 调用命令的方式

（1）工具栏：单击【标注样式】按钮。

（2）菜单栏：单击【格式】→【标注样式】命令。

（3）命令行：在命令行输入 DIMSTYLE 或 DIMSTY。

执行该命令后，系统弹出【标注样式管理器】面板，如图 5-117 所示。

微课：标注样式

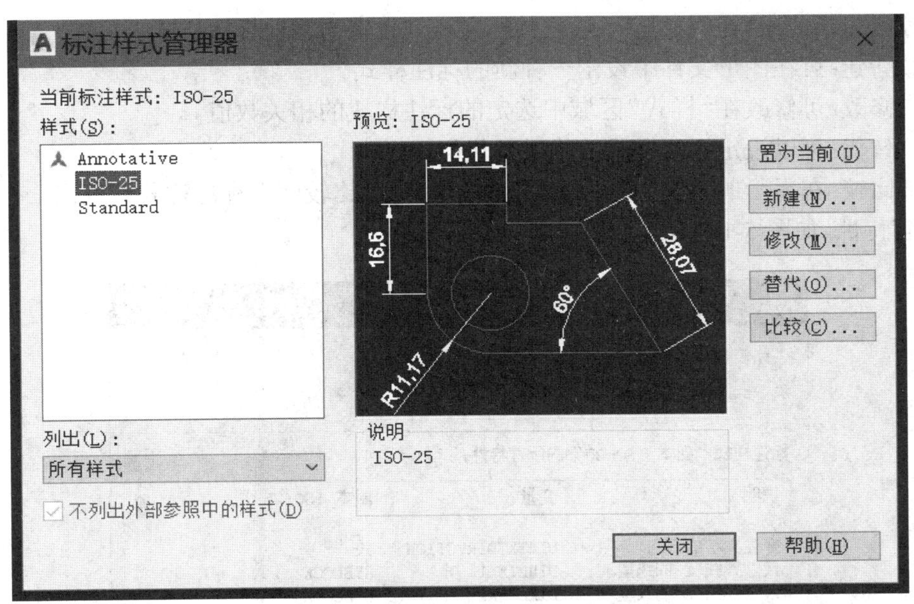

图 5-117 【标注样式管理器】面板

2. 选项说明

(1)样式：该区域列出了图形文件中的标注样式。当选中其中一个样式后，单击鼠标右键，系统会弹出快捷菜单，可在此菜单设定当前标注样式、重命名样式和删除样式。如图 5-118 所示。

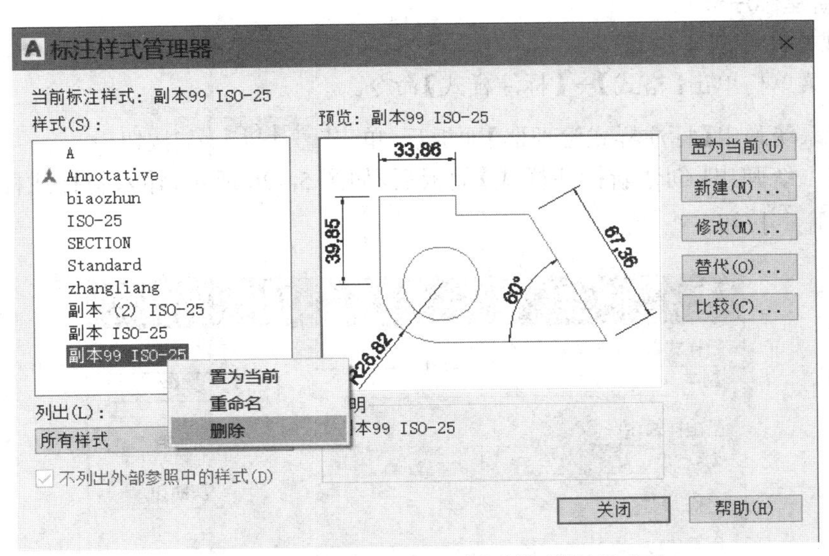

图 5-118 【标注样式管理器】中“样式”快捷菜单

(2)列出：下拉菜单中有“所有样式”和“正在使用的样式”两个选项。“所有样式”是在“样式”区域中列出当前图形文件中所有已定义的尺寸标注样式。“正在使用的样式”是在“样式”区域中列出当前图形文件中使用的尺寸标注样式。

(3)预览：该区域显示“样式”列表中选定样式的图示。

（4）置为当前：将在“样式”下选定的标注样式设定为当前标注样式。

（5）新建：可在图形文件中设定一种新的标注样式。

（6）修改：可修改在“样式”区域中选定的标注样式的相关数值。

（7）替代：可以设定标注样式的临时替代值。

（8）比较：在显示的“比较标注样式”面板中，可以比较两个标注样式或列出一个标注样式的所有特性，如图 5-119 所示。

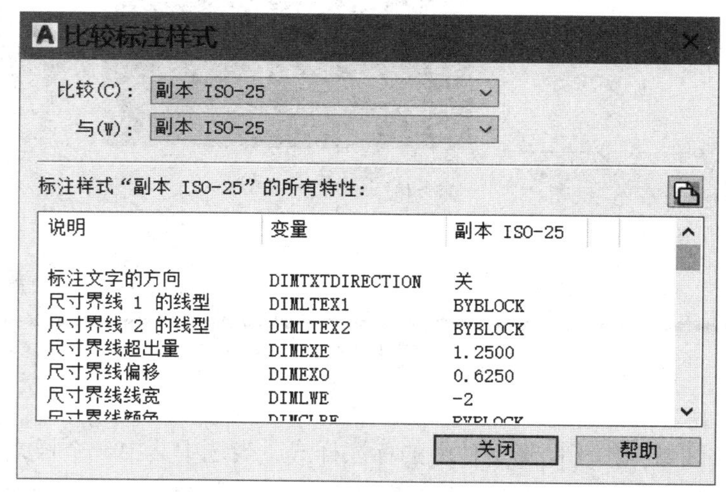

图 5-119 【比较标注样式】面板

（二）新建标注样式

1. 新建标注样式的步骤

（1）在菜单栏单击【格式】→【标注样式】命令。

（2）在系统弹出【标注样式管理器】面板后，单击 新建(N)... 按钮。

（3）在系统弹出【创建新标注样式】面板后，如图 5-120 所示，输入新标注样式名，然后单击 继续 按钮。

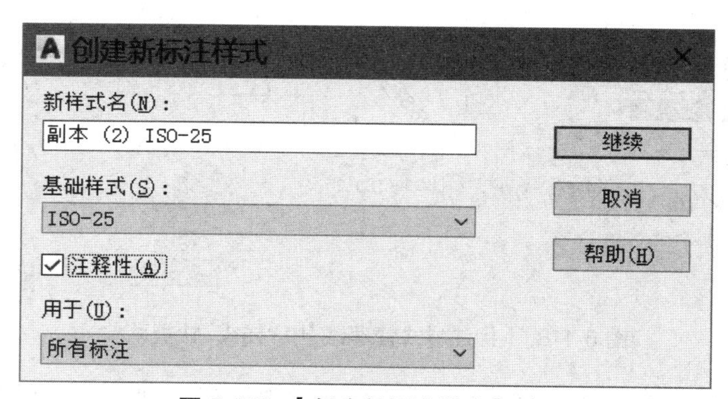

图 5-120 【创建新标注样式】面板

（4）在系统弹出如图 5-121 所示【新建标注样式】面板后，单击每个选项卡，根据需要对新标注样式进行更改。

（5）在修改完成后，单击 确定 按钮，然后返回到【标注样式管理器】面板，新的标注样式创建完成，最后单击 关闭 按钮退出【标注样式管理器】。

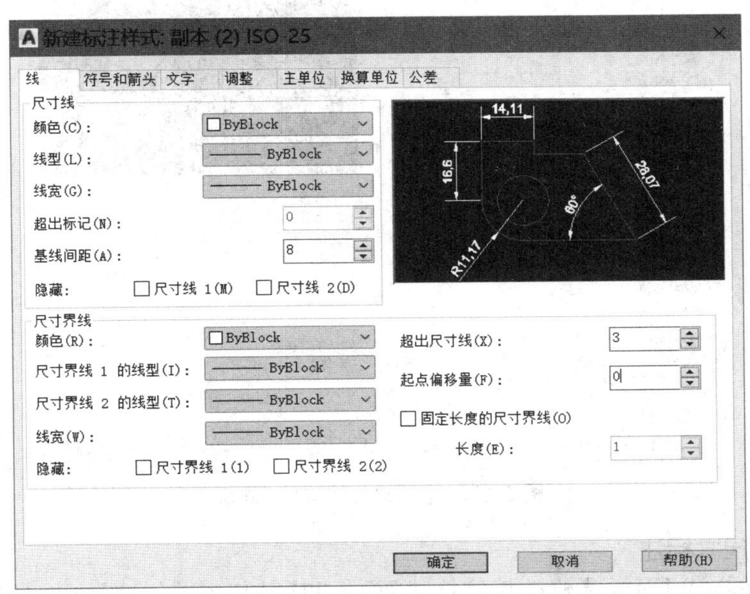

图 5-121 【新建标注样式】面板

2. 选项说明

（1）基础样式：选择作为新标注样式的基础样式。对于新标注样式，仅更改那些与基础特性不同的特性。

（2）注释性：指定创建的新的标注样式为注释性。

（3）用于：用于设定新标注样式应用的范围。

（4）继续：将弹出【新建标注样式】对话框。

（三）修改标注样式

在对图形进行标注时，如果需要修改标注参数，可以通过【标注样式管理器】的 修改(M)... 按钮，进入【修改标注样式】面板，对其进行修改。

（1）在菜单栏单击【格式】→【标注样式】命令。

（2）在系统弹出【标注样式管理器】面板后，单击 修改(M)... 按钮。

（3）在系统弹出【新建标注样式】面板后，如图 5-122 所示，单击每个选项卡，根据需要对标注样式进行修改。

（4）在修改完成后，单击 确定 按钮，然后返回【标注样式管理器】面板，当前标注样式创建完成，最后单击 关闭 按钮退出【标注样式管理器】。

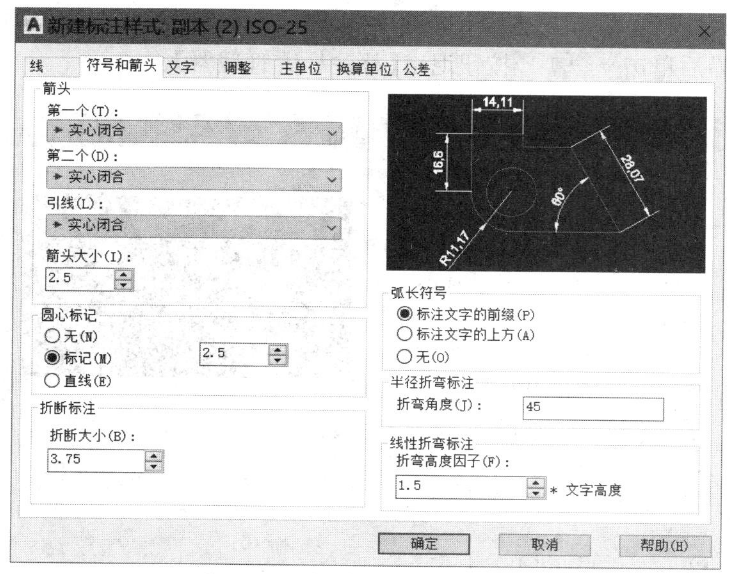

图 5-122 【新建标注样式】面板

(四)设置尺寸标注

【新建标注样式】面板、【修改标注样式】面板和【替代当前样式】面板具有相同的选项卡内容。分别是【线】、【符号和箭头】、【文字】、【调整】、【主单位】、【换算单位】、【公差】。

1.【线】选项卡

该选项卡用于设置尺寸线、尺寸界线的特性和格式，如图 5-123 所示。

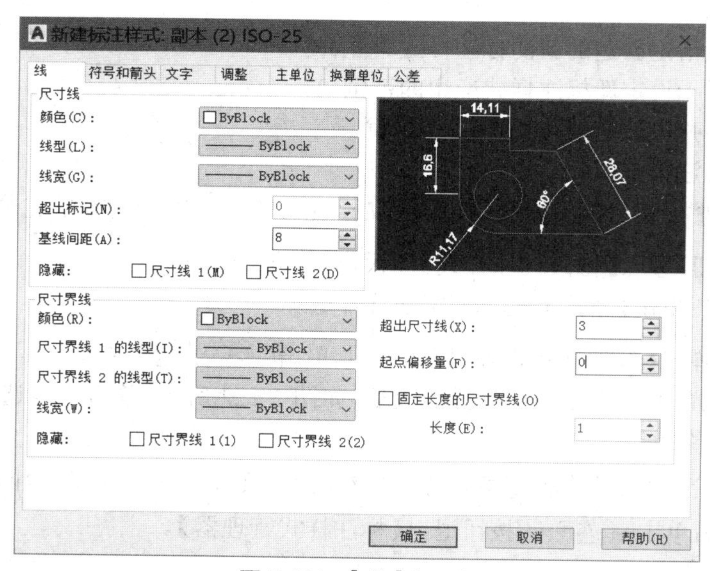

图 5-123 【线】选项卡

1)【尺寸线】选项区域

(1)颜色：用于设置尺寸线的颜色。

(2)线型：用于设置尺寸线的线型。

（3）线宽：用于设置尺寸线的线宽。

（4）超出标记：控制在使用箭头倾斜、建筑标记、积分标记或无箭头标记作为标注的箭头进行标注时，尺寸线超出尺寸界线的距离。如图 5-124 所示。

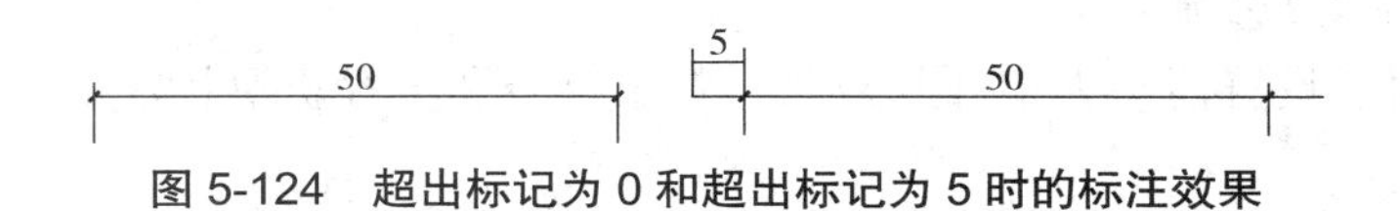

图 5-124　超出标记为 0 和超出标记为 5 时的标注效果

（5）基线间距：用于设置基线标注的尺寸线之间的距离，如图 5-125 所示。

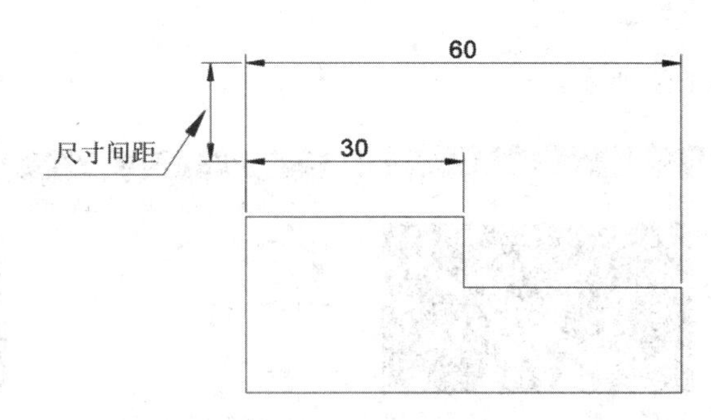

图 5-125　控制尺寸线间的距离

（6）隐藏：确定是否隐藏尺寸线。选中“尺寸线 1”前的复选框是隐藏第一条尺寸线，选中“尺寸线 2”前的复选框是隐藏第二条尺寸线。

2）【尺寸界线】选项区域

（1）颜色：用于设置尺寸界线的颜色。

（2）尺寸界线 1 的线型：用于设置第一条尺寸界线的线型。

（3）尺寸界线 2 的线型：用于设置第二条尺寸界线的线型。

（4）线宽：用于设置尺寸界线的线宽。

（5）隐藏：确定是否隐藏尺寸界线。选中“尺寸界线 1”前的复选框是隐藏第一条尺寸界线，选中“尺寸界线 2”前的复选框是隐藏第二条尺寸界线。

（6）超出尺寸线：用于设置尺寸界线超出尺寸线的距离，如图 5-126 所示。

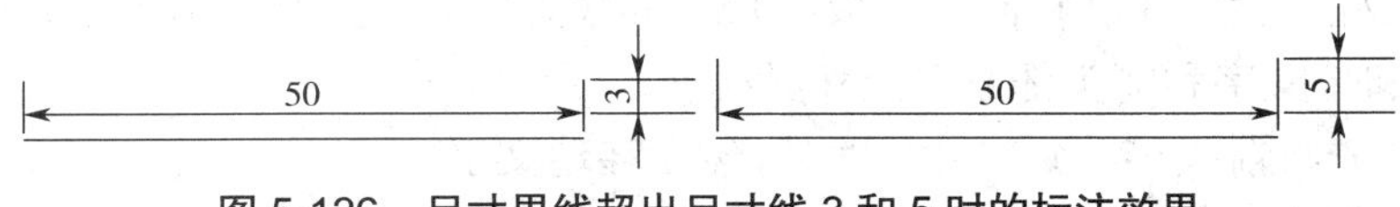

图 5-126　尺寸界线超出尺寸线 3 和 5 时的标注效果

（7）起点偏移量：用于设置自图形中定义标注的点到尺寸界线的偏移距离，如图 5-127 所示。

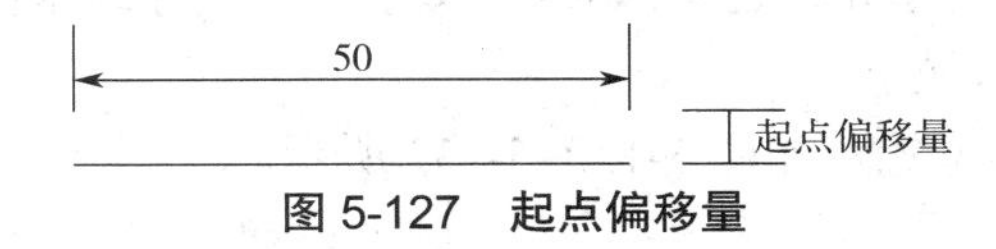

图 5-127　起点偏移量

（8）固定长度的尺寸界线：选中该复选框，可以在下方“长度”文本框输入长度值，系统将以此长度的尺寸界线标注尺寸。

3）尺寸样式预览区域

以样例形式显示标注图像，可以在此区域实时看到对标注样式设置所做更改的效果。

2.【符号和箭头】选项卡

该选项卡用于设置箭头大小、圆心标记、弧长符号和半径折弯标注的形式和特性，如图 5-128 所示。

3.【文字】选项卡

该选项卡用于设置标注文字的格式和大小。

4.【调整】选项卡

调整选项卡如图 5-129 所示。

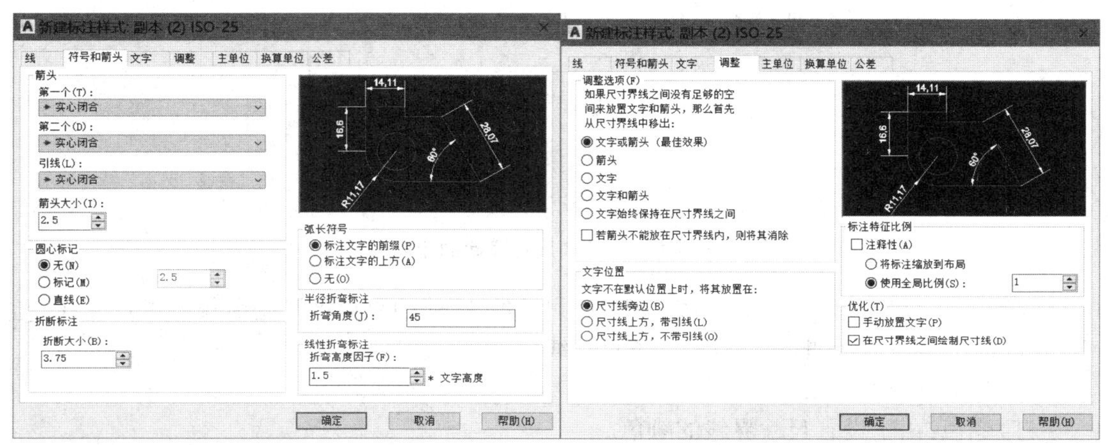

图 5-128 【符号和箭头】选项卡　　图 5-129 【调整】选项卡

1）【调整选项】选项区域

用于设置尺寸界线之间可用空间的文字和箭头的位置。

（1）文字或箭头（最佳效果）：当尺寸界线间的距离足够放置文字和箭头时，文字和箭头都放在尺寸界线内。否则，将按照最佳效果移动文字或箭头：当尺寸界线间的距离仅够容纳文字时，将文字放在尺寸界线内，而箭头放在尺寸界线外；当尺寸界线间的距离仅够容纳箭头时，将箭头放在尺寸界线内，而文字放在尺寸界线外；当尺寸界线间的距离既不够放文字又不够放箭头时，文字和箭头都放在尺寸界线外。

（2）箭头：先将箭头移动到尺寸界线外，然后移动文字。

（3）文字：先将文字移动到尺寸界线外，然后移动箭头。

（4）文字和箭头：当尺寸界线间距离不足以放下文字和箭头时，文字和箭头都移到尺寸界线外。

（5）文字始终保持在尺寸界线之间：始终将文字放在尺寸线中间。

2）【文字位置】选项区域

用于设置标注文字的位置。如图 5-130~5-132 所示。

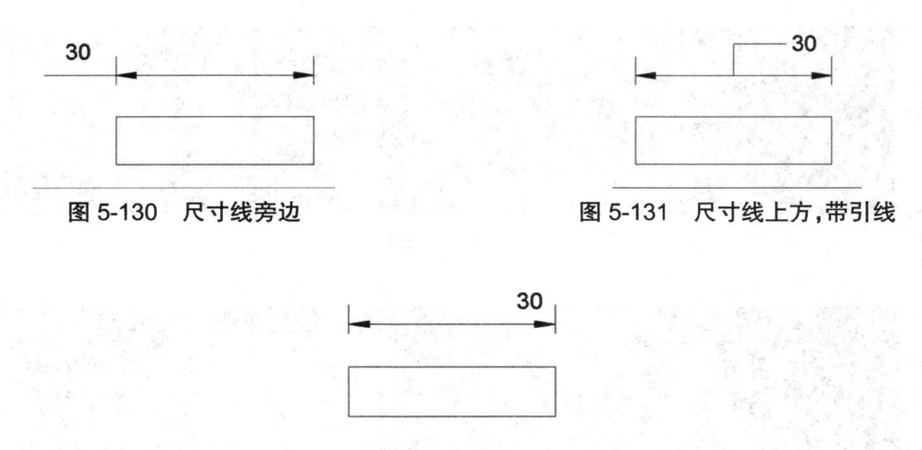

图 5-130　尺寸线旁边

图 5-131　尺寸线上方,带引线

图 5-132　尺寸线上方,不带引线

3)【标注特征比例】选项区域

(1)注释性:指定标注为注释性。注释性对象和样式用于控制注释对象在模型空间或布局中显示的尺寸和比例。

(2)将标注缩放到布局:根据当前模型空间视口和图纸空间之间的比例确定比例因子。

(3)使用全局比例:将全部尺寸标注设置缩放比例。

4)【优化】选项区域

(1)手动放置文字:忽略所有水平对正设置,将文字放在指定的位置上。

(2)在尺寸界线之间绘制尺寸线:选中该复选框,无论箭头放在测量点之内还是之外,都会在测量点之间绘制尺寸线。

5.【主单位】选项卡

该选项卡用于设置尺寸标注的主单位和精度及标注文字的前缀和后缀。

6.【换算单位】选项卡

该选项卡用于设置指定测量值中换算单位的显示以及其格式和精度。

7.【公差】选项卡

该选项卡用于设置标注文字中公差的格式。

三、标注尺寸命令

(一)线性标注

执行【线性】命令的方式如下。

(1)在【默认】选项栏中找到【注释】并点击【线性】按钮,如图 5-133 所示。

(2)在菜单栏中执行【标注】→【线性】命令,如图 5-134 所示。

(3)在命令行中输入【DIMLINEAR】,再空格,便可以进行操作。

图 5-133　线性命令 1

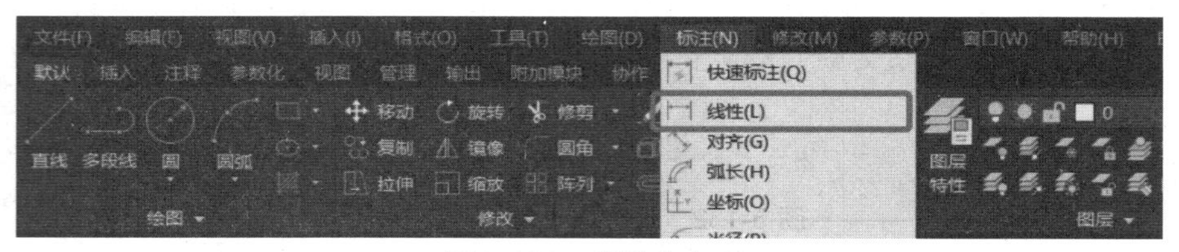

图 5-134　线性命令 2

执行“线性”标注命令后，根据命令框的指示来指定标注的起始点与端点，然后指定尺寸线位置，这样便完成了线性标注。

(二)对齐标注

需要标注的对象处于倾斜状态时，使用【线性】命令是无法实现与倾斜对象平行的。这时需要使用【对齐】命令，让尺寸线始终与标注对象处于平行状态，如图 5-135 所示。

执行【对齐】命令的方式如下。

(1)输入命令：DIMALIGNED。

(2)菜单栏中执行【标注】→【对齐】命令。

(3)在【默认】选项栏中找到【注释】并点击【线性】按钮旁边向下的小三角，点击【对齐】按钮即可。

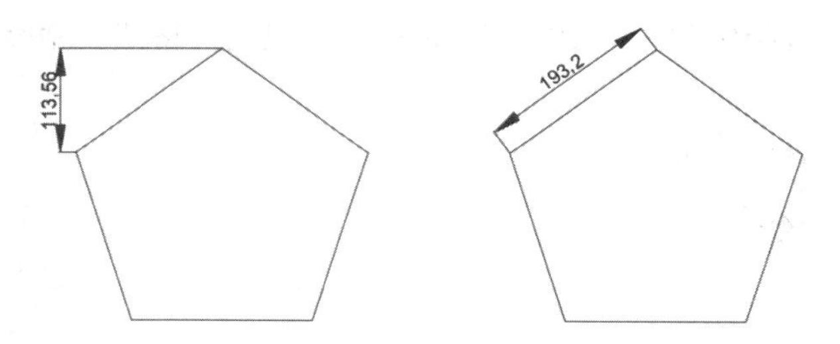

图 5-135　线性与对齐命令对比

执行【对齐】标注命令后，根据命令框的指示完成对齐标注。

(三)连续标注

连续标注是多个线性尺寸标注的组合。连续标注从某一基准尺寸界线开始，按某一方向和顺序来标注尺寸，标注的尺寸线都会在同一条直线上。

执行【连续】命令的方式如下。

(1)在命令行输入命令：DCO。

(2)在菜单中执行【标注】→【连续】命令。

（3）在菜单栏中执行【工具】→【工具栏】→【AutoCAD】→【标注】命令，这样便出现了如图 5-136 所示的工具栏，在标注工具栏点击【连续标注】按钮执行【连续】命令，若是在执行【线性】命令后再次执行的【连续】命令，则系统自动将上一次【线性】命令所标注的尺寸线终点作为连续标注的起点，如图 5-137 所示。

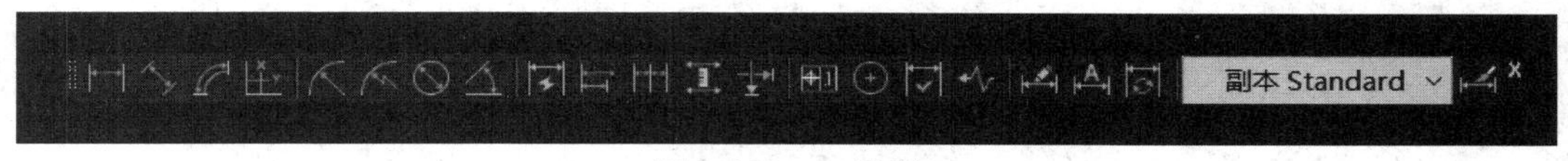

图 5-136　工具栏

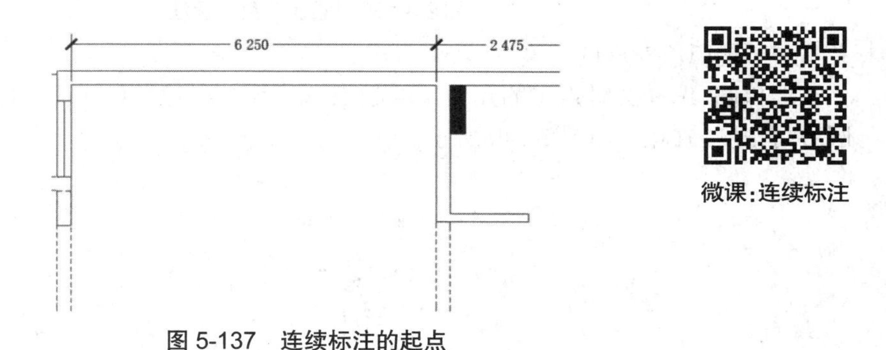

微课：连续标注

图 5-137　连续标注的起点

如果不想与上次标注的尺寸线发生连续标注关系。执行【连续】命令后输入“S”空格确定，光标就变成一个正方形的选择光标了。如图 5-138 所示，选择需要建立连续标注的尺寸线后，便可以进行标注了。

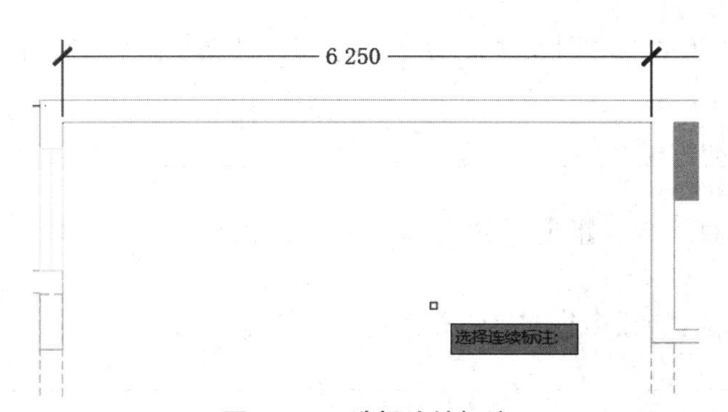

图 5-138　选择连续标注

（四）角度标注

角度标注用于标注圆以及圆弧对应的角度、两条直线相交形成的夹角和三点所形成的夹角。

执行【角度】命令的方式如下。

（1）点击菜单栏中的【标注】→【角度】。

（2）点击标注工具栏中的【角度】按钮。

（3）在命令行输入命令：DAN。

1. 圆弧对应的角度

按照命令选择圆弧对象后，系统便自动形成角度。角的顶点为圆弧的中心，圆弧的起点和终点作为角的起始位置和终点位置，如图 5-139 所示。

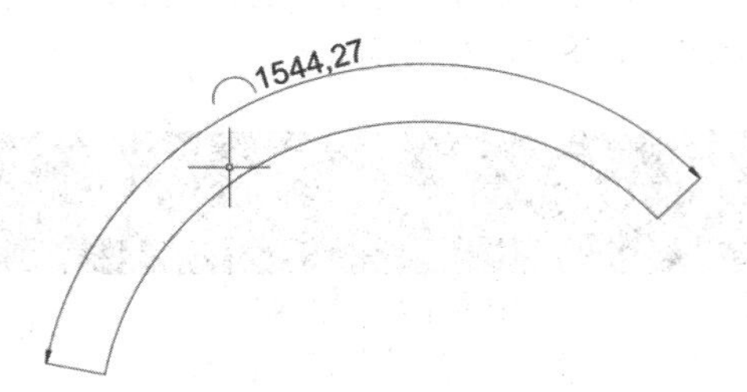

图 5-139 圆弧的角度标注

2. 圆的弧段对应的角度

选择圆，选择圆时点击的点为角的起点，第二次点击的点为终点，即可完成圆的弧段的圆心角角度的标注，如图 5-140 所示。

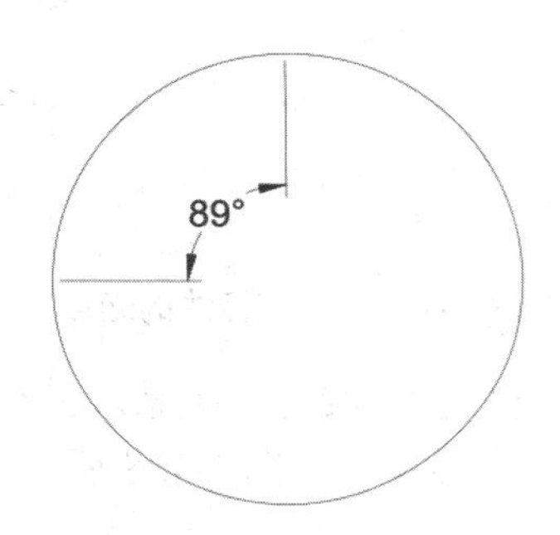

图 5-140 圆的弧段所对应的角度标注

圆心角：在中心为 O 的圆中，过弧 AB 两端的半径构成的 $\angle AOB$，称为弧 AB 所对的圆心角。

命令操作步骤如下。

```
命令：-dimangular
选择圆弧、圆、直线或 < 指定顶点 >：
指定角的第二个端点：
指定标注弧线位置或【多行文字 / 文字 / 角度 / 象限点】：
标注文字=89
```

3. 两直线形成的夹角

选择两条不平行直线，标注它们形成的夹角，两直线或延长线作为夹角的始边和终边，它们的交点作为夹角的顶点，如图 5-141 所示。

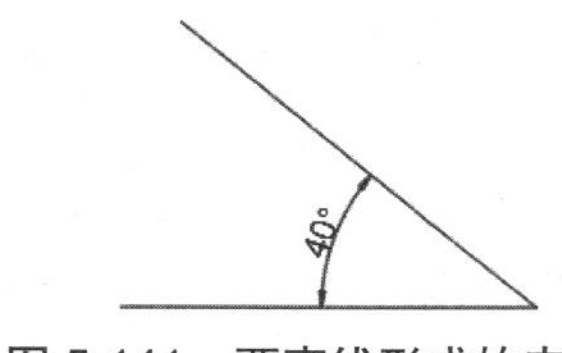

图 5-141 两直线形成的夹角

命令操作步骤如下。

命令：-dimangular 选择圆弧、圆、直线或 <指定顶点>： 选择第二条直线： 指定标注弧线位置或 [多行文字 / 文字 / 角度 / 象限点]： 标注文字=40

（五）弧长标注

用于标注圆弧或多段线圆弧上的距离，两侧的尺寸界线可能是正交的或是径向的，并且在数值前有一个圆弧的符号，如图 5-142 所示。

执行【弧长】命令的方式如下。

（1）点击菜单栏中的【标注】→【弧长】。

（2）点击标注工具栏中的【弧长】按钮。

（3）在命令行输入命令：DLI。

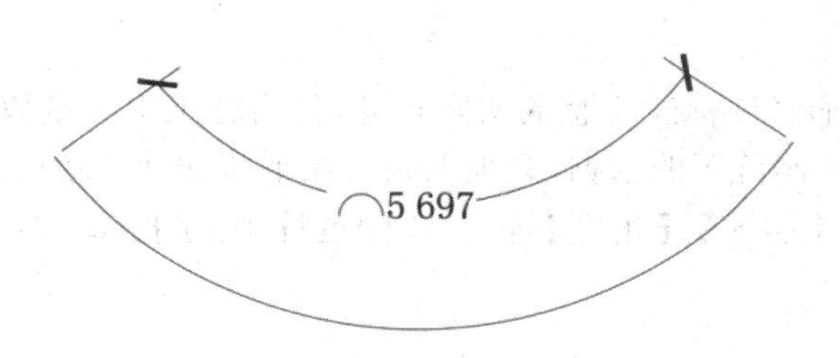

图 5-142　弧长标注

命令操作步骤如下。

命令：_dimarc 选择弧线段或多段线圆弧段： 指定弧长标注位置或 [多行文字 / 文字 / 角度 / 部分 /]： 标注文字=5 697

（六）半径 / 直径标注

执行【半径 / 直径】命令的方式如下。

（1）单击菜单栏中的【标注】→【半径 / 直径】。

（2）点击标注工具栏中的【半径 / 直径】按钮 / 。

（3）在命令行输入命令：dimradius。

执行命令后，选择想要标注的对象，可调到合适的位置以及长度，再次点击鼠标确定即可，如图 5-143 所示。

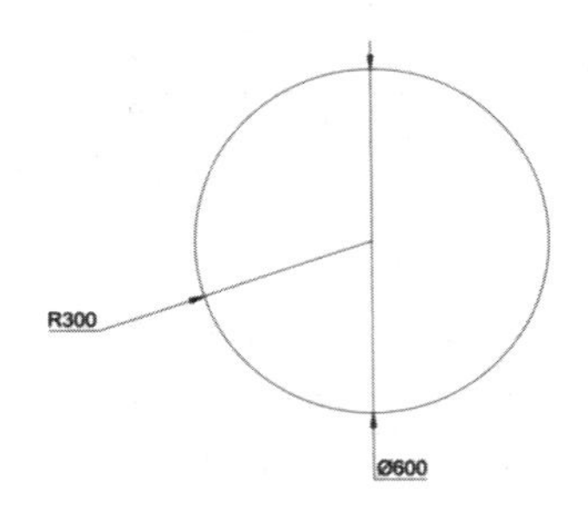

图 5-143 半径 / 直径标注

命令操作步骤:

命令:DIMRADIUS/DIMDIAMETER 选择圆弧或圆:选择标注对象圆弧 标注文字 =300/600 指定尺寸线位看或[多行文字/文字/角度]:

【任务小结】

工程图样中的图形必须标注完整的实际尺寸,作为施工中测量放线的重要依据。尺寸是指导施工人员进行正确施工的依据,必须做到一丝不苟、严谨细致。标注尺寸的集成命令包括【线性】、【对齐】、【连续】、【角度】等,在绘图过程中,掌握每一个命令的含义是非常重要的。

【项目实训】

标注某建筑标准层平面图的尺寸,如图 5-144 所示。

作图步骤如下。

(1)打开 CAD 文件“平面布置图”执行【标注】→【线性标注】命令,或者直接用快捷键 DLI,选择标注位置,也可开启标注工具栏。

(2)执行【标注】→【基线标注】命令,或者直接用快捷键 DBA,依次进行三道尺寸的标注,遵循原则:小尺寸在内,大尺寸在外。第一道尺寸为房屋细部尺寸,第二道尺寸为房屋轴线尺寸,第三道尺寸为房屋总长总宽。

(3)执行【标注】→【连续标注】命令,或者直接用快捷键 DCO,依次对每一个节点进行标注。

(4)依此完成其他三个面的尺寸标注。

(5)最后标注图名和比例,如图 5-145 所示。

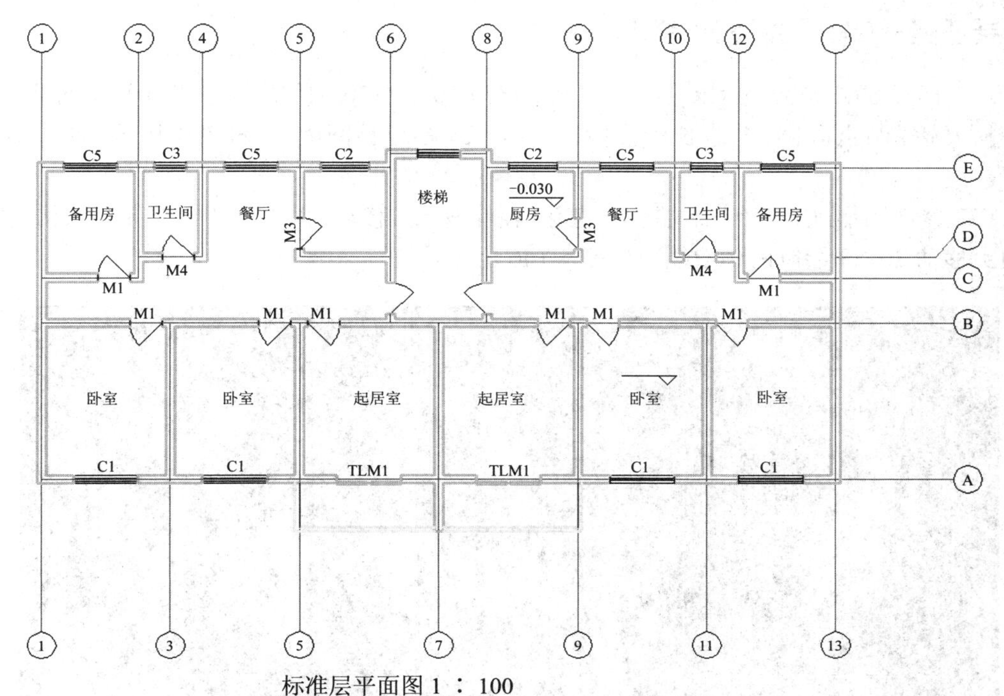

图 5-144　建筑标准层平面图(一)

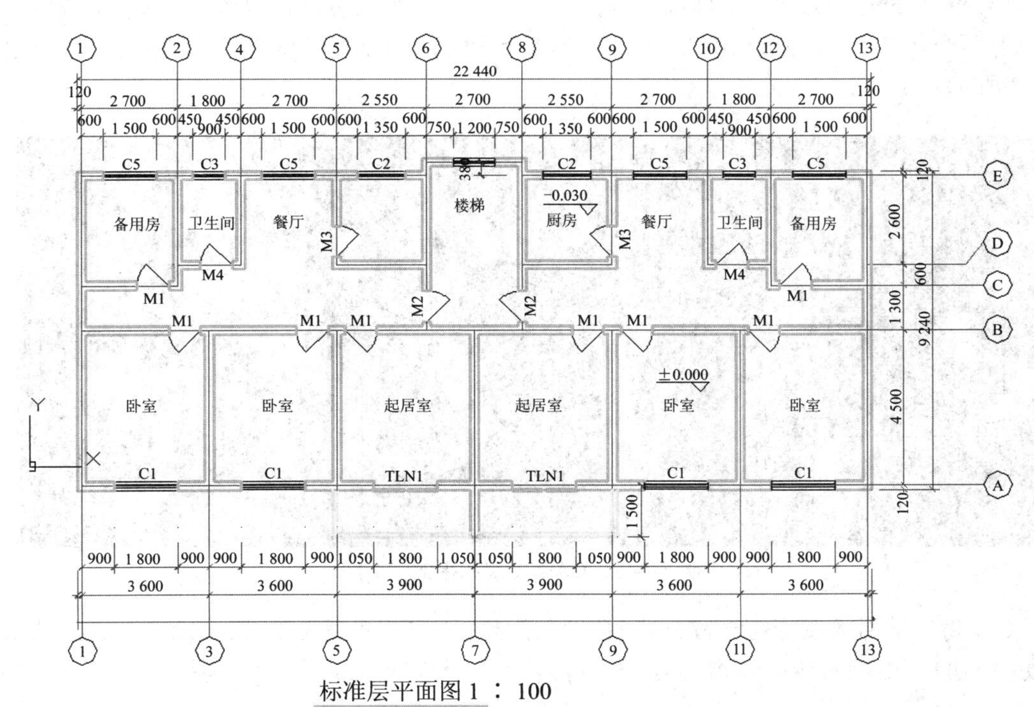

图 5-145　建筑标准层平面图(二)

【拓展任务—CAD 绘制和平鸽】

（1）打开 CAD，矩形【REC】绘制一个长宽为 107.5*110.5 的矩形，在矩形两边分别绘制两个圆，选择两点画圆，上边长两点间间隔为 75，右边长间隔为 99，绘制位置如图 5-146 所示。

（2）修剪图形，以图形左下端点为追踪点，首先向右移动 90、130、140 绘制三条构造线，再向上移动 20、59 绘制两构造线。如图 5-146 所示。

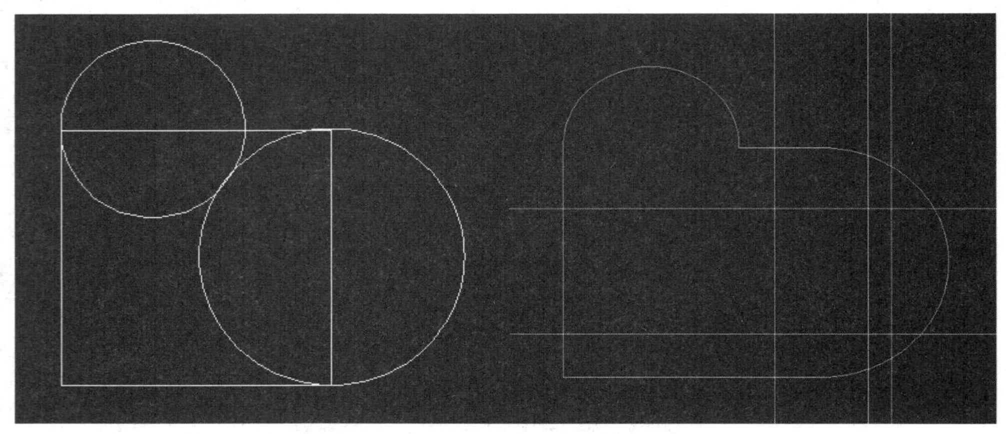

图 5-146 CAD 绘制和平鸽(一)

（3）偏移【O】将最下边的构造线向上偏移 12.5，圆【C】输入【T】选择切点、半径画圆，以图中两个虚线作为切点所在位置后输入 12.5 绘制一个圆，最后对图形进行修剪。如图 5-147 所示。

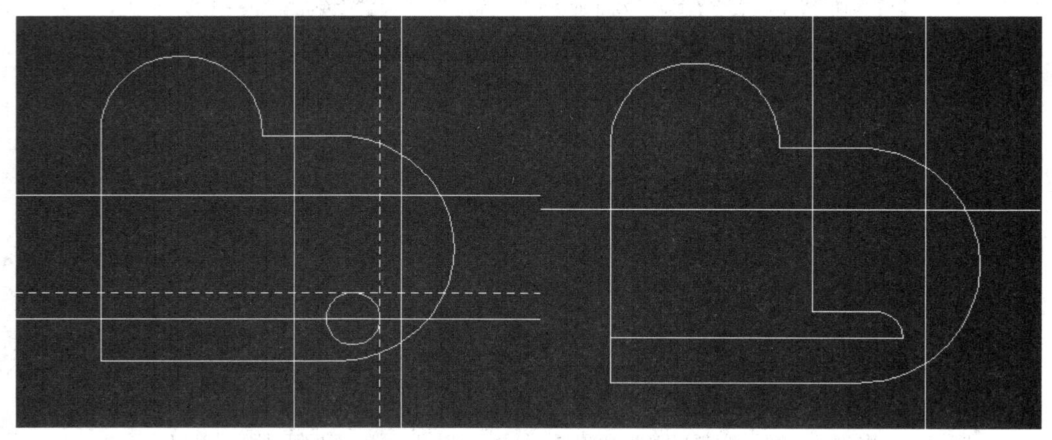

图 5-147 CAD 绘制和平鸽(二)

（4）将修剪后的图形矩形阵列，参数设置为 4 行 1 列，间距为 15.5。最后使用移动【M】移动中间的手指至右边的构造线处，然后再拉伸【S】修饰直线，最后修剪图形。如图 5-148 所示。

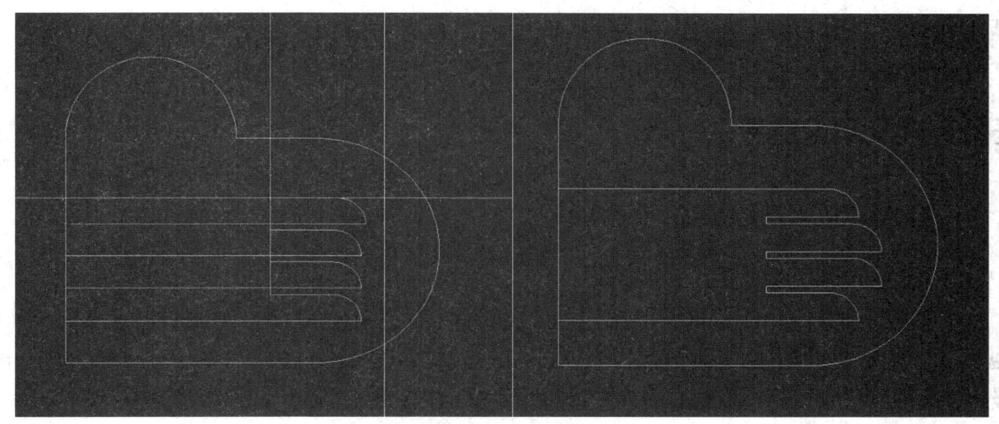

图 5-148　CAD 绘制和平鸽(三)

(5)以直径为 75 圆的圆心绘制半径为 18 的圆,然后绘制直线【L】选择图形左下端点为追踪点向上移动 28,向右绘制一条长度 27 的水平直线。选择【常用】→【圆弧】→【起点、端点、半径】绘制圆弧,圆弧起点终点如图 1-149 所示,它们的半径分别为 55 和 20。圆【C】输入【T】选择切点、半径画圆,以 R18 圆和手图形的延长线作为切点所在位置后输入 18 绘制一个圆。最后修剪图形,对图形进行旋转,一个和平鸽就绘制完成了。

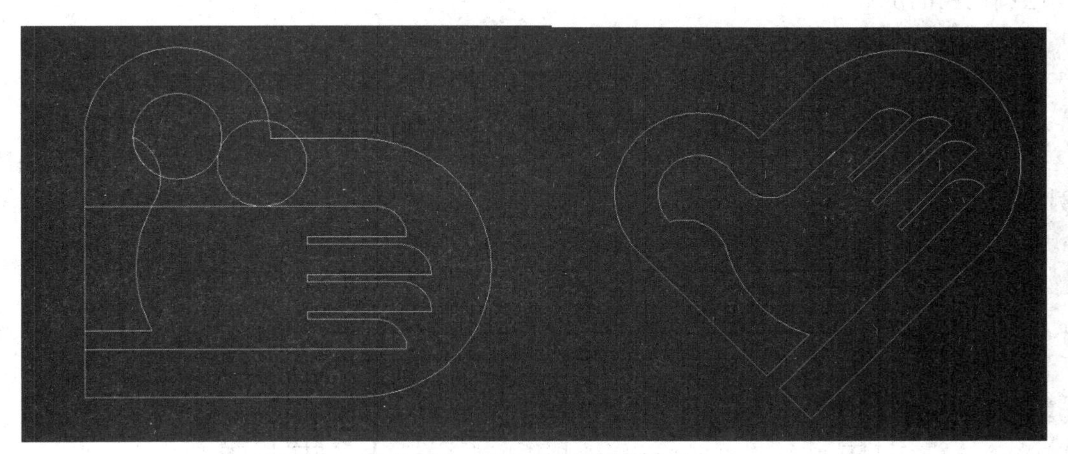

图 5-149　CAD 绘制和平鸽(四)

任务四　综合实训建筑施工图绘制

【任务描述及分析】

无规矩不成方圆,在绘制建筑施工图时,小到符号大到建筑图形,要严格按照最新建筑制图国标规定绘制,在平时绘图过程中,要注意培养一丝不苟、精益求精的工匠精神。

学生已经学习了建筑施工图的制图标准、建筑施工图的图示内容以及 AutoCAD 软件的基本操作，再通过本模块的上机实操，使他们掌握工程图纸绘制的格式和要求，锻炼他们独立分析和解决实际问题的能力。

【任务实施及知识链接】

一、用 AutoCAD 绘制总平面图

（一）总平面图的绘制方法与步骤

（1）将建筑物所在位置的地形图以块的形式插入到当前图形中，然后用 SCALE 命令缩放地形图，使其大小与实际地形尺寸相吻合。例如，若地形图上有一条表示长度为 10 m 的线段，则将地形图插入到 AutoCAD 中后，执行 SCALE 命令，利用该命令的“参照”选项将该线段由原始尺寸缩放到 10 000（单位为 mm）个图形单位。

（2）绘制新建筑物周围的原有建筑、道路系统及绿化设施等。

（3）在地形图中绘制新建筑物的轮廓。若已有该建筑物的平面图，则可将该平面图复制到总平面图中，删除不必要的线条，仅保留平面图的外形轮廓线即可。

（4）插入标准图框，并以绘图比例的倒数缩放图框。

（5）标注新建筑物的定位尺寸、室内地面标高及室外整平地面的标高等，设置标注比例为绘图比例的倒数。

（二）总平面图的绘制示例演示

绘制如图 5-150 所示总平面图，绘图比例为 1∶500，采用 A3 幅面的图框。

（1）创建图层。当创建不同种类的对象时，应切换到相应图层。

（2）设定绘图区域的大小为 200 000 × 200 000，设置总体线型比例因子为 500（绘图比例的倒数）。

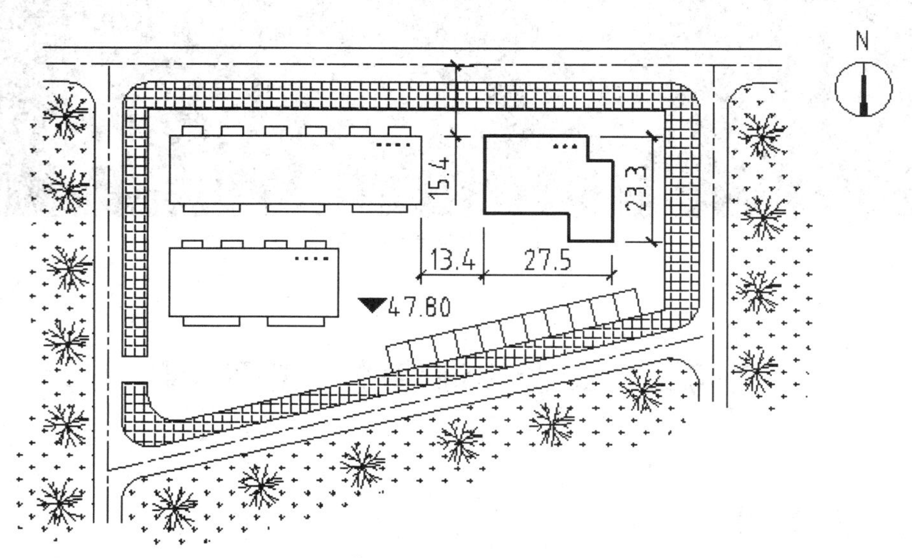

图 5-150 总平面图

（3）激活极轴追踪、对象捕捉及自动追踪功能，设置极轴追踪角度增量为【90】，设定对象捕捉方式为【端点】、【交点】，设置仅沿正交方向进行自动追踪。

(4)用 XLINE 命令绘制水平和竖直的作图基准线,然后利用 OFFSET、LINE、BREAK、FILLET 及 TRIM 等命令形成道路及停车场,如图 5-151 所示。图中所有圆角的半径均为 6 000。

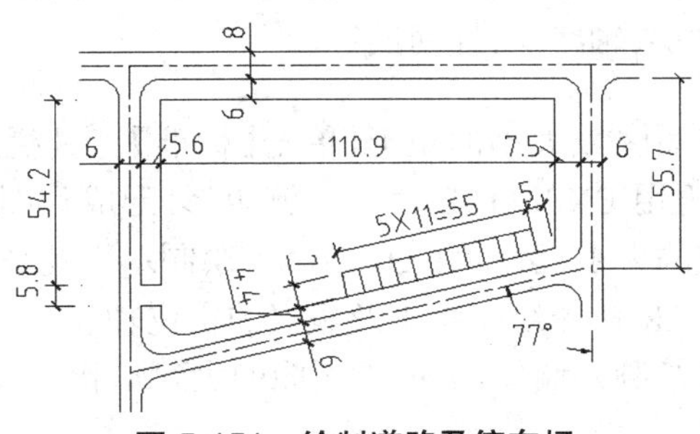

图 5-151　绘制道路及停车场

(5)用 OFFSET、TRIM 等命令形成原有建筑和新建建筑,细节尺寸及结果如图 5-152 和图 5-153 所示。用 DONUT 命令绘制表示建筑物层数的圆点,圆点直径为 1 000。

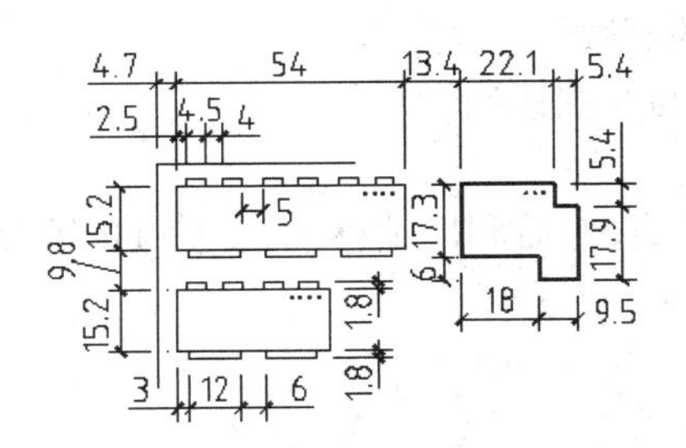

图 5-152　原有建筑和新建建筑(1)

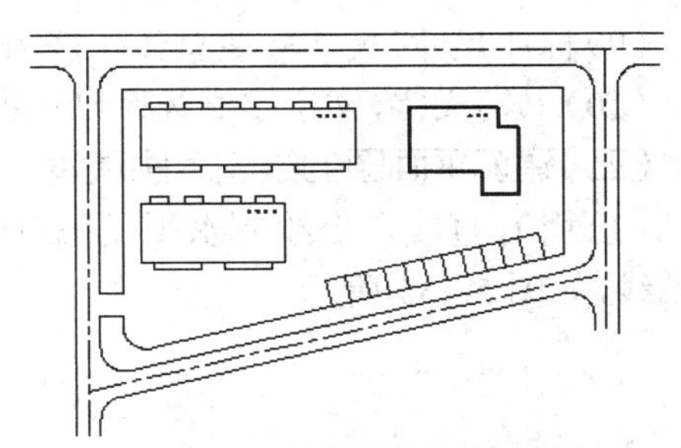

图 5-153　原有建筑和新建建筑(2)

(6)利用设计中心插入“图例 .dwg”中的图块【树木】,再用 PLINE 命令绘制辅助线 A、B、C,然后填充剖面图案,图案名称为【GRASS】和【ANGLE】,删除辅助线,结果如图 5-154 所示。

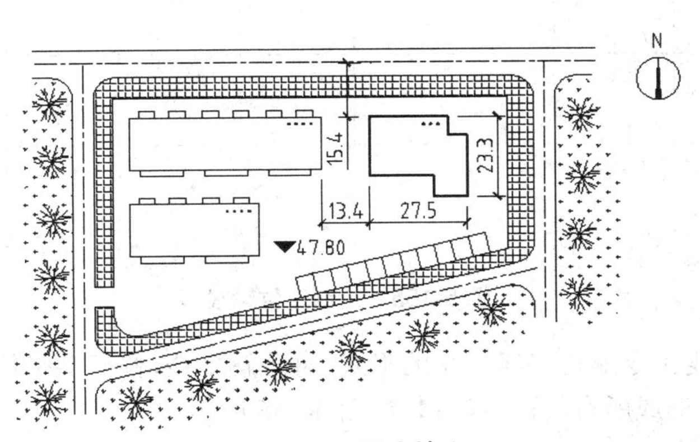

图 5-154　图案填充

二、用 AutoCAD 绘制建筑平面图

(一)建筑平面图的绘制方法与步骤

用 AutoCAD 绘制平面图的总体思路是先整体、后局部,主要绘制过程如下。

(1)创建图层,如墙体层、轴线层、柱网层等。

(2)绘制一个表示作图区域大小的矩形,单击【标准】工具栏上的按钮,将该矩形全部显示在绘图窗口中,再用 EXPLODE 命令分解矩形,形成作图基准线。此外,也可利用直线 L 命令设定绘图区域的大小,然后用 LINE 命令绘制水平及竖直的作图基准线。

(3)用偏移 O 和修剪 TR 命令绘制水平及竖直的定位轴线。

(4)用【MLINE】命令绘制外墙体,形成平面图的大致形状。

微课:轴网墙体

(5)绘制内墙体。

(6)用偏移 O 和修剪 TR 命令在墙体上形成门窗洞口。

(7)绘制门窗、楼梯及其他局部细节。

(8)插入标准图框,并以绘图比例的倒数缩放图框。

(9)标注尺寸,尺寸标注总体比例为绘图比例的倒数。

(10)书写文字,文字字高为图纸上的实际字高与绘图比例倒数的乘积。

(二)建筑平面图的绘制示例演示

(1)用 L 直线命令绘制水平及竖直的作图基准线,然后利用偏移 O、修剪 TR 等命令绘制轴线,如图 5-155 所示。

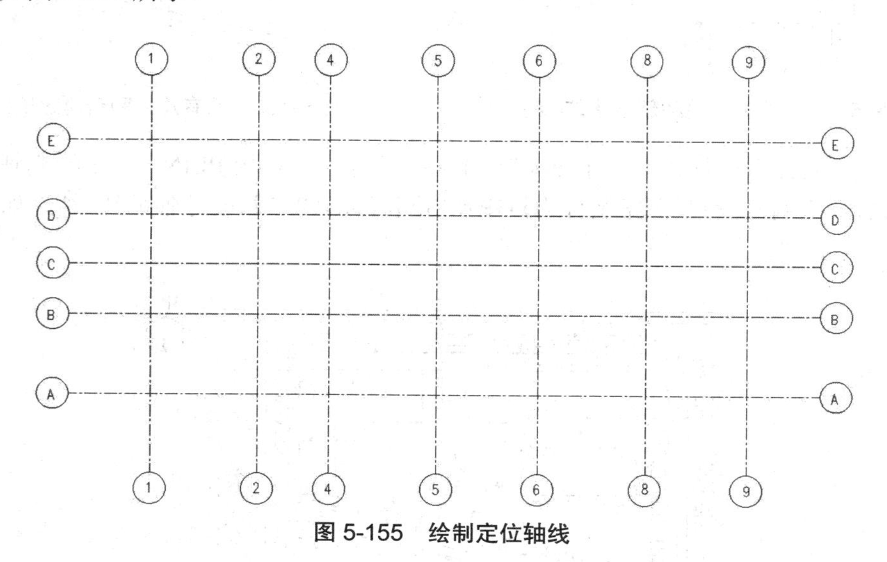

图 5-155 绘制定位轴线

(2)用 ML 多线命令编辑多线相交的形式,再分解多线,修剪多余线条,用偏移 O、修剪 TR 和复制 CO 命令形成所有的门窗洞口,如图 5-156 所示。

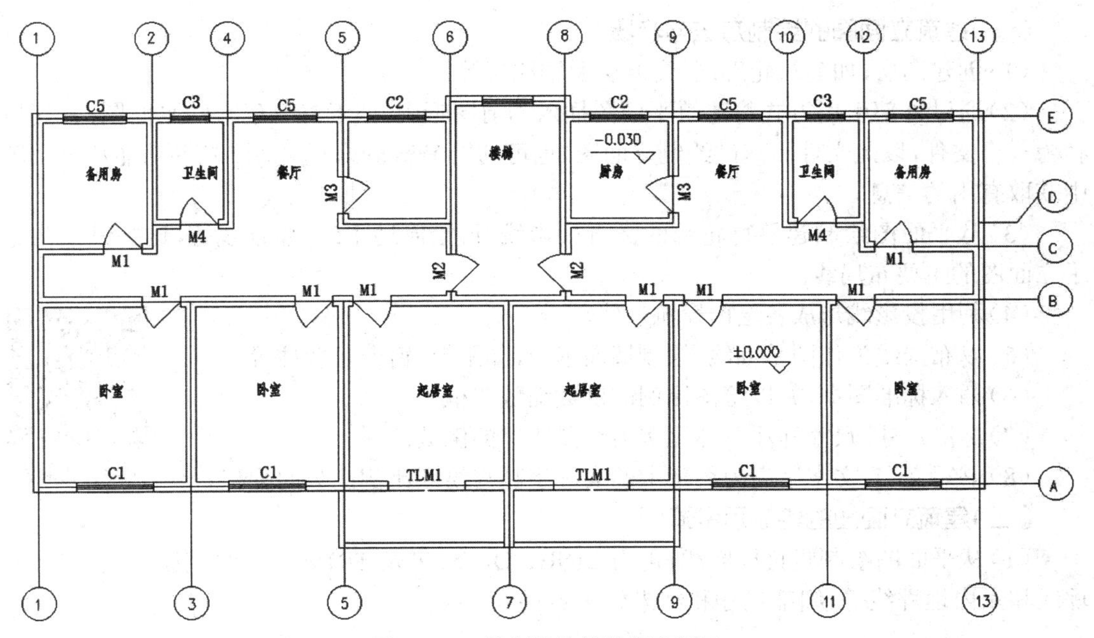

图 5-156　绘制墙体线及门窗洞口

（3）最后注写文字和尺寸，如图 5-157 所示。

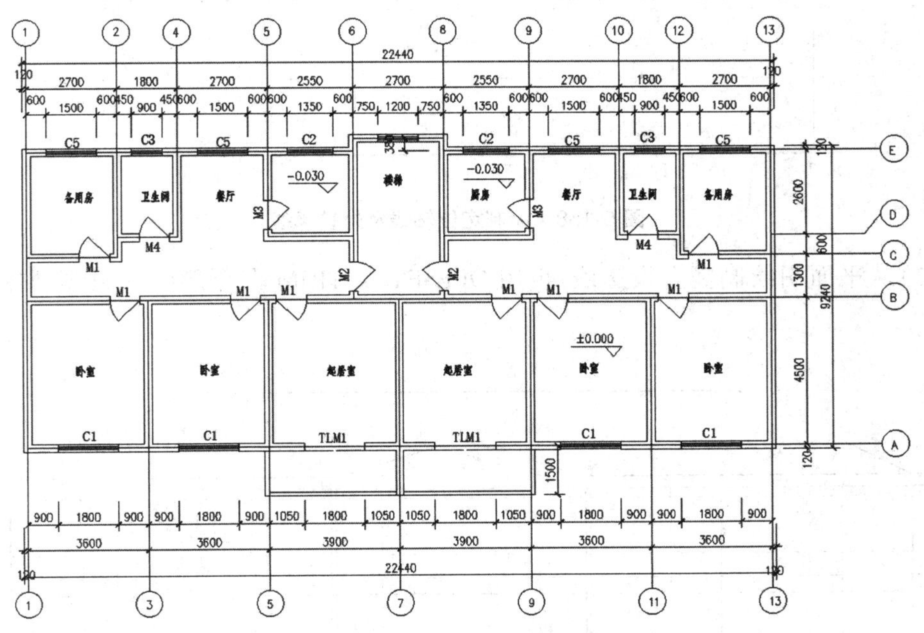

图 5-157　绘制细部构造线及外部尺寸

三、用 AutoCAD 绘制建筑立面图

可将平面图作为绘制立面图的辅助图形，先从平面图绘制竖直投影线，将建筑物的主要特征投影到立面图上，然后再绘制立面图的各部分细节。

（一）建筑立面图的绘制方法与步骤

（1）创建图层，如建筑轮廓层、窗洞层及轴线层等。

（2）通过外部引用方式将建筑平面图插入当前图形中，或者打开已有的平面图，将其另存为一个文件，以此文件为基础绘制立面图，也可利用 Windows 的复制 / 粘贴功能从平面图中获取有用的信息。

（3）从平面图绘制建筑物轮廓的竖直投影线，再绘制地平线、屋顶线等，这些线条构成了立面图的主要布局线。

（4）利用投影线形成各层门窗洞口线。

微课：立面图

（5）以布局线为作图基准线，绘制墙面细节，如阳台、窗台及壁柱等。

（6）插入标准图框，并以绘图比例的倒数缩放图框。

（7）标注尺寸，尺寸标注总体比例为绘图比例的倒数。

（8）书写文字，文字字高为图纸上的实际字高与绘图比例倒数的乘积。

（二）建筑立面图的绘制示例演示

（1）从平面图绘制竖直投影线，再用 LINE、OFFSET 及 TRIM 命令绘制屋顶线、室外地坪线和室内地坪线等，细部尺寸和结果如图 5-158 所示。

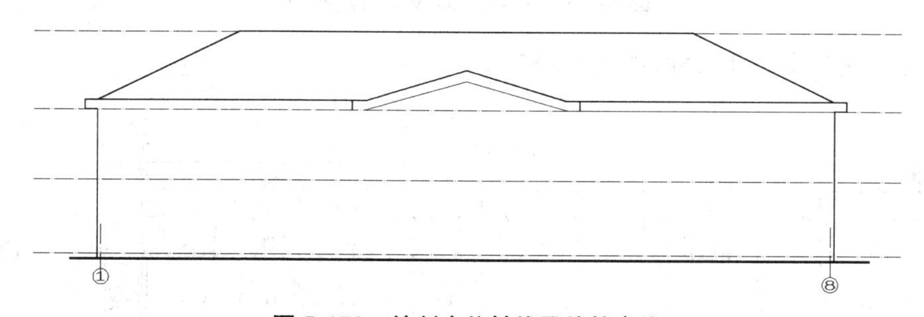

图 5-158 绘制定位轴线及外轮廓线

（2）从平面图绘制竖直投影线，再用 OFFSET 及 TRIM 命令形成窗洞线，如图 5-159 所示。

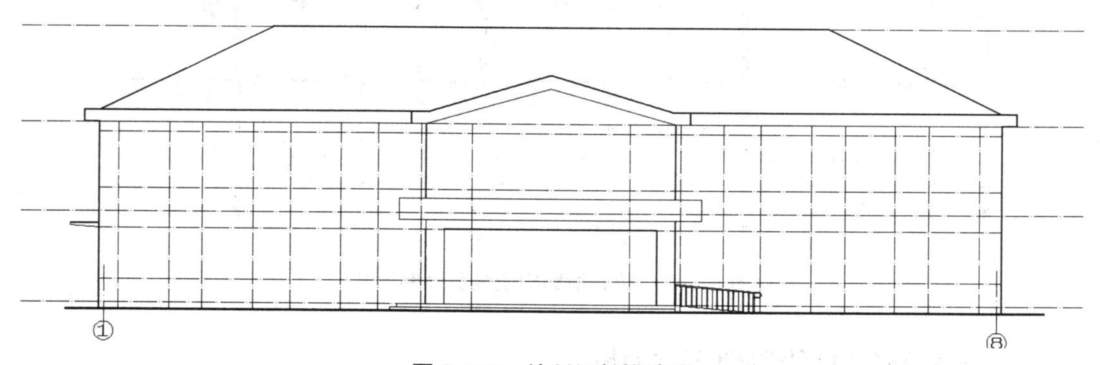

图 5-159 绘制细部构造线

（3）绘制窗户、细部尺寸和结果，如图 5-160 所示。

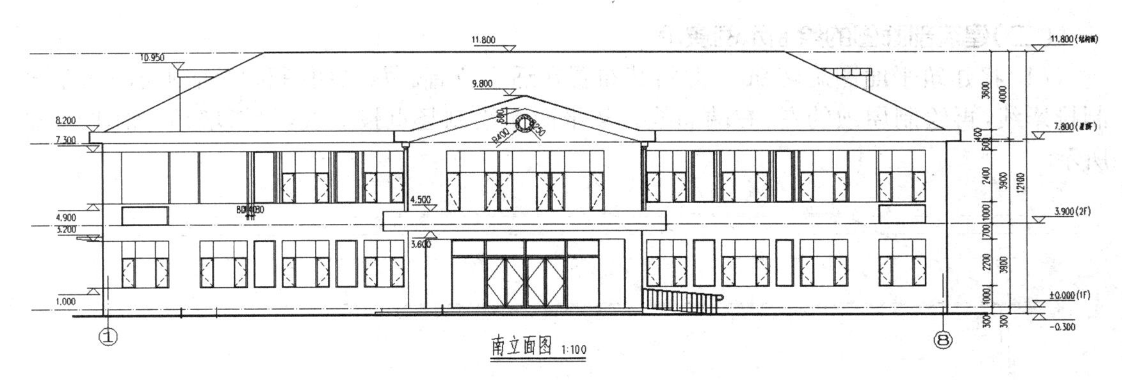

图 5-160　检查描深构造线

(4)注写文字和尺寸,如图 5-161 所示。

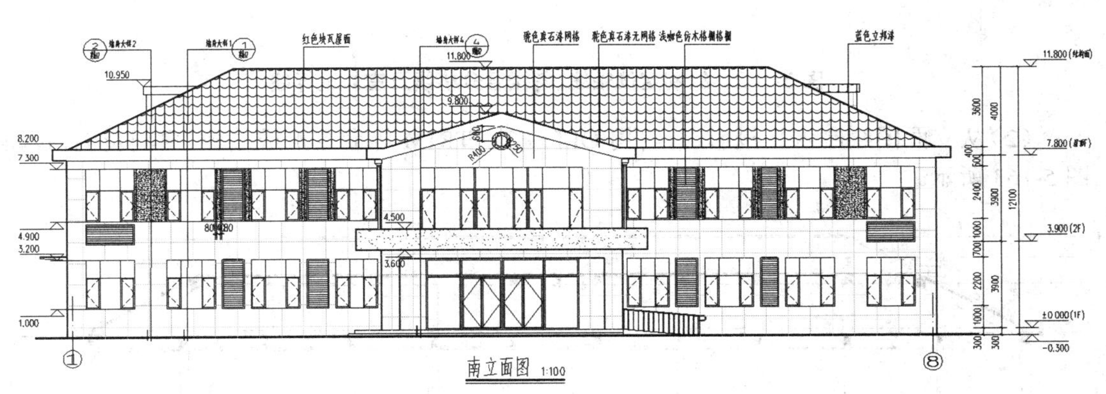

图 5-161 完成建筑立面图

四、用 AutoCAD 绘制建筑剖面图

可将平面图、立面图作为绘制剖面图的辅助图形。将平面图旋转 90°,并布置在适当的位置,从平面图、立面图绘制竖直及水平的投影线,以形成剖面图的主要特征,然后绘制剖面图各部分细节。

(一)建筑剖面图的绘制方法与步骤

(1)创建图层,如墙体层、楼面层及构造层等。

(2)将平面图、立面图布置在一个图形中,以这两个图为基础绘制剖面图。

(3)从平面图、立面图绘制建筑物轮廓的投影线,修剪多余线条,形成剖面图的主要布局线。

(4)利用投影线形成门窗高度线、墙体厚度线及楼板厚度线等。

(5)以布局线为作图基准线,绘制未剖切到的墙面细节,如阳台、窗台及墙垛等。

(6)插入标准图框,并以绘图比例的倒数缩放图框。

(7)标注尺寸,尺寸标注总体比例为绘图比例的倒数。

(8)书写文字,文字字高为图纸上的实际字高与绘图比例倒数的乘积。

（二）建筑剖面图的绘制示例演示

（1）将建筑平面图旋转90°，并将其布置在适当位置。从立面图和平面图向剖面图绘制投影线，再绘制屋顶的左、右端面线。从平面图绘制竖直投影线，投影墙体，如图5-162所示。

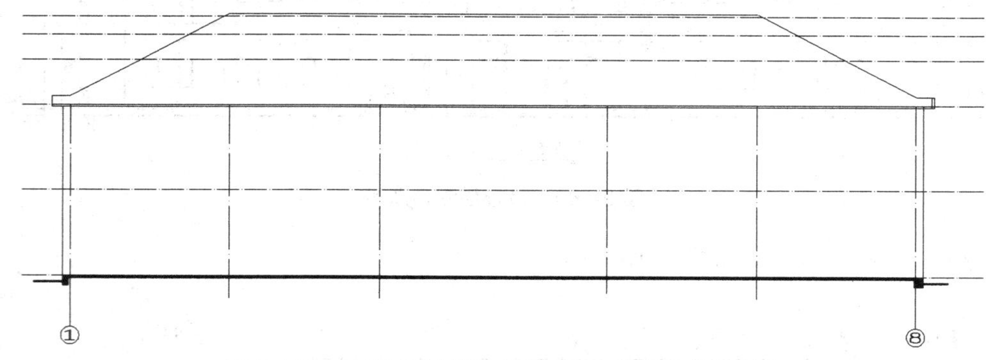

图5-162 绘制定位轴线、各楼层分格线及室外地坪线

（2）从立面图绘制水平投影线，再用OFFSET、TRIM等命令形成楼板、窗洞及檐口，如图5-163所示。

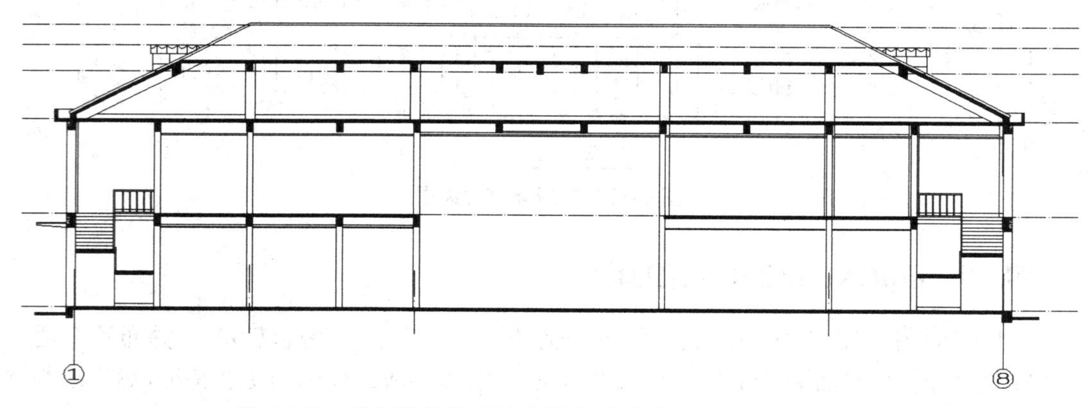

图5-163 绘制墙体线、剖切到构件轮廓线及投影可见轮廓线

（3）绘制窗户、门、柱及其他细节，如图5-164所示。

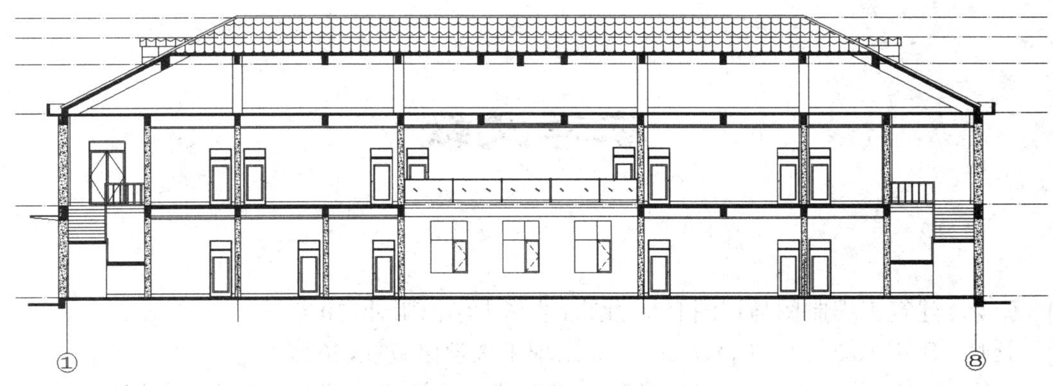

图 5-164　绘制构件细节线及门窗

（4）注写文字和尺寸，如图 5-165 所示。

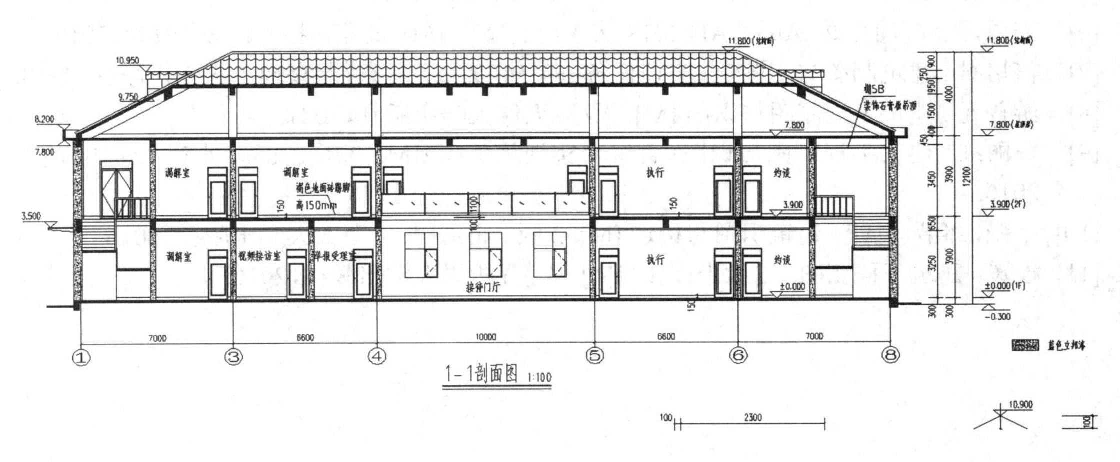

图 5-165　完成图

党的二十大报告中指出，“坚持人民城市人民建、人民城市为人民，提高城市规划、建设、治理水平，加快转变超大特大城市发展方式，实施城市更新行动，加强城市基础设施建设，打造宜居、韧性、智慧城市”。

坚持以人民为中心，聚焦人民群众的需求，合理安排生产、生活、生态空间，走内涵式、集约型、绿色化的高质量发展路子，努力创造宜业、宜居、宜乐、宜游的良好环境，让人民有更多获得感，为人民创造更加幸福的美好生活。青年学生要紧紧抓住这一要义，指导学习，融会贯通，着力提升自身服务建设、服务人民、服务国家的能力和素养。

参考文献

[1] 张亮 . 建筑工程制图与识图 [M]. 北京：清华大学出版社，2020.
[2] 聂丹 . 建筑识图与 CAD[M]. 北京：北京理工大学出版社，2020.
[3] 周敏，林泉，罗万鑫 .AutoCAD 2020 完全自学一本通 [M]. 北京：电子工业出版社，2020.
[4] 冉治霖，相会强，祝淼英 .CAD 制图 [M]. 成都：电子科技大学出版社，2018.
[5] 王毅芳 . 建筑 CAD[M]. 北京：北京理工大学出版社，2021.
[6] 姜勇，张迎，周克媛 .AutoCAD 2018 从入门到精通 [M]. 北京：化学工业出版社，2019.
[7] 何培斌 . 建筑制图与识图（含实训任务书）[M]. 2 版 . 北京：北京理工大学出版社，2018.
[8] 游普元 . 建筑工程制图与识图 [M]. 天津：天津大学出版社，2021.
[9] 白丽红 . 建筑工程制图与识图（含综合实训施工图）[M]. 2 版 . 北京：北京大学出版社，2016.
[10] 王鹏，郑楷，尹茜 . 建筑识图与构造 [M]. 2 版 . 北京：北京理工大学出版社，2016.
[11] 程媛 . 建筑工程制图与施工图识读 [M]. 成都：四川大学出版社，2016.